应用型本科高校建设示范教材

# 复变函数与积分变换

主　编　李广柱

中国水利水电出版社
www.waterpub.com.cn
·北京·

## 内 容 提 要

本书依据工科数学"复变函数与积分变换教学大纲",在多年教学实践的基础上编写而成,旨在培养学生的数学素养,提高学生应用数学知识解决实际问题的能力,特别强调理论的应用性。

本书系统地介绍了复变函数与积分变换的基本理论与方法,全书共分 8 章,内容包括复数与复变函数、复变函数的导数、复变函数的积分、复变函数的级数表示、留数及其应用、保形映射、傅里叶变换、拉普拉斯变换。每章配备了适当的习题。

本书系统性强、内容丰富、简单易懂,可以用作高等院校非数学专业"复变函数"或"复变函数与积分变换"课程的教学用书,也可供相关专业的科技工作者与工程技术人员参考。

**图书在版编目（CIP）数据**

复变函数与积分变换 / 李广柱主编. -- 北京 : 中国水利水电出版社, 2024. 10. -- (应用型本科高校建设示范教材). -- ISBN 978-7-5226-2785-4

Ⅰ. O17

中国国家版本馆 CIP 数据核字第 2024RC2364 号

策划编辑：周益丹　责任编辑：张玉玲　加工编辑：刘瑜　封面设计：苏敏

| 书　　名 | 应用型本科高校建设示范教材<br>复变函数与积分变换<br>FUBIAN HANSHU YU JIFEN BIANHUAN |
|---|---|
| 作　　者 | 主　编　李广柱 |
| 出版发行 | 中国水利水电出版社<br>（北京市海淀区玉渊潭南路 1 号 D 座　100038）<br>网址：www.waterpub.com.cn<br>E-mail：mchannel@263.net（答疑）<br>　　　　sales@mwr.gov.cn<br>电话：（010）68545888（营销中心）、82562819（组稿） |
| 经　　售 | 北京科水图书销售有限公司<br>电话：（010）68545874、63202643<br>全国各地新华书店和相关出版物销售网点 |
| 排　　版 | 北京万水电子信息有限公司 |
| 印　　刷 | 三河市鑫金马印装有限公司 |
| 规　　格 | 170mm×240mm　16 开本　14 印张　267 千字 |
| 版　　次 | 2024 年 10 月第 1 版　2024 年 10 月第 1 次印刷 |
| 印　　数 | 0001—2000 册 |
| 定　　价 | 48.00 元 |

凡购买我社图书,如有缺页、倒页、脱页的,本社营销中心负责调换

**版权所有·侵权必究**

# 前　　言

"复变函数与积分变换"是高等学校一门重要的数学基础课。它是自然科学与工程技术领域中常用的数学工具，也是学习工科各专业课的前置课程与必修课程。编写一本面向一般院校工科各专业本科生，符合课程体系需求、难度适中的教材是编者的期望。

本书是编者在从事通信工程专业"复变函数与积分变换"课程十余年教学实践的基础上，在工科数学教学基本要求的指导下，结合大学数学课程体系的改革要求，以培养学生数学素质为牵引，在参考众多优秀的中外教材的条件下编写而成的。本书具有以下特点：

（1）作为面向工科各专业本科生的教材，本书不刻意追求理论上的完整性，在定理的论证过程中以易于理解、追求知识体系的连贯性而非完备性为目标；采用平铺直叙的方式，不采用数学教材惯用的定理、推论加上证明的撰写方法，以叙述的方式引入命题，用加粗与下划线的方式突出定理与推论。用这种写作方法尽可能排除工科学生学习数学时的枯燥感。

（2）复变函数的连续性、导数、积分和级数，与高等数学中实变函数的连续性、导数、积分和级数是呼应的。本书在推导演绎的过程中结合高等数学所学内容加以展开：一方面帮助学生建立系统性的知识体系；另一方面通过对比、思考异同点，帮助、强化学生理解和掌握复变函数的相关理论。

（3）本书面向工科各个专业，在撰写积分变换章节的时候，采用工科专业熟悉的表述方式，比如用 $t$ 表示自变量等；在说明积分变换应用的时候，采用了与专业相关的例子。通过这种方式，实现学生学习本课程与后继专业课程的衔接。

（4）本书的习题量大，且只提供了证明题与计算题，这为教师和学生提供了选择的余地。

总之，本书内容组织由浅入深、理论联系实际、理论体系完备、难度适中，适应了当前工科数学教学的需求。

本书在编写过程中得到了长沙学院各级领导的鼓励与支持，在此表示感谢！编者才疏学浅，书中难免存在错误与疏漏之处，恳切希望老师与同学们提出宝贵意见。

编　者

2024 年 3 月

# 目 录

前言

**第1章 复数与复变函数** ································································ 1
    1.1 复数的概念与运算 ······························································ 1
        1.1.1 复数的代数表示 ······················································· 1
        1.1.2 复数的几何表示 ······················································· 5
        1.1.3 复球面和复数的矩阵表示法 ········································ 13
    1.2 复变函数 ········································································· 16
        1.2.1 区域的概念 ···························································· 16
        1.2.2 复变函数及其连续性 ················································ 20
    本章小结 ················································································ 28
    练习 ······················································································ 28

**第2章 复变函数的导数** ································································ 32
    2.1 解析函数 ········································································· 32
        2.1.1 复变函数的导数与微分 ·············································· 32
        2.1.2 解析函数的定义与性质 ·············································· 35
        2.1.3 解析函数与调和函数的关系 ········································ 42
    2.2 初等函数 ········································································· 46
        2.2.1 复指数函数 ···························································· 47
        2.2.2 复对数函数 ···························································· 48
        2.2.3 一般幂函数与一般指数函数 ········································ 51
        2.2.4 复三角函数和复双曲函数 ··········································· 53
        2.2.5 反三角函数与反双曲函数 ··········································· 58
    本章小结 ················································································ 59
    练习 ······················································································ 60

**第3章 复变函数的积分** ································································ 64
    3.1 复积分的定义与性质 ·························································· 64
        3.1.1 复积分的定义 ·························································· 64

    3.1.2 复积分的性质……………………………………………………………67
    3.1.3 复积分存在的条件…………………………………………………………69
  3.2 柯西积分定理……………………………………………………………………72
    3.2.1 柯西-古萨定理………………………………………………………………72
    3.2.2 复合闭路定理………………………………………………………………75
    3.2.3 原函数………………………………………………………………………79
  3.3 柯西积分公式及解析函数的高阶导数…………………………………………81
    3.3.1 柯西积分公式………………………………………………………………82
    3.3.2 解析函数的高阶导数………………………………………………………84
  本章小结………………………………………………………………………………86
  练习……………………………………………………………………………………87
第4章 复变函数的级数表示……………………………………………………………90
  4.1 复数项级数………………………………………………………………………90
    4.1.1 复数列的极限………………………………………………………………90
    4.1.2 复数项级数的概念…………………………………………………………92
  4.2 幂级数……………………………………………………………………………94
    4.2.1 幂级数的概念………………………………………………………………95
    4.2.2 幂级数的性质………………………………………………………………98
  4.3 泰勒级数…………………………………………………………………………101
  4.4 洛朗级数…………………………………………………………………………105
  本章小结………………………………………………………………………………110
  练习……………………………………………………………………………………111
第5章 留数及其应用……………………………………………………………………115
  5.1 解析函数的孤立奇点……………………………………………………………115
    5.1.1 孤立奇点的定义与分类……………………………………………………115
    5.1.2 复变函数的零点……………………………………………………………118
    5.1.3 复变函数在无穷远点的性态………………………………………………120
  5.2 留数………………………………………………………………………………122
    5.2.1 留数的概念…………………………………………………………………122
    5.2.2 函数在极点处的留数………………………………………………………124
    5.2.3 无穷远点的留数……………………………………………………………127
  5.3 留数在定积分计算中的应用……………………………………………………130

- 5.3.1 形如 $\int_0^{2\pi} R(\cos\theta, \sin\theta)\mathrm{d}\theta$ 的积分 ·········· 130
- 5.3.2 形如 $\int_{-\infty}^{+\infty} R(x)\mathrm{d}x$ 的积分 ·········· 131
- 5.3.3 形如 $\int_{-\infty}^{+\infty} R(x)\mathrm{e}^{\mathrm{i}ax}\mathrm{d}x\,(a>0)$ 的积分 ·········· 132
- 本章小结 ·········· 134
- 练习 ·········· 134

## 第 6 章 保形映射 ·········· 137

- 6.1 保形映射简介 ·········· 137
  - 6.1.1 保形映射的概念 ·········· 137
  - 6.1.2 保形映射的基本问题 ·········· 141
- 6.2 分式线性映射 ·········· 144
  - 6.2.1 分式线性映射的分解 ·········· 145
  - 6.2.2 分式线性映射的保形性 ·········· 148
  - 6.2.3 分式线性映射的保圆性 ·········· 149
  - 6.2.4 分式线性映射的保对称性 ·········· 150
  - 6.2.5 唯一决定分式线性映射的条件 ·········· 152
  - 6.2.6 分式线性映射应用举例 ·········· 154
- 6.3 初等函数的映射 ·········· 158
  - 6.3.1 复指数函数构成的映射 ·········· 158
  - 6.3.2 幂函数构成的映射 ·········· 160
- 本章小结 ·········· 161
- 练习 ·········· 162

## 第 7 章 傅里叶变换 ·········· 164

- 7.1 预备知识 ·········· 164
  - 7.1.1 单位脉冲函数 ·········· 164
  - 7.1.2 卷积 ·········· 166
  - 7.1.3 积分变换 ·········· 168
- 7.2 傅里叶变换的概念与性质 ·········· 170
  - 7.2.1 傅里叶变换的定义 ·········· 170
  - 7.2.2 傅里叶变换的性质 ·········· 173
  - 7.2.3 傅里叶变换的应用 ·········· 178
- 本章小结 ·········· 180

  练习·················································································································· 180

# 第 8 章　拉普拉斯变换·············································································· 184
  8.1　拉普拉斯变换的概念··········································································· 184
    8.1.1　从傅里叶变换到拉普拉斯变换······················································ 185
    8.1.2　拉普拉斯变换存在定理······························································· 187
    8.1.3　拉普拉斯逆变换········································································ 189
  8.2　拉普拉斯变换的性质··········································································· 192
  8.3　拉普拉斯变换的应用··········································································· 199
  本章小结······································································································· 202
  练习·············································································································· 203
# 附录 1　傅里叶变换简表············································································· 207
# 附录 2　拉普拉斯变换简表·········································································· 210
# 参考文献··········································································································· 215

# 第 1 章 复数与复变函数

## 本章导读

现代物理学表明,虚数并不"虚",有其物理意义。学习由虚数构成的复数,以及定义在复数集上的复变函数是非常重要的,它不仅有理论的意义,也广泛应用在工程实践领域。

本章首先介绍复数的基本概念、复数的四则运算、复数的几何表示、平面点集的概念等。复数的概念在中学已经学过,这里要了解到复数与平面点集之间的关联,建立"数"与"形"之间的对应关系。与实变函数形成对照的是,复变函数是自变量与因变量都是复数的函数,本章介绍复变函数的定义、极限与连续性,在学习过程中体会它与实变函数的异同点。

## 本章要点

- 复数的三角表示法与指数表示法
- 复数乘方与开方运算
- 复数开方的几何意义
- 邻域、开集、区域与连通性的概念
- 复变函数的极限
- 复变函数连续的充要条件

## 1.1 复数的概念与运算

出于解代数方程的需要,16 世纪中叶,意大利数学家尼科洛·塔尔塔利亚(Tartaglia)引入了复数的概念;18 世纪,数学家莱昂哈德·欧拉(Euler)引入记号 i,使数学从实数领域扩展到复数领域。

### 1.1.1 复数的代数表示

记虚数单位为 i,并规定 $i^2 = -1$,在电学中为避免与电流符号混淆,用 j 表示虚数单位。对于任意两个实数 $x$ 和 $y$,称 $z=x+yi$ 为**复数**,并称 $x$

为复数 $z$ 的**实部**，$y$ 为复数 $z$ 的**虚部**，记为：
$$x = \text{Re}\, z, \quad y = \text{Im}\, z \tag{1.1}$$

当虚部 $y = 0$ 时，$z = x$，复数退化为实数；当实部 $x = 0$、$y \neq 0$ 时，$z = y\text{i}$ 称为**纯虚数**。对于两个复数，它们相等的充要条件是：它们的实部和虚部分别相等。注意到，两个实数可以比较大小，但两个复数不能比较大小。

**例 1.1** 试比较虚数单位 i 与 0 的大小。

**解**：假设 $\text{i} > 0$，则 $\text{i} \cdot \text{i} > 0 \cdot \text{i} \Rightarrow -1 > 0$，矛盾；

假设 $\text{i} < 0$，亦可得出 $\text{i} \cdot \text{i} > 0 \cdot \text{i} \Rightarrow -1 > 0$，矛盾。

可见，虚数单位 i 与 0 不能比较大小。

1. 复数的运算

复数 $z = x + y\text{i}$，记它的**相反数**为 $-z$，有：$-z = -x - y\text{i}$。

设有两个复数 $z_1 = x_1 + y_1\text{i}$、$z_2 = x_2 + y_2\text{i}$，注意到虚数单位 i 是一个数，它与实数的运算满足交换律、结合律和分配律。具体地说，加法和乘法满足交换律、结合律，乘法满足分配律。因此可知两个复数的**和**满足：

$$\begin{aligned} z_1 + z_2 &= (x_1 + y_1\text{i}) + (x_2 + y_2\text{i}) = x_1 + x_2 + y_1\text{i} + y_2\text{i} \\ &= (x_1 + x_2) + (y_1 + y_2)\text{i} \end{aligned} \tag{1.2}$$

两个复数的**差** $z_1 - z_2 = z_1 + (-z_2)$，可知：

$$z_1 - z_2 = z_1 + (-z_2) = (x_1 - x_2) + (y_1 - y_2)\text{i} \tag{1.3}$$

可见，复数的和与差的实部与虚部，分别为它们实部与虚部的和与差。利用结合律和分配律，可知两个复数的**积**满足：

$$z_1 \cdot z_2 = (x_1 + y_1\text{i}) \cdot (x_2 + y_2\text{i}) = (x_1 x_2 - y_1 y_2) + (x_1 y_2 + x_2 y_1)\text{i} \tag{1.4}$$

若 $z_1$、$z_2$ 的虚部等于 0，代入式（1.2）~式（1.4），可以看出与实数运算完全一致。

**例 1.2** 计算 $(1+\text{i})^4$。

**解**：记复数 $z = 1 + \text{i}$，$z^4 = z \cdot z \cdot z \cdot z$，以此类推，可得复数的 $n$ 次**乘方**为：

$$z^n = \underbrace{z \cdot z \cdot \cdots \cdot z}_{n} \tag{1.5}$$

因此有：

$$\begin{aligned} z^4 &= (1+\text{i})^4 = (1+\text{i}) \cdot (1+\text{i}) \cdot (1+\text{i}) \cdot (1+\text{i}) \\ &= (1^2 + 2\text{i} + \text{i}^2) \cdot (1^2 + 2\text{i} + \text{i}^2) \\ &= 2\text{i} \cdot 2\text{i} = -4 \end{aligned}$$

2. 共轭复数

实部相同、虚部符号相反的两个复数互为**共轭复数**，复数 $z = x + y\text{i}$ 的共轭复

数记为 $\bar{z}$，可知 $\bar{z} = x - y\mathrm{i}$。共轭复数满足以下性质：

(1) $\overline{z_1 \pm z_2} = \bar{z}_1 \pm \bar{z}_2$；

(2) $\overline{z_1 \cdot z_2} = \bar{z}_1 \cdot \bar{z}_2$；

(3) $\bar{x} = x$，$\overline{\mathrm{i}y} = -\mathrm{i}y$（$x$、$y$ 为实数）；

(4) $\bar{\bar{z}} = z$；

(5) $z \cdot \bar{z} = (\mathrm{Re}\, z)^2 + (\mathrm{Im}\, z)^2$；

(6) $z + \bar{z} = 2\mathrm{Re}\, z = 2x$，$z - \bar{z} = 2\mathrm{i} \cdot \mathrm{Im}\, z = 2\mathrm{i} \cdot y$。

请读者自行证明以上结论。利用共轭复数的性质，可以证明以下结论。

**例 1.3** 若 $z_1$ 是实系数一元 $n$ 次方程 $z^n + a_{n-1}z^{n-1} + \cdots + a_1 z + a_0 = 0$ 的根，则 $\bar{z}_1$ 也是该方程的根。

**证明**：$z_1$ 是实系数一元 $n$ 次方程的根，可知：

$$z_1^n + a_{n-1}z_1^{n-1} + \cdots + a_1 z_1 + a_0 = 0$$

方程左右两边同时取共轭，可知：

$$\overline{z_1^n + a_{n-1}z_1^{n-1} + \cdots + a_1 z_1 + a_0} = 0$$

利用共轭复数的性质可知，上式可以转化为：

$$\bar{z}_1^n + \bar{a}_{n-1}\bar{z}_1^{n-1} + \cdots + \bar{a}_1\bar{z}_1 + \bar{a}_0 = 0$$

注意到方程的系数是实的，因此 $a_0 = \bar{a}_0$，$a_1 = \bar{a}_1$，$\cdots$，$a_{n-1} = \bar{a}_{n-1}$，则：

$$\bar{z}_1^n + a_{n-1}\bar{z}_1^{n-1} + \cdots + a_1\bar{z}_1 + a_0 = 0$$

可见，$\bar{z}_1$ 也是方程的根，证毕。

利用共轭复数的性质可以定义两个复数的**除法**：两个复数 $z_1 = x_1 + y_1\mathrm{i}$、$z_2 = x_2 + y_2\mathrm{i} \neq 0$ 满足 $z_2 \cdot z = z_1$，则记 $z = x + y\mathrm{i}$ 为 $z_1$ 除以 $z_2$ 的商，并记为：

$$z = \frac{z_1}{z_2} \tag{1.6}$$

利用共轭复数的性质可得：

$$\begin{aligned} z &= \frac{z_1}{z_2} = \frac{z_1 \cdot \bar{z}_2}{z_2 \cdot \bar{z}_2} = \frac{(x_1 + y_1\mathrm{i}) \cdot (x_2 - y_2\mathrm{i})}{(x_2 + y_2\mathrm{i}) \cdot (x_2 - y_2\mathrm{i})} \\ &= \frac{x_1 x_2 + y_1 y_2}{x_2^2 + y_2^2} + \frac{x_2 y_1 - x_1 y_2}{x_2^2 + y_2^2}\mathrm{i} \end{aligned} \tag{1.7}$$

**例 1.4** 复数 $z = \dfrac{\sqrt{2}}{2} + \dfrac{\sqrt{2}}{2}\mathrm{i}$，试求它的倒数。

**解**：复数 $z$（$z \neq 0$）的倒数为：

$$\frac{1}{z} = \frac{1}{\frac{\sqrt{2}}{2} + \frac{\sqrt{2}}{2}i} = \frac{\left(\frac{\sqrt{2}}{2} - \frac{\sqrt{2}}{2}i\right)}{\left(\frac{\sqrt{2}}{2} + \frac{\sqrt{2}}{2}i\right)\left(\frac{\sqrt{2}}{2} - \frac{\sqrt{2}}{2}i\right)}$$

利用平方差公式可得分母：

$$\left(\frac{\sqrt{2}}{2} + \frac{\sqrt{2}}{2}i\right)\left(\frac{\sqrt{2}}{2} - \frac{\sqrt{2}}{2}i\right) = \left(\frac{\sqrt{2}}{2}\right)^2 - \left(\frac{\sqrt{2}}{2}i\right)^2 = \frac{1}{2} - \left(-\frac{1}{2}\right) = 1$$

于是：

$$\frac{1}{z} = \frac{\sqrt{2}}{2} - \frac{\sqrt{2}}{2}i = \overline{z}$$

对于任意复数 $z = x + y\mathrm{i}$，采用类似的方法可以计算它的倒数：

$$\frac{1}{z} = \frac{1}{x + y\mathrm{i}} = \frac{x - y\mathrm{i}}{(x + y\mathrm{i})(x - y\mathrm{i})} = \frac{\overline{z}}{x^2 + y^2} \tag{1.8}$$

可见，上式中若 $x^2 + y^2 = 1$，则复数 $z = x + y\mathrm{i}$ 的倒数就是它的共轭复数。

复数 $z = x + y\mathrm{i}$ 的倒数，可以记为：

$$\frac{1}{z} \triangleq z^{-1} \tag{1.9}$$

类似地，可以定义：

$$z^{-n} \triangleq \frac{1}{\underbrace{z \cdot z \cdot \cdots \cdot z}_{n}} \tag{1.10}$$

根据式（1.9），可以证明：

$$\frac{1}{z_1 z_2} = (z_1 z_2)^{-1} = z_1^{-1} \cdot z_2^{-1} = \frac{1}{z_1} \cdot \frac{1}{z_2} \quad (z_1 \neq 0,\ z_2 \neq 0) \tag{1.11}$$

$$\frac{z_3 z_4}{z_1 z_2} = \frac{z_3}{z_1} \cdot \frac{z_4}{z_2} = \frac{z_4}{z_1} \cdot \frac{z_3}{z_2} \quad (z_1 \neq 0,\ z_2 \neq 0) \tag{1.12}$$

**例 1.5** 计算两个复数的积：$\left(\dfrac{1}{1-2\mathrm{i}}\right) \cdot \left(\dfrac{1}{2-\mathrm{i}}\right)$。

**解**：记 $z_1 = 1 - 2\mathrm{i}$、$z_2 = 2 - \mathrm{i}$，$z_3 = z_4 = 1$，可知 $z_1 \neq 0$，$z_2 \neq 0$，利用式（1.12）可得：

$$\left(\frac{1}{1-2\mathrm{i}}\right) \cdot \left(\frac{1}{2-\mathrm{i}}\right) = \frac{1}{(1-2\mathrm{i})(2-\mathrm{i})} = \frac{1}{-5\mathrm{i}} = \frac{1}{5}\mathrm{i}$$

在实数运算中，0 是加法单位元，1 是乘法单位元，它们的性质在复数系中也是成立的，即对于任意复数有：$z + 0 = z$、$z \cdot 1 = z$。

### 1.1.2 复数的几何表示

实数可以用数轴来表示,与之类似,复数 $z = x + y\mathrm{i}$ 可以看作由一对实数组成,它与平面直角坐标系上的点 $(x, y)$ ——对应,此时称坐标平面为复平面,$x$ 轴为实轴,$y$ 轴为虚轴,数 0 对应的点称为坐标原点,如图 1.1 所示。

复平面上的点 $(x, y)$ 也称为点 $z$,根据解析几何的知识可知,点 $z$ 还可以用原点指向点 $(x, y)$ 的向量来表示。

根据两个复数 $z_1 = x_1 + y_1\mathrm{i}$、$z_2 = x_2 + y_2\mathrm{i}$ 和的定义,$z_1 + z_2$ 的实部为 $z_1$、$z_2$ 的实部之和;$z_1 + z_2$ 的虚部为 $z_1$、$z_2$ 的虚部之和,对应到复平面上的向量可知,复数的加法满足**平行四边形法则**,如图 1.2 所示。

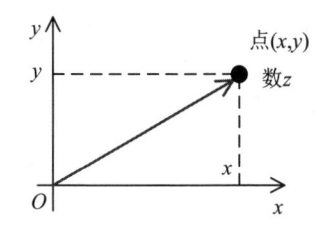

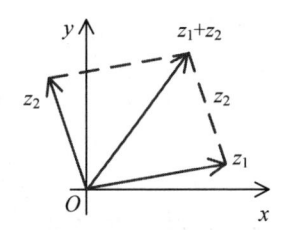

图 1.1 复数的几何表示    图 1.2 复数的加法:平行四边形法则

复数的减法 $z_1 - z_2$ 可视作 $z_1 + (-z_2)$,因此对应复平面上的向量可知,复数的减法满足**三角形法则**,如图 1.3 所示。

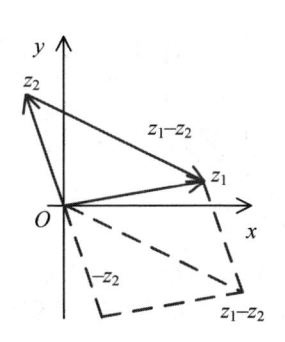

图 1.3 复数的减法:三角形法则

#### 1. 复数的模

点 $z$ 对应的向量的长度称为复数 $z$ 的**模**或绝对值,记为:

$$|z| = r = \sqrt{x^2 + y^2} \tag{1.13}$$

可知，$r \geqslant 0$，且 $r=0$ 的充要条件是 $z=0$。复数 $z=x+y\mathrm{i}$、$z_1=x_1+y_1\mathrm{i}$、$z_2=x_2+y_2\mathrm{i}$ 的模满足以下性质：

（1）$|x| \leqslant |z|$，$|y| \leqslant |z|$；

（2）$|z| \leqslant |x|+|y|$；

（3）$|z|=|\bar{z}|=z \cdot \bar{z}$；

（4）$|z_1 \pm z_2| \leqslant |z_1|+|z_2|$；

（5）$||z_1|-|z_2|| \leqslant |z_1 \pm z_2|$；

（6）$|z_1 \pm z_2 \pm \cdots \pm z_n| \leqslant |z_1|+|z_2|+\cdots+|z_n|$，$n \geqslant 3$。

**例 1.6** 任意两个复数不能比较大小。根据定义可知它们的模是实数，因此可以比较大小，试求复平面上两点 $z_1=3+2\mathrm{i}$、$z_2=-1+4\mathrm{i}$ 到原点的距离，并比较孰近孰远。

**解**：复平面上的点到原点的距离，即为该点对应的复数的模。故有：
$$|z_1|=|3+2\mathrm{i}|=\sqrt{3^2+2^2}=\sqrt{13}$$
$$|z_2|=|-1+4\mathrm{i}|=\sqrt{(-1)^2+4^2}=\sqrt{17}$$
$$\Rightarrow |z_1|=\sqrt{13}<\sqrt{17}=|z_2|$$

可见，$z_2$ 到原点的距离更远。

**例 1.7** 试证明单位圆上的点，到平面上点 (1,1) 的距离小于 3。

**证明**：单位圆上的动点，记为 $z_1$。可知 $z_1$ 到原点的距离恒等于 1，即：$|z_1|=1$；复平面上的点 (1,1) 可记为 $z_2=1+\mathrm{i}$，它们的距离即为 $|z_1-z_2|$，利用复数模的性质可知：
$$|z_1-z_2| \leqslant |z_1|+|z_2|=1+|1+\mathrm{i}|=1+\sqrt{2}<3$$

证毕。

0 的模是 0；实数 $x$ 的模，根据式（1.13）可知就是它的绝对值。因此，可以将模视作绝对值在复数系的推广。

**2. 复数的辐角及三角形式**

当 $z \neq 0$ 时，向量 $z$ 与实轴正向间的夹角 $\theta$ 称为复数的**相角**，也可称为**辐角**，记为 $\mathrm{Arg}\,z$，即 $\mathrm{Arg}\,z=\theta$。可知，复数的实部和虚部与它的模和相角之间的关系：

$$\begin{cases} x=r \cdot \cos\theta \\ y=r \cdot \sin\theta \end{cases} \tag{1.14}$$

$$\begin{cases} r=\sqrt{x^2+y^2} \\ \tan\theta=\dfrac{y}{x} \end{cases} \tag{1.15}$$

注意到，任意一个复数 $z \neq 0$ 都有无穷多个辐角，若 $\theta$ 为复数 $z \neq 0$ 的辐角，则可知：

$$\text{Arg } z = \theta + 2k\pi, \quad k \in \mathbb{Z} \tag{1.16}$$

用 Arg $z$ 表示复数 $z \neq 0$ 的全部辐角，其中满足 $-\pi < \theta \leq \pi$ 的 $\theta$ 称为**辐角的主值**，记为 arg $z$。

复数 $z = 0$ 的辐角不确定；$z = x > 0$，即正实数的辐角主值为 0；负实数的辐角主值为 $\pi$。任意两个复数 $z_1 = r_1(\cos\theta_1 + \mathrm{i}\sin\theta_1)$、$z_2 = r_2(\cos\theta_2 + \mathrm{i}\sin\theta_2)$（$z_1 \neq 0$、$z_2 \neq 0$）相等的充要条件是：

$$z_1 = z_2 \Leftrightarrow \begin{cases} r_1 = r_2 \\ \theta_1 = \theta_2 + 2k\pi \end{cases} \quad (k \in \mathbb{Z}, \ z_1 \neq 0 \text{、} z_2 \neq 0) \tag{1.17}$$

易知，两个非零复数相等，它们辐角的主值是相等的。利用式（1.14）可以将复数 $z = x + y\mathrm{i}$ 写成：

$$z = x + y\mathrm{i} = r \cdot \cos\theta + \mathrm{i} \cdot r \cdot \sin\theta = r \cdot (\cos\theta + \mathrm{i} \cdot \sin\theta) \tag{1.18}$$

称式（1.18）为复数的**三角表示法**。

**例 1.8** 试求以下复数的模与辐角的主值：

（1）$-1 - \mathrm{i}$；（2）$\cos\dfrac{\pi}{3} - \mathrm{i} \cdot \sin\dfrac{\pi}{3}$。

**解**：（1）$z = -1 - \mathrm{i} \Rightarrow x = -1, y = -1$，利用式（1.15）可得：

$$\begin{cases} r = \sqrt{x^2 + y^2} = \sqrt{2} \\ \tan\theta = \dfrac{y}{x} = 1 \end{cases}$$

注意到 $z$ 在第三象限，故 $\arg z = -\dfrac{3\pi}{4}$。

（2）复数 $\cos\dfrac{\pi}{3} - \mathrm{i} \cdot \sin\dfrac{\pi}{3}$ 不符合式（1.18）的定义，但可以注意到：

$$z = \cos\dfrac{\pi}{3} - \mathrm{i} \cdot \sin\dfrac{\pi}{3} = \cos\left(-\dfrac{\pi}{3}\right) + \mathrm{i} \cdot \sin\left(-\dfrac{\pi}{3}\right)$$

对照式（1.18）立即可得：$r = 1$、$\arg z = -\dfrac{\pi}{3}$。

**3. 复数的指数形式**

利用欧拉公式：$\mathrm{e}^{\mathrm{i}\theta} = \cos\theta + \mathrm{i}\sin\theta$，可以将复数的三角形式，即式（1.18）表示为：

$$z = r \cdot (\cos\theta + \mathrm{i}\sin\theta) = r \cdot \mathrm{e}^{\mathrm{i}\theta} \tag{1.19}$$

称式（1.19）为复数的**指数表示法**。

**例 1.9** 试将复数 $z = -1 + i$ 表示成指数形式。

**解**：$r = |z| = |-1 + i| = \sqrt{2}$，复数 $z$ 的辐角主值 $\theta$ 满足 $\tan\theta = -1$，注意到复数 $z$ 在第二象限，故 $\theta = \dfrac{3\pi}{4}$，按式（1.19）可得：

$$z = \sqrt{2} \cdot e^{i\frac{3\pi}{4}}$$

**例 1.10** 试用 $z$ 的方程的形式表示圆心在 $z_0$ 处，半径为 $R$ 的圆。

**解**：首先注意到单位圆的方程为：

$$|z| = r = 1$$

因此，圆心为原点，半径为 $R$ 的圆的方程为：

$$|z| = R$$

故：

$$z = R \cdot e^{i\theta}, \quad -\pi < \theta \leq \pi$$

如图 1.4 所示，圆心在 $z_0$ 处，半径为 $R$ 的圆上的点 $z$ 可以看作：

$$z = z_0 + z_r$$

（1） （2）

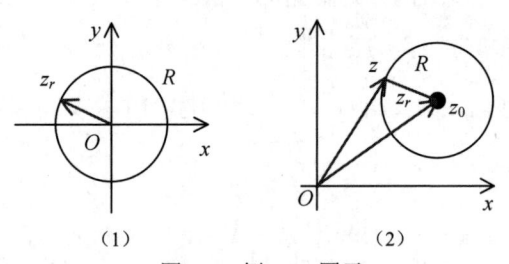

图 1.4 例 1.10 图示

因此，圆心在 $z_0$ 处，半径为 $R$ 的圆方程为：

$$z = z_0 + R \cdot e^{i\theta}, \quad -\pi < \theta \leq \pi$$

利用复数的三角表示法和指数表示法，再次考察两个复数 $z_1$、$z_2$ 的乘积与商的运算。记：$z_1 = r_1 e^{i\theta_1} = r_1(\cos\theta_1 + i \cdot \sin\theta_1)$、$z_2 = r_2 e^{i\theta_2} = r_2(\cos\theta_2 + i \cdot \sin\theta_2)$，则它们的积为：

$$\begin{aligned} z_1 \cdot z_2 &= r_1(\cos\theta_1 + i \cdot \sin\theta_1) \cdot r_2(\cos\theta_2 + i \cdot \sin\theta_2) \\ &= r_1 \cdot r_2 \cdot [(\cos\theta_1\cos\theta_2 - \sin\theta_1\sin\theta_2) + i(\cos\theta_1\sin\theta_2 + \sin\theta_1\cos\theta_2)] \\ &= r_1 \cdot r_2 \cdot [\cos(\theta_1 + \theta_2) + i\sin(\theta_1 + \theta_2)] \end{aligned}$$

可见，**两个复数积的模是它们模的乘积，积的辐角是它们的辐角之和**。基于复数的指数表示法，更容易看出这一点：

$$z_1 \cdot z_2 = r_1 e^{i\theta_1} \cdot r_2 e^{i\theta_2} = r_1 \cdot r_2 \cdot (e^{i\theta_1} \cdot e^{i\theta_2}) = r_1 \cdot r_2 \cdot e^{i(\theta_1 + \theta_2)} \quad (1.20)$$

此外，在 $z_2 \neq 0$ 的情形下，复数的商可以表示为：

$$\frac{z_1}{z_2} = \frac{r_1 e^{i\theta_1}}{r_2 e^{i\theta_2}} = \frac{r_1}{r_2} \cdot \frac{e^{i\theta_1} \cdot e^{-i\theta_2}}{e^{i\theta_2} \cdot e^{-i\theta_2}} = \frac{r_1}{r_2} \cdot e^{i(\theta_1 - \theta_2)} \tag{1.21}$$

可见，**两个复数商的模是它们模的商，商的辐角是它们的辐角之差**。

**例 1.11** 平面上一个向量 $(x_1, y_1)$ 逆时针旋转角度 $\alpha$ 之后得到向量 $(x_2, y_2)$，试用复数的运算表示该过程。

**解**：复平面上的向量 $(x_1, y_1)$ 可记为复数 $z_1 = x_1 + y_1 i$，类似地，旋转之后的向量可记为 $z_2 = x_2 + y_2 i$，向量旋转按下式计算：

$$\begin{cases} x_2 = x_1 \cos\alpha - y_1 \sin\alpha & (*) \\ y_2 = x_1 \sin\alpha + y_1 \cos\alpha & (**) \end{cases}$$

方程中式（**）乘以虚数单位 i 加上式（*）可得：

$$\begin{aligned} z_2 &= x_2 + y_2 i \\ &= (x_1 \cos\alpha - y_1 \sin\alpha) + i(x_1 \sin\alpha + y_1 \cos\alpha) \\ &= (x_1 + y_1 i)(\cos\alpha + i\sin\alpha) \\ &= z_1 \cdot e^{i\alpha} \end{aligned}$$

可见，向量逆时针旋转 $\alpha$ 角度在复平面上可以视作该向量乘以模为 1，辐角为 $\alpha$ 的复数。相反也可以说，复平面上的向量乘以复数 $re^{i\theta}$，等同于模扩大为原先的 $r$ 倍，同时辐角逆时针旋转 $\theta$ 角度。

作为例 1.11 的验证，可以观察以下例子。

**例 1.12** 计算 i 除以 $\frac{1}{2} + \frac{\sqrt{3}}{2} i$ 的值，并将被除数、除数和商表示成指数形式。

**解**：$i = e^{i\frac{\pi}{2}}$，$\frac{1}{2} + \frac{\sqrt{3}}{2} i = e^{i\frac{\pi}{3}}$，

$$\frac{i}{\frac{1}{2} + \frac{\sqrt{3}}{2} i} = \frac{i \cdot \left(\frac{1}{2} - \frac{\sqrt{3}}{2} i\right)}{\left(\frac{1}{2} + \frac{\sqrt{3}}{2} i\right) \cdot \left(\frac{1}{2} - \frac{\sqrt{3}}{2} i\right)} = \frac{\sqrt{3}}{2} + \frac{1}{2} i = e^{i\frac{\pi}{6}}$$

注意到，除数、被除数与商的模皆为 1；除数的辐角为 $\frac{\pi}{3}$，商的辐角为 $\frac{\pi}{6}$，除数和商的辐角之和等于被除数的辐角 $\frac{\pi}{2}$。

**4. 复数的乘方与根**

记 $z_1 = r_1 e^{i\theta_1}$，$z_2 = r_2 e^{i\theta_2}$，…，$z_n = r_n e^{i\theta_n}$，在式（1.20）的基础上利用数学归纳法可以证明：

$$z_1 \cdot z_2 \cdot \cdots \cdot z_n = (r_1 r_2 \cdot \cdots \cdot r_n) \cdot e^{i(\theta_1+\theta_2+\cdots+\theta_n)} \qquad (1.22)$$

特别地，当 $z_1 = z_2 = \cdots \triangleq z_n = z$ 时，上式可写为：

$$z \cdot z \cdot \cdots \cdot z = z^n = r^n \cdot e^{in\theta} = r^n(\cos n\theta + i\sin n\theta) \qquad (1.23)$$

当 $|z|=1$ 时，式（1.23）改变为：

$$(\cos\theta + i\sin\theta)^n = \cos n\theta + i\sin n\theta \qquad (1.24)$$

式（1.24）称为**棣莫弗（De Moivre）公式**。

**例 1.13**　证明余弦函数的三倍角公式：

$$\cos 3\theta = -3\cos\theta + 4\cos^3\theta$$

**证明**：在棣莫弗公式中令 $n = 3$ 可得：

$$\cos 3\theta + i\sin 3\theta = (\cos\theta + i\sin\theta)^3$$

展开 $(\cos\theta + i\sin\theta)^3$ 可得：

$$\cos 3\theta + i\sin 3\theta = (\cos\theta + i\sin\theta)^3$$
$$= (\cos^3\theta - 3\sin^2\theta\cos\theta) - i(\sin^3\theta - 3\cos^2\theta\sin\theta)$$

注意到，两个复数相等的充要条件是这两个复数的实部和虚部分别都相等，因此有：

$$\cos 3\theta = \cos^3\theta - 3\sin^2\theta\cos\theta$$

将 $\sin^2\theta = 1 - \cos^2\theta$ 代入上式可得：

$$\cos 3\theta = -3\cos\theta + 4\cos^3\theta$$

原式得证，在展开式中令虚部相等可以立刻得到正弦函数的三倍角公式；以此类推，棣莫弗公式取 $n$ 为任意整数，可以得到 $n$ 倍角公式。

**例 1.14**　计算 $(1+\sqrt{3}i)^7$，并将结果写成代数形式。

**解**：如果采用复数的代数表示法，7 次方的计算量较大，因此首先将复数表示为指数形式，计算得到 7 次方之后再表示成代数形式。

注意到 $1+\sqrt{3}i = 2 \cdot e^{i\pi/3}$，故原式等于：

$$(1+\sqrt{3}i)^7 = (2 \cdot e^{i\frac{\pi}{3}})^7 = 2^7 \cdot e^{i\frac{7\pi}{3}} = 128 \cdot e^{i\frac{6\pi}{3}} \cdot e^{i\frac{\pi}{3}}$$

观察 $e^{i\frac{6\pi}{3}} = e^{2\pi i} = \cos 2\pi + i\sin 2\pi = 1$，故原式等于：

$$(1+\sqrt{3}i)^7 = 128 \cdot e^{i\frac{\pi}{3}} = 128 \cdot \left(\cos\frac{\pi}{3} + i\sin\frac{\pi}{3}\right) = 64(1+\sqrt{3}i)$$

当计算复数的和与差的时候，采用代数表示法更方便；当计算复数的乘积与商的时候，采用三角表示法或指数表示法更方便。在遇到具体问题的时候，应根据实际情况具体分析、灵活处理。

前文定义了乘方：记复数 $w$（$w \neq 0$）的 $n$ 次方为 $z$，即 $w^n = z$，$z \neq 0$，若复数 $z$ 已知，反过来求 $w$，则称 **$w$ 为复数 $z$ 的 $n$ 次方根**，记为 $w = \sqrt[n]{z}$，令：

$$\begin{cases} z = r(\cos\theta + \mathrm{i}\sin\theta) \\ w = \rho(\cos\varphi + \mathrm{i}\sin\varphi) \end{cases}$$

根据乘方的定义可知：

$$\rho^n(\cos n\varphi + \mathrm{i}\sin n\varphi) = r(\cos\theta + \mathrm{i}\sin\theta)$$

根据复数相等的充要条件式（1.17）可知：

$$\begin{cases} \rho^n = r \\ n\varphi = \theta + 2k\pi \end{cases}, \quad k \in \mathbb{Z}$$

注意到 $\rho$ 和 $r$ 是非零复数的模，故有 $\rho > 0$，$r > 0$，因此 $\rho$ 是正实数 $r$ 的 $n$ 次方根，可以在实数系中求解得出。复数 $w$ 的辐角则满足：

$$\varphi_k = \frac{\theta + 2k\pi}{n}, \quad k \in \mathbb{Z} \tag{1.25}$$

当 $k$ 取 0，1，$\cdots$，$n-1$ 时，辐角 $\varphi$ 取不同的值 $\varphi_0$，$\varphi_1$，$\cdots$，$\varphi_{n-1}$，当 $k$ 取其他整数时，辐角的值会重复。举例来说，当 $k=n$ 时，

$$\varphi_n = \frac{\theta + 2n\pi}{n} = \frac{\theta}{n} + 2\pi = \varphi_0 + 2\pi$$

可见，$\varphi_n$ 和 $\varphi_0$ 具有相同的辐角主值，此时对应的根是同一个复数；以此类推，$\varphi_{n+1} = \varphi_1 + 2\pi$，$\varphi_{n+2} = \varphi_2 + 2\pi$，$\cdots$，对应的根为：

$$w_k = \sqrt[n]{r} \cdot \exp(\mathrm{i}\varphi_k), \quad k = 0, 1, \cdots, n-1 \tag{1.26}$$

可以看出，$w_k$，$k = 0, 1, \cdots, n-1$ 等间隔分布在以原点为圆心、半径为 $\sqrt[n]{r}$ 的圆周上，相邻的根之间的夹角为 $\dfrac{2\pi}{n}$。

**例 1.15** 计算 1 的 3 次方根。

**解**：复数 1 可以写成 $z = 1 = 1 \cdot \mathrm{e}^{\mathrm{i} \cdot 0}$，利用式（1.26）可以计算得到 1 的 3 次方根：

$$w_k = \sqrt[3]{1} \cdot \exp\left(\mathrm{i}\frac{0 + 2k\pi}{3}\right), \quad k = 0, 1, 2$$

$k = 0$ 时，$w_0 = \sqrt[3]{1} \cdot \exp(\mathrm{i} \cdot 0) = 1$；

$k = 1$ 时，$w_1 = \sqrt[3]{1} \cdot \exp\left(\mathrm{i}\dfrac{2\pi}{3}\right) = -\dfrac{1}{2} + \dfrac{\sqrt{3}}{2}\mathrm{i}$；

$k = 2$ 时，$w_1 = \sqrt[3]{1} \cdot \exp\left(\mathrm{i}\dfrac{4\pi}{3}\right) = -\dfrac{1}{2} - \dfrac{\sqrt{3}}{2}\mathrm{i}$。

复数 1 的 3 次方根共有 3 个，如图 1.5 所示，这 3 个根在单位圆上等间隔分布，辐角的主值分别为 0、120°、–120°。

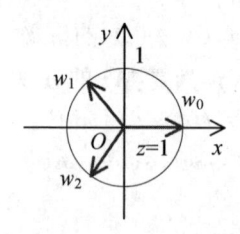

图 1.5 例 1.15 图示

**例 1.16** 计算 $z = 2 + 2\sqrt{3}\mathrm{i}$ 的平方根。

**解**：复数 $z$ 可表示为指数形式 $z = 4 \cdot \mathrm{e}^{\mathrm{i}\frac{\pi}{3}}$，利用式（1.26）可以计算得到它的平方根：

$$w_k = \sqrt{4} \cdot \exp\left(\mathrm{i}\frac{\pi/3 + 2k\pi}{2}\right), \quad k = 0, 1$$

$k = 0$ 时，$w_0 = 2 \cdot \exp\left(\mathrm{i}\dfrac{\pi/3}{2}\right) = 2 \cdot \exp\left(\mathrm{i}\dfrac{\pi}{6}\right) = \sqrt{3} + \mathrm{i}$；

$k = 1$ 时，$w_1 = 2 \cdot \exp\left(\mathrm{i}\dfrac{\pi/3 + 2\pi}{2}\right) = 2 \cdot \exp\left(\mathrm{i}\dfrac{7\pi}{6}\right) = -\sqrt{3} - \mathrm{i}$。

复数 $z = 2 + 2\sqrt{3}\mathrm{i}$ 的平方根有 2 个，如图 1.6 所示，这 2 个根互为相反数，辐角的主值分别为 30°、−150°。由此例可见，复数的 2 个平方根也是互为相反数，这也是显然的，因为 $(-1)^2 = 1$。

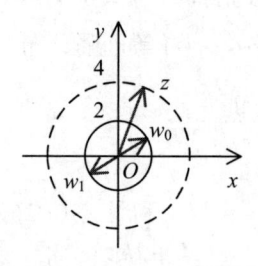

图 1.6 例 1.16 图示

**例 1.17** 求解一元二次方程 $z^2 + 2z + 1 + \mathrm{i} = 0$。

**解**：一元二次方程的根式解在复数系中依然成立，因此方程的根为：

$$z_{1,2} = \frac{-b \pm \sqrt{b^2 - 4ac}}{2a} = \frac{-2 \pm \sqrt{4 - 4(1 + \mathrm{i})}}{2} = \frac{-2 \pm 2\sqrt{-\mathrm{i}}}{2}$$

将 $-\mathrm{i}$ 表示成指数形式可得：$-\mathrm{i} = \mathrm{e}^{-\mathrm{i}\frac{\pi}{2}}$，因此 $\sqrt{-\mathrm{i}}$ 有两个值：$\mathrm{e}^{-\mathrm{i}\frac{\pi}{4}} = \dfrac{\sqrt{2}}{2}(1 - \mathrm{i})$、

$$e^{i\frac{3\pi}{4}} = \frac{\sqrt{2}}{2}(-1+i)$$，故原方程的根为：

$$z_1 = \left(-1+\frac{\sqrt{2}}{2}\right)-\frac{\sqrt{2}}{2}i, \quad z_2 = \left(-1-\frac{\sqrt{2}}{2}\right)+\frac{\sqrt{2}}{2}i$$

类似地，在复数系中可以求解实系数一元三次方程的根，也可以将实系数一元三次方程根的求解方式推广到复系数一元三次方程的求解过程中。更进一步地，任何复系数一元 $n$ 次方程 $\alpha_n z^n + \alpha_{n-1} z^{n-1} + \cdots + \alpha_1 z + \alpha_0 = 0$（$\alpha_n \neq 0$；$\alpha_n$，$\alpha_{n-1}$，$\cdots$，$\alpha_0$ 为方程的复系数）在复数系中有且只有 $n$ 个根（重根按重数分别计算个数），这称为**代数基本定理**。

**例 1.18** 复数 $w = \cos\dfrac{2\pi}{n} + i\sin\dfrac{2\pi}{n}$，试证明：

$$1 + w + w^2 + \cdots + w^{n-1} = 0$$

**证明**：在复数系中等比数列的求和公式依然成立，可将上式看作公比为 $w$ 的等比数列 $1$，$w$，$w^2$，$\cdots$，$w^{n-1}$ 的和，则可知：

$$1 + w + w^2 + \cdots + w^{n-1} = \frac{1-w^n}{1-w} \quad (w \neq 1)$$

同时可以发现，$w = \cos\dfrac{2\pi}{n} + i\sin\dfrac{2\pi}{n} = e^{i\cdot\frac{2\pi}{n}}$，故 $w^n = (e^{i\cdot\frac{2\pi}{n}})^n = e^{i\cdot 2\pi} = 1$，因此，

$$1 + w + w^2 + \cdots + w^{n-1} = \frac{1-w^n}{1-w} = \frac{1-1}{1-w} = 0$$

原式得证。实际上有更一般的公式成立：

$$1 + w^m + w^{2m} + \cdots + w^{(n-1)m} = 0$$

式中 $m$ 只要不是 $n$ 的整数倍即可。

### 1.1.3 复球面和复数的矩阵表示法

在复数的代数表示法、三角表示法与指数表示法之外，还可以用球面表示复数，也可以用矩阵的形式表示复数。

复球面与无穷远点

**1. 复球面**

取一个与复平面相切于原点的球面，称切点为球面的南极，记为 $S$，过 $S$ 作垂直于复平面的垂线，与球面的另一个交点记为 $N$，称之为球面的北极。如图 1.7 所示，称该球面为**复球面**。

对于复平面上的任意一点 $z$，连接 $z$ 与复球面的北极 $N$，与球面交于点 $P$；同样地，对于复球面上任意一点 $P$（$P \neq N$），连接北极 $N$ 与点 $P$，延长线与复平面

也存在唯一的交点。可见，复球面上的点 $P$（$P \neq N$）与复平面的点一一对应，因此可以用复球面上的点 $P$ 来唯一地表示复数 $z$。易知，复球面的南极 $S$ 与复平面的原点 $O$ 是对应的。

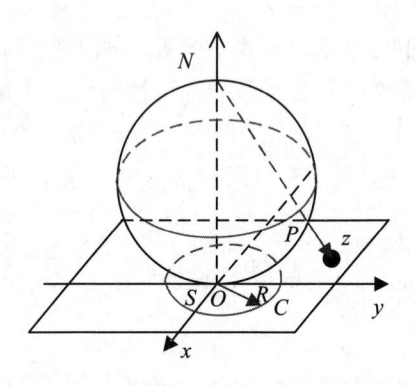

图 1.7　复球面

注意观察复平面上以原点为圆心，半径为 $R$ 的圆周，记为 $C$，易知 $C$ 可以用方程 $|z|=R$ 表示。可知，圆周 $C$ 对应复球面上特定纬度的圆周。随着半径 $R$ 逐渐变大，对应复球面上圆周的纬度由南纬变为北纬，并逐渐靠近北极点。鉴于此，规定复平面上有一个无穷远点与球面上的北极 $N$ 相对应，该无穷远点对应的复数称为**无穷大**，记为 $\infty$。如图 1.7 所示，复球面上的北极 $N$ 是唯一的，<u>对应的无穷远点因此也是唯一的，从而复数 $\infty$ 也是唯一的</u>。

复数 $\infty$ 的实部、虚部与辐角都无实际意义，只规定它的模为正无穷大，即：$|\infty|=+\infty$。由此可知，其他有限复数 $z$ 的模满足 $|z|<+\infty$。复数 $\infty$ 有如下运算规则：

(1) 运算 $\infty \pm \infty$、$0 \cdot \infty$、$\dfrac{\infty}{\infty}$、$\dfrac{0}{0}$ 无意义；

(2) 复数 $\alpha \neq \infty$ 时，$\dfrac{\infty}{\alpha}=\infty$、$\dfrac{\alpha}{\infty}=0$、$\alpha \pm \infty = \infty \pm \alpha = \infty$；

(3) 复数 $\beta \neq 0$（可以是 $\infty$）时，$\dfrac{\beta}{0}=\infty$、$\beta \cdot \infty = \infty \cdot \beta = \infty$；

(4) 复平面上每一条直线都通过点 $\infty$。

应该注意到，复数中只有一个 $\infty$，与实数中有 $-\infty$、$+\infty$ 是不同的。包括无穷远点的复平面称为**扩充复平面**，也被称为**扩展复平面**；不包括无穷远点的复平面称为**有限复平面**，一般简称为**复平面**。后文中提到的"复平面"皆为有限复平面，用到扩充复平面的时候，皆用它的全称。同样地，后文中提到复数 $z$，皆指有限复平面上的点，即默认 $|z|<+\infty$。

## 2. 复数的矩阵表示法

复数 $z = x + y\mathrm{i}$ 可以用 $2\times 2$ 的方阵定义：

$$z = x + y\mathrm{i} = \begin{pmatrix} x & -y \\ y & x \end{pmatrix} \qquad (1.27)$$

易知采用矩阵表示法时，复数的加减乘除恰好对应矩阵的加减乘除。两个复数 $z_1 = x_1 + y_1\mathrm{i}$、$z_2 = x_2 + y_2\mathrm{i}$，它们的和与差为：

$$z_1 \pm z_2 = \begin{pmatrix} x_1 & -y_1 \\ y_1 & x_1 \end{pmatrix} \pm \begin{pmatrix} x_2 & -y_2 \\ y_2 & x_2 \end{pmatrix} = \begin{pmatrix} x_1 \pm x_2 & -(y_1 \pm y_2) \\ y_1 \pm y_2 & x_1 \pm x_2 \end{pmatrix}$$

两个复数的乘积满足：

$$z_1 \cdot z_2 = \begin{pmatrix} x_1 & -y_1 \\ y_1 & x_1 \end{pmatrix} \cdot \begin{pmatrix} x_2 & -y_2 \\ y_2 & x_2 \end{pmatrix} = \begin{pmatrix} x_1 x_2 - y_1 y_2 & -x_2 y_1 - x_1 y_2 \\ x_2 y_1 + x_1 y_2 & x_1 x_2 - y_1 y_2 \end{pmatrix}$$

若 $z_2 = \begin{pmatrix} x_2 & -y_2 \\ y_2 & x_2 \end{pmatrix} \neq 0$，可引入它的逆矩阵：

$$z_2^{-1} = \begin{pmatrix} x_2 & -y_2 \\ y_2 & x_2 \end{pmatrix}^{-1} = \begin{pmatrix} \dfrac{x_2}{x_2^2 + y_2^2} & \dfrac{y_2}{x_2^2 + y_2^2} \\ \dfrac{-y_2}{x_2^2 + y_2^2} & \dfrac{x_2}{x_2^2 + y_2^2} \end{pmatrix}$$

则可知除法为：

$$\frac{z_1}{z_2} = z_1 \cdot z_2^{-1} = \begin{pmatrix} x_1 & -y_1 \\ y_1 & x_1 \end{pmatrix} \cdot \begin{pmatrix} \dfrac{x_2}{x_2^2 + y_2^2} & \dfrac{y_2}{x_2^2 + y_2^2} \\ \dfrac{-y_2}{x_2^2 + y_2^2} & \dfrac{x_2}{x_2^2 + y_2^2} \end{pmatrix}$$

$$= \begin{pmatrix} \dfrac{x_1 x_2 + y_1 y_2}{x_2^2 + y_2^2} & \dfrac{x_1 y_2 - x_2 y_1}{x_2^2 + y_2^2} \\ \dfrac{x_2 y_1 - x_1 y_2}{x_2^2 + y_2^2} & \dfrac{x_1 x_2 + y_1 y_2}{x_2^2 + y_2^2} \end{pmatrix}$$

**例 1.19** 采用复数的矩阵表示法表示实数 $a$，并计算两个实数 2 与 3 的乘积。

**解：** 实数 $a$ 可以看作虚部为 0 的复数，采用矩阵表示法可得：

$$a = \begin{pmatrix} a & 0 \\ 0 & a \end{pmatrix}$$

因此实数 2 与 3 分别可以表示为：

$$2 = \begin{pmatrix} 2 & 0 \\ 0 & 2 \end{pmatrix},\quad 3 = \begin{pmatrix} 3 & 0 \\ 0 & 3 \end{pmatrix}$$

它们的积就是两个对角矩阵的乘积，可得：

$$2 \times 3 = \begin{pmatrix} 2 & 0 \\ 0 & 2 \end{pmatrix} \cdot \begin{pmatrix} 3 & 0 \\ 0 & 3 \end{pmatrix} = \begin{pmatrix} 6 & 0 \\ 0 & 6 \end{pmatrix} = 6$$

注意到：

$$3 \times 2 = \begin{pmatrix} 3 & 0 \\ 0 & 3 \end{pmatrix} \cdot \begin{pmatrix} 2 & 0 \\ 0 & 2 \end{pmatrix} = \begin{pmatrix} 6 & 0 \\ 0 & 6 \end{pmatrix} = 6$$

由于表示复数的矩阵是反对称矩阵，因此乘法满足交换律。通过例子可以发现，矩阵表示法亦可应用在实数系中。

## 1.2 复变函数

实变函数研究的是实变数的问题，与之类似，研究复变数的问题就要用到复变函数的概念。与实变函数定义域的概念类似，每个复变数都有自己的变化范围，复变数的变化范围是复平面上点的集合。下面介绍复平面上点集的一些基本概念。

### 1.2.1 区域的概念

在介绍区域的概念之前，需要先了解复平面上的点的邻域、开集等概念。

**1. 复平面上点的邻域**

复平面上以 $z_0$ 为中心，$\delta$（$\delta$ 为任意的正实数）为半径的圆：$|z - z_0| < \delta$ 内部的点的集合称为 $z_0$ 的**邻域**。称 $0 < |z - z_0| < \delta$ 所确定的点的集合为 $z_0$ 的**去心邻域**。设 $G$ 为平面点集，$z_0 \in G$ 为 $G$ 中任意一点，若存在 $z_0$ 的一个邻域，使得该邻域内的所有点都属于 $G$，则称 $z_0$ 为 $G$ 的一个**内点**；如果存在 $z_0$ 的一个邻域不含有集合 $G$ 的点，则称 $z_0$ 为 $G$ 的一个**外点**；如果点 $z_0$ 既不是集合 $G$ 的内点，也不是它的外点，则称 $z_0$ 为 $G$ 的一个**边界点**。一个边界点具有这样的性质：该点的任意一个邻域都既包含集合 $G$ 中的点，也包含不属于集合 $G$ 中的点。

如果 $G$ 中的每一个点都是内点，则称平面点集 $G$ 为**开集**。一个集合如果包含它所有的边界点，则称之为**闭集**。与数轴上存在半开半闭区间一样，复平面上有些集合既不是开集，也不是闭集。

**例 1.20** 试判断以下平面点集是否为开集、闭集？

（1）$|z| < 1$；（2）$|z| \leqslant 2$；（3）$1 < |z| \leqslant 2$；（4）$|z| > 2$；（5）$z = 1 + i$。

**解：** 题中平面点集如图 1.8 所示，图中用实线表示平面点集包含该点集的边界点；用虚线表示平面点集不包含该点集的边界点。

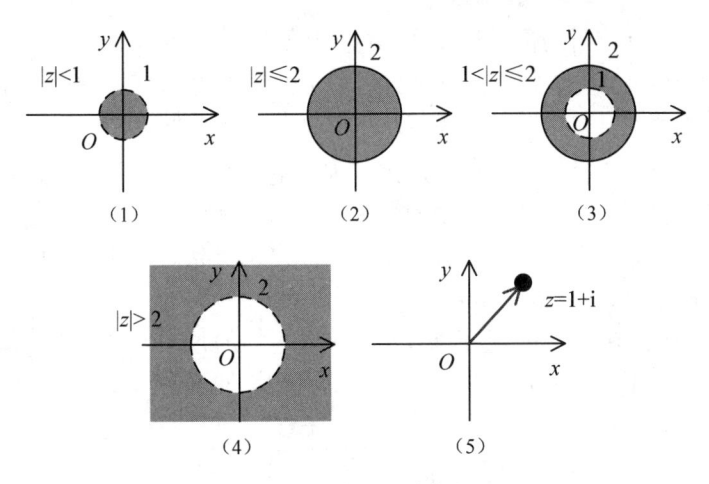

图 1.8 例 1.20 图示

（1）$|z|<1$，由图 1.8 可见，该平面点集不包含它的边界点，可知该点集为开集。

（2）$|z|\leqslant 2$，该平面点集包含了它的全部边界点，可知该点集为闭集。

（3）$1<|z|\leqslant 2$，由图 1.8 可见，该平面点集包含了它的外部边界点，但未包含它的内部边界点，因此它既不是开集，也不是闭集。

（4）$|z|>2$，该平面点集未包含它的边界点，因此它是开集。

（5）$z=1+i$，该平面点集只有一个元素，它是闭集。

在扩展复平面上，平面点集 $|z|>R$（$R$ 为任意一个正的实数）是**无穷大∞的邻域**；平面点集 $\infty>|z|>R$ 则是**无穷大∞的去心邻域**。

**2. 连通的概念与区域的定义**

如果复平面上的点集 $G$ 中任意两点 $z_1$ 与 $z_2$ 可以用此集合中由有限条线段首尾依次连接组成的折线相连，则称 $G$ 是**连通**的。

**例 1.21** 如图 1.9 所示的 4 个平面点集，试判断它们的连通性。

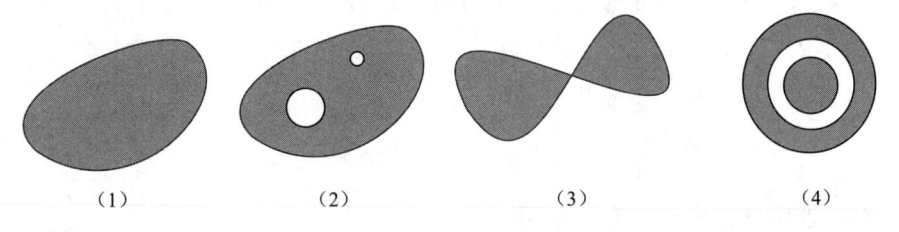

图 1.9 复数点集的连通性

**解**：（1）如图 1.10（1）所示，该复数集中任意两点 $z_1$ 和 $z_2$ 都可以采用一条折线连接起来，且该折线位于该复数集内，因此是连通的。

（2）如图 1.10（2）所示，该复数集与（1）的区别在于，其中有两个洞，洞内的点是不属于该复数集的。尽管如此，可以发现该复数集中任意两点 $z_1$ 和 $z_2$ 可以采用一条属于该集合的折线连接起来，因此复数集（2）也是连通的。

（3）如图 1.10（3）所示，该复数集是两个复数集通过一个点连接之后得到的并集，任取该复数集中的两个点 $z_1$ 和 $z_2$ 可以采用一条属于该集合的折线连接起来，因此复数集（3）也是连通的。

（4）如图 1.10（4）所示，该复数集不是连通的，因为如果取 $z_1$ 属于环状集合内的点，$z_2$ 属于内部圆形集合内的点，则它们之间不能用完全属于该集合的点形成的连线进行连接。

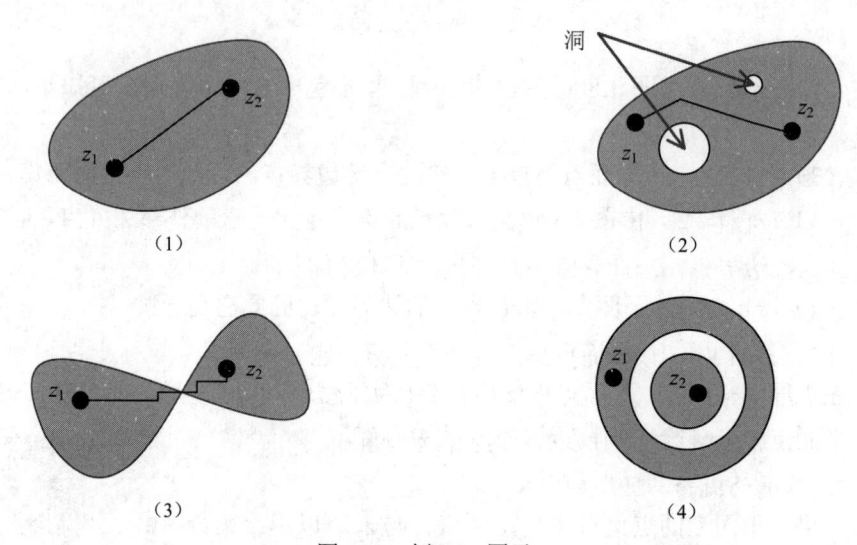

图 1.10 例 1.21 图示

称一个连通的开集为**区域**。区域和它的边界的并集称为闭区域，可知，复平面上点 $z_0$ 的邻域与去心邻域都是区域。如果区域 $G$ 中的每一个点的模都小于一个正的实数 $R$，即 $G$ 都在圆周 $|z|=R$ 内，则称该区域是**有界**的；否则称它为**无界**的。

**例 1.22** 试判断以下复数集是不是区域，并判断它是否有界？

（1）$|z|<1$；（2）$\dfrac{\pi}{3} > \text{Arg}\,z > \dfrac{\pi}{6}$；（3）$\text{Re}\,z \geqslant 1$。

**解**：题中复数集如图 1.11 所示。

（1）复数集 $|z|<1$ 是开集，且该复数集中任意两点可以采用一条属于该集合的折线连接起来，因此该复数集是区域；且由于该区域内每个点的模都小于 1，

因此为有界区域。

（1）　　　　　　（2）　　　　　　（3）

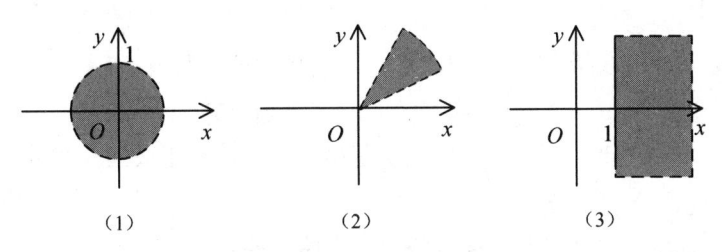

图 1.11　例 1.22 图示

（2）复数集 $\frac{\pi}{3} > \text{Arg}\, z > \frac{\pi}{6}$ 是开集，且是连通的，因此是复平面上的扇形区域，由于不存在一个正的实数 $R$，使得复数集都在圆周 $|z|=R$ 内，故区域是无界的。

（3）复数集 $\text{Re}\, z \geqslant 1$ 不是开集也不是闭集，因此不是复平面上的区域，同时它是无界的。

3. 平面曲线

平面上曲线的参数方程为：

$$\begin{cases} x = x(t) \\ y = y(t) \end{cases},\quad a \leqslant t \leqslant b \tag{1.28}$$

式中，$x(t)$ 和 $y(t)$ 是闭区间 $[a,b]$ 上连续的实函数。记 $z = x + y\mathrm{i}$，可将曲线方程表示为复方程：

$$z = z(t) = x(t) + \mathrm{i} \cdot y(t),\quad a \leqslant t \leqslant b \tag{1.29}$$

称满足方程 $z = z(t)$，$a \leqslant t \leqslant b$ 的点的集合为复平面上的一条**连续曲线**，并称 $z(a)$ 为该连续曲线的**起点**；$z(b)$ 为**终点**。若 $z(a) = z(b)$，即曲线的起点与终点重合，则称该连续曲线为**闭曲线**。若对任意 $t_1$、$t_2$，$a < t_1 < b$，$a < t_2 < b$，有 $z(a) \neq z(b)$，称该连续曲线是没有**重点**的，此时称该曲线为**简单曲线**或**约当曲线**（Jordan curve）。

**例 1.23**　试判断图 1.12 所示曲线是不是简单曲线，是不是闭曲线？

（1）　　　　（2）　　　　（3）　　　　（4）

图 1.12　例 1.23 图示

**解**：易知，图 1.12（1）是简单曲线、开曲线；图 1.12（2）是简单曲线、闭曲线；图 1.12（3）不是简单曲线，是开曲线；图 1.12（4）不是简单曲线，是闭曲线。

若在 $a \leqslant t \leqslant b$ 的范围内，$x'(t)$ 和 $y'(t)$ 是连续的，且有：

$$[x'(t)]^2 + [y'(t)]^2 \neq 0, \quad t \in [a,b] \tag{1.30}$$

则称曲线 $z = z(t)$ 是**光滑**的；由几段依次连接的光滑曲线组成的曲线称为**分段光滑**的曲线。

对于开曲线，定义起点到终点的方向为**曲线的正向**。简单闭曲线 $C$，将复平面分为 3 个部分：其中有界的部分称为 $C$ 的**内部**，另一部分是无界区域，称为 $C$ 的**外部**，$C$ 是它们的公共边界。定义简单闭曲线 $C$ 的正向为：沿着 $C$ 的正向前进时，$C$ 的内部在前进方向的左边。

对于复平面上的区域 $G$，在 $G$ 的内部任意画一条简单闭曲线，若闭曲线的内部都属于 $G$，则称 $G$ 为**单连通**的，简称为**单连通域**；否则称 $G$ 为**多连通域**，多连通域的例子见图 1.13（1）、（2），其中图 1.13（1）的区域 $G_1$ 中有两个洞；图 1.13（2）的区域 $G_2$ 中有一条裂缝，还有两个洞，其中一个洞只有一个元素，用黑点表示。

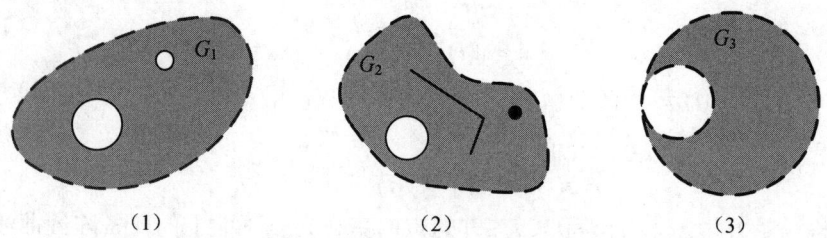

图 1.13 单连通域与多连通域的例子

需要注意的是图 1.13（3）图中区域 $G_3$，它是一个圆形区域去掉与该大圆相切的一个小圆得到的，它是单连通域，而不是多连通域。

### 1.2.2 复变函数及其连续性

复变函数的概念是实变函数在复数系中的推广，注意它与实变函数的区别与联系。

**1. 复变函数的定义**

设 $G$ 是一个复数的集合，若 $\forall z \in G$，按照一定的法则，总有一个或几个复数 $w = u + iv$ 与之对应，则称复变数 $w$ 是复变数 $z$ 的函数，简称为**复变函数**，并记为：

$$w = f(z)$$

如果 $\forall z \in G$，只有唯一的 $w$ 与之对应，则称复变函数是**单值**的；如果有两个或两个以上的 $w$ 与之对应，则称复变函数是**多值**的。以后若无特别说明，只讨论单值函数或者多值函数的一个单值的分支。区域 $G$ 称为复变函数 $f(z)$ 的**定义域**。

记复变数 $z = x + \mathrm{i}y$，可知：复变函数 $w = f(z)$ 的实部 $u$ 和虚部 $v$ 分别是 $x$ 和 $y$ 的函数，即：

$$w = f(z) = u(x, y) + \mathrm{i} \cdot v(x, y) \tag{1.31}$$

也就是说，复变函数 $f(z)$ 的实部和虚部都是 $x$ 和 $y$ 的二元实变函数。另一方面，对于任意两个二元实变函数 $u(x, y)$ 和 $v(x, y)$，也可以组合成为一个复变函数。在这其中，真正重要的是能够单独用复变数 $z$ 表示的函数。

**例 1.24** 针对以下复变函数，分别求出它们的实部和虚部。

（1） $w = f(z) = z^2$；  （2） $w = f(z) = \dfrac{1}{z}$。

**解**：记 $z = x + \mathrm{i}y$、$w = u + \mathrm{i}v$，分别代入复变函数，可得：

（1） $w = u + \mathrm{i}v = z^2 = (x + \mathrm{i}y)^2 = (x^2 - y^2) + \mathrm{i}(2xy)$，可见：

$$\begin{cases} u(x, y) = x^2 - y^2 \\ v(x, y) = 2xy \end{cases} \tag{*}$$

画出 $f(z) = z^2$ 的实部和虚部，如图 1.14 所示。由于复变函数是二维的复平面到二维复平面的映射，共计有 4 维。为了便于显示，对于 $z = x + \mathrm{i}y$，固定 $x$，只改变 $y$，可以得到 $f(z) = z^2$ 实部和虚部随着 $y$ 变化的情况；类似地，固定 $y$，只改变 $x$，可以得到复变函数实部与虚部随着 $x$ 变化的情况，这样就得到了 4 个图，在图 1.14 中，图（1）是固定 $x$ 的值，观察函数实部随 $y$ 的变化情况；图（2）为固定 $x$ 的值，观察函数虚部随 $y$ 的变化情况，其他两个子图则是固定 $y$ 得到的图形。

可见，平方函数 $f(z) = z^2$ 的实部和虚部都是单值函数，因此复平方函数是单值函数。在式（*）中，令 $y = 0$，可知 $u(x, y) = x^2$、$v(x, y) = 0$，此时 $z^2 = x^2$，因此实平方函数是复平方函数的特例。

（2） $w = u + \mathrm{i}v = \dfrac{1}{z} = \dfrac{1}{x + \mathrm{i}y} = \dfrac{x}{x^2 + y^2} - \mathrm{i}\dfrac{y}{x^2 + y^2}$，可见：

$$\begin{cases} u(x, y) = \dfrac{x}{x^2 + y^2} \\ v(x, y) = -\dfrac{y}{x^2 + y^2} \end{cases}$$

画出 $f(z) = \dfrac{1}{z}$ 的实部和虚部，如图 1.15 所示。

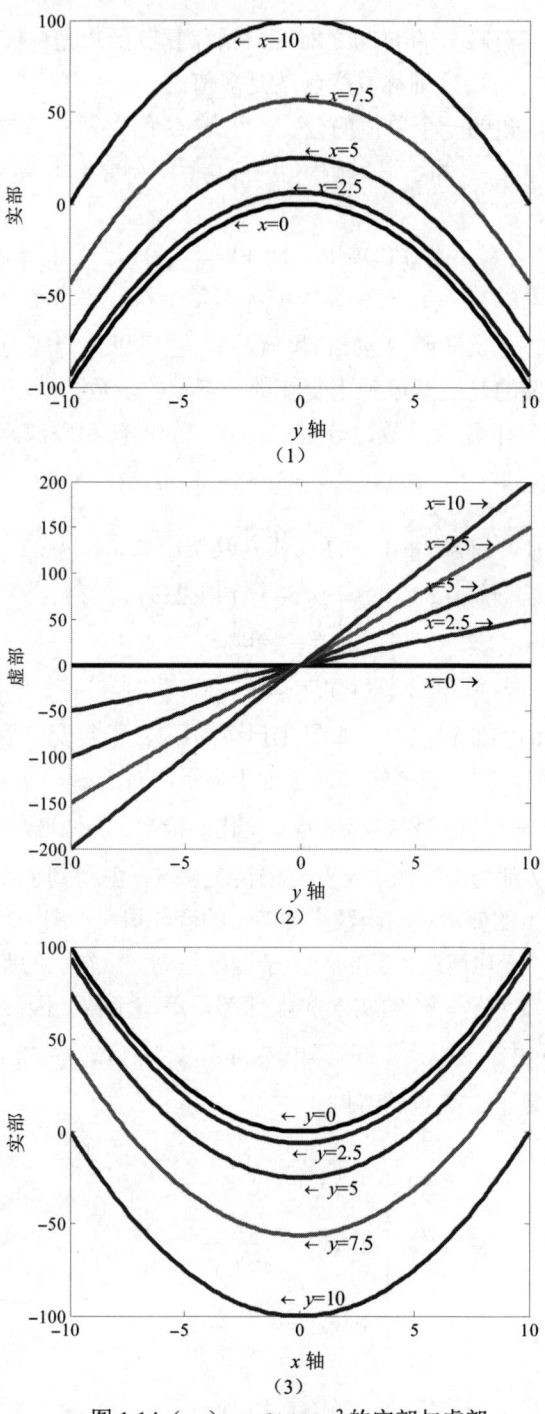

图 1.14（一）　$f(z)=z^2$ 的实部与虚部

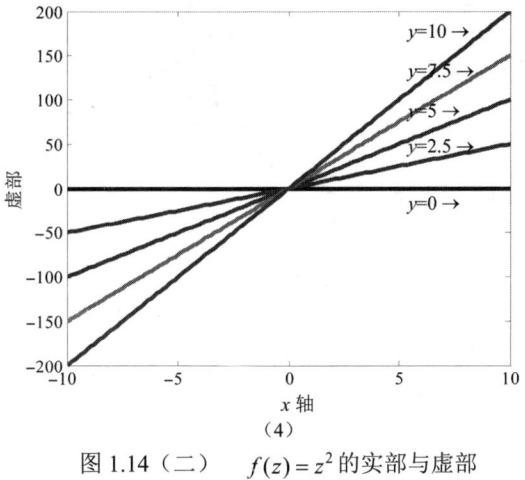

（4）

图 1.14（二） $f(z)=z^2$ 的实部与虚部

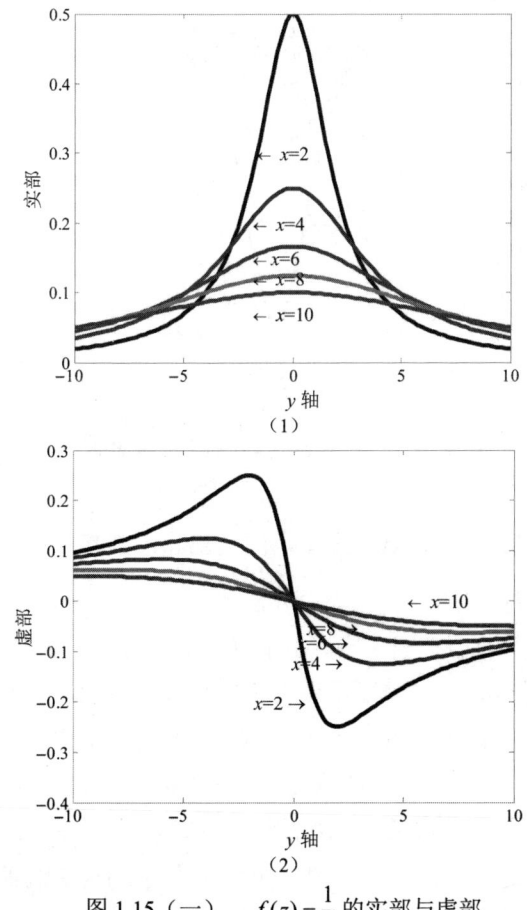

（1）

（2）

图 1.15（一） $f(z)=\dfrac{1}{z}$ 的实部与虚部

(图像：实部与虚部曲线图，分别标注 y=2, y=4, y=6, y=8, y=10)

（3）

（4）

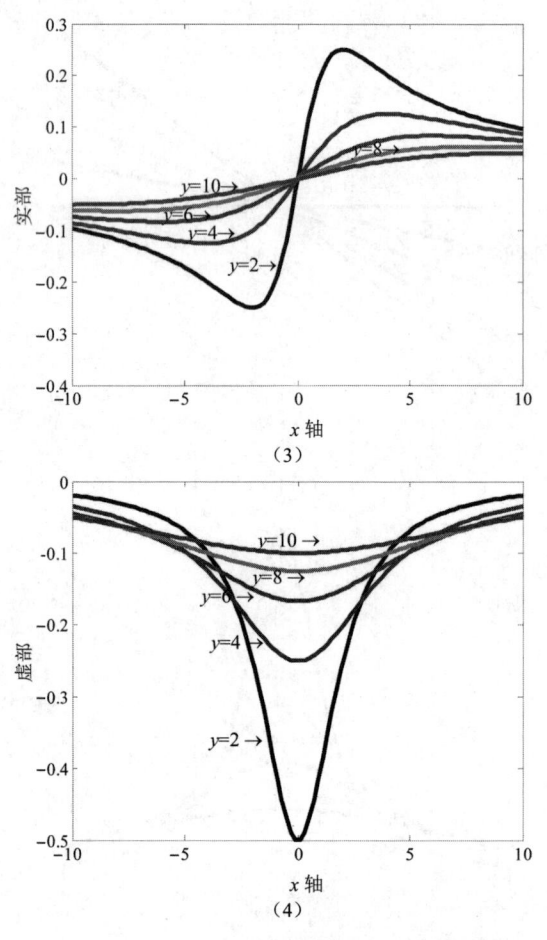

图 1.15（二）　$f(z)=\dfrac{1}{z}$ 的实部与虚部

从图 1.15 中可见，复倒函数 $f(z)=\dfrac{1}{z}$ 的实部和虚部都是单值函数，因此复倒函数是单值函数。

如果 $z_1 \in G$、$z_2 \in G$，且 $z_1 \neq z_2$，必有 $f(z_1) \neq f(z_2)$，则称复变函数 $f(z)$ 是**单叶函数**。与实变函数一致，复变函数也有反函数的概念，复变函数 $w=f(z)$ 的定义域为复数集 $G$，对应的值域记为 $G^*$。则可知 $\forall w \in G^*$，都有复数集 $G$ 中的一个或多个点与之对应，也就是说，在复数集 $G^*$ 上确定了一个函数 $z=g(w)=f^{-1}(w)$，称 $g(w)$ 为复变函数 $f(z)$ 的**反函数**。

若复变函数 $f(z)$ 是单叶的，则可知它的反函数 $g(w)$ 是单值函数；若复变函数 $f(z)$ 是单值的，则可知它的反函数 $g(w)$ 是单叶函数。

## 2. 复变函数的连续性

若复变函数 $w = f(z)$ 在 $z_0$ 的去心邻域 $0 < |z - z_0| < \rho$ 内有定义，$\forall \varepsilon > 0$，$\exists \delta > 0$，使得当 $0 < |z - z_0| < \delta \leq \rho$ 时，有：

$$|f(z) - W_0| < \varepsilon$$

则称复常数 $W_0$ 为复变函数 $f(z)$ 当 $z$ 趋近于 $z_0$ 时的**极限**，记为：

$$\lim_{z \to z_0} f(z) = W_0$$

应该注意的是，$z \to z_0$ 的方式是任意的。

**例 1.25** 判断极限 $\lim\limits_{z \to 0} \dfrac{\bar{z}}{z}$ 是否存在，若存在，求出极限。

**解**：求极限的时候，$z$ 要以任意方向趋近于 0 的时候，极限都一致，复变函数 $f(z) = \dfrac{\bar{z}}{z}$ 在 $z \to 0$ 时的极限才存在，不妨沿着直线 $y = kx$ 的方向趋近于 0，$k$ 为直线的斜率，如图 1.16 所示。

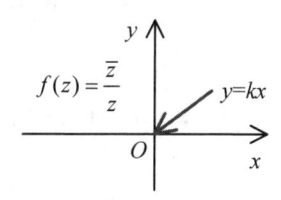

图 1.16 例 1.25 图示

在直线 $y = kx$ 上有：$z = x + \mathrm{i}y = x + \mathrm{i}kx$，故 $\bar{z} = x - \mathrm{i}kx$；同时在直线上 $z \to 0$ 等价于 $x \to 0$，故原极限为：

$$\lim_{z \to 0} \frac{\bar{z}}{z} = \lim_{x \to 0} \frac{x - \mathrm{i}kx}{x + \mathrm{i}kx} = \lim_{x \to 0} \frac{1 - \mathrm{i}k}{1 + \mathrm{i}k} = \frac{1 - \mathrm{i}k}{1 + \mathrm{i}k}$$

通过上式可见，沿着不同斜率的直线趋近于 0 的时候，极限不相同，因此原极限不存在。

由于 $z \to z_0$ 的方式是任意的，因此在复平面上判断复变函数的极限是否存在的工作量是很大的，鉴于复变函数的实部和虚部都是二元实变函数，因此对复变函数求极限可以转化为对它的实部和虚部分别求极限。具体地说，对于复变函数

$$f(z) = u(x, y) + \mathrm{i} \cdot v(x, y)$$

记 $z_0 = x_0 + \mathrm{i}y_0$、$W_0 = u_0 + \mathrm{i}v_0$，则 $\lim\limits_{z \to z_0} f(z) = W_0$ 的**充要条件**为：

$$\begin{cases} \lim\limits_{x \to x_0, y \to y_0} u(x, y) = u_0 \\ \lim\limits_{x \to x_0, y \to y_0} v(x, y) = v_0 \end{cases} \quad (1.32)$$

**证明：** 先证充分性。

设 $\lim\limits_{x \to x_0, y \to y_0} u(x,y) = u_0$，$\lim\limits_{x \to x_0, y \to y_0} v(x,y) = v_0$，由二元实变函数极限的定义可知，$\forall \varepsilon > 0$，$\exists \delta$，使得 $0 < \sqrt{(x-x_0)^2 + (y-y_0)^2} < \delta$ 时，有：

$$|u - u_0| < \frac{\varepsilon}{2}, \quad |v - v_0| < \frac{\varepsilon}{2}$$

注意到

$$|f(z) - W_0| = |(u - u_0) + i(v - v_0)| \leq |u - u_0| + |v - v_0|$$

$$|z - z_0| = \sqrt{(x - x_0)^2 + (y - y_0)^2}$$

也就是说：$0 < |z - z_0| < \delta$ 时，

$$|f(z) - W_0| < \frac{\varepsilon}{2} + \frac{\varepsilon}{2} = \varepsilon$$

即：$\lim\limits_{z \to z_0} f(z) = W_0$，充分性得证。

再证必要性。设即 $\lim\limits_{z \to z_0} f(z) = W_0$，根据极限的定义，$\forall \varepsilon > 0$，$\exists \delta$，使得 $0 < \sqrt{(x-x_0)^2 + (y-y_0)^2} < \delta$ 时，有：

$$|f(z) - W_0| = |(u + iv) - (u_0 + iv_0)| < \varepsilon$$

注意到：

$$|u - u_0| \leq |(u - u_0) + i(v - v_0)| = |(u + iv) - (u_0 + iv_0)| < \varepsilon$$

$$|v - v_0| \leq |(u - u_0) + i(v - v_0)| = |(u + iv) - (u_0 + iv_0)| < \varepsilon$$

因此：

$$\lim\limits_{x \to x_0, y \to y_0} u(x,y) = u_0, \quad \lim\limits_{x \to x_0, y \to y_0} v(x,y) = v_0$$

故必要性得证。

根据复变函数极限的充要条件，就可以把复变函数的求极限问题转化为两个二元实变函数求极限的问题。利用实变函数求极限的性质，可以得到以下**复变函数求极限的规则**，记 $\lim\limits_{z \to z_0} f(z) = W_0$、$\lim\limits_{z \to z_0} g(z) = S_0$，则：

规则一：$\lim\limits_{z \to z_0} f(z) \pm g(z) = W_0 \pm S_0$；

规则二：$\lim\limits_{z \to z_0} f(z) \cdot g(z) = W_0 \cdot S_0$；

规则三：若 $S_0 \neq 0$，有：$\lim\limits_{z \to z_0} \dfrac{f(z)}{g(z)} = \dfrac{W_0}{S_0}$。

**例 1.26** 求复变函数 $f(z) = e^x \cos y + i \cdot e^x \sin y$ 在原点处的极限。

**解：** 复变函数 $f(z)$ 的实部 $u(x,y) = e^x \cos y$，虚部 $v(x,y) = e^x \sin y$，它们都是

二元实变函数，由于：
$$\lim_{x \to 0, y \to 0} u(x,y) = \lim_{x \to 0, y \to 0} e^x \cos y = 1$$
$$\lim_{x \to 0, y \to 0} v(x,y) = \lim_{x \to 0, y \to 0} e^x \sin y = 0$$

故 $\lim_{z \to 0} f(z) = 1 + i \cdot 0 = 1$。

如果 $\lim_{z \to z_0} f(z) = f(z_0)$，则称复变函数 $f(z)$ **在点 $z_0$ 处连续**；如果复变函数 $f(z)$ 在区域 $G$ 内处处连续，则称 $f(z)$ **在区域 $G$ 内处处连续**。

可知：复变函数 $f(z) = u(x,y) + i \cdot v(x,y)$ 在 $z_0 = x_0 + iy_0$ 处连续的**充分必要条件**是二元实变函数 $u(x,y)$ 和 $v(x,y)$ 在平面上的点 $(x_0, y_0)$ 处连续；复变函数 $f(z)$ 在区域 $G$ 内处处连续的**充分必要条件**是 $u(x,y)$ 和 $v(x,y)$ 在区域 $G$ 内处处连续。

**例 1.27** 判断以下复变函数在复平面上的连续性。

（1） $f(z) = z^2$；　　　　　　　　（2） $f(z) = \bar{z}$。

**解**：（1） $f(z) = z^2 = (x+iy)^2 = (x^2 - y^2) + i(2xy)$，即：复平方函数的实部 $u(x,y) = x^2 - y^2$，虚部 $v(x,y) = 2xy$，由于 $u(x,y)$ 和 $v(x,y)$ 在平面上处处连续，因此，复平方函数在整个复平面上处处连续。

（2） $f(z) = \bar{z} = x - iy$，因此共轭函数的实部和虚部分别为：
$$u(x,y) = x 、 v(x,y) = -y$$
$u(x,y)$ 和 $v(x,y)$ 在整个平面上处处连续，因此共轭函数在整个复平面上处处连续。

如果复变函数 $f(z)$、$g(z)$ 在点 $z_0$ 处连续，则 $f(z) \pm g(z)$、$f(z) \cdot g(z)$、$\dfrac{f(z)}{g(z)}$ （$g(z_0) \neq 0$）**在点 $z_0$ 处连续**；如果 $g(z)$ 在点 $z_0$ 处连续，$s_0 = g(z_0)$，且 $f(z)$ 在点 $s_0$ 处连续，则复合函数 $f[g(z)]$ **在点 $z_0$ 处连续**。

与实变函数具有有界性和最大值、最小值一样，复变函数也有**类似的性质**：若 $w = f(z)$ 在有界闭区域 $\bar{G}$ 上连续，则：

（1）复变函数 $f(z)$ 在有界闭区域 $\bar{G}$ 上有界，即，$\forall z \in \bar{G}$，存在正实数 $M$，使得 $|f(z)| < M$ 成立。

（2）复变函数 $f(z)$ 在有界闭区域 $\bar{G}$ 上能取得 $|f(z)|$ 的最大值和最小值。即，$\forall z \in \bar{G}$，$\exists z_1 \in \bar{G}$，使得 $|f(z)| \leqslant |f(z_1)|$ 成立；同时，$\forall z \in \bar{G}$，$\exists z_2 \in \bar{G}$，使得 $|f(z)| \geqslant |f(z_2)|$ 成立。

有界性和最大值、最小值的存在性，除了对有界闭区域成立，对闭曲线也成立。

# 本 章 小 结

本章学习了复数的概念、复数的运算,以及复数的三种表示法:代数表示法、三角表示法与指数表示法;还学习了复变函数的概念,以及复变函数的极限与连续性等内容,这些内容是学习后继内容的基础。由于复变函数研究的内容都是在复数的范围内展开,因此需要牢固掌握复数的性质,熟练掌握复数运算的方法与技巧,灵活运用三种表示法解决相应的问题。

在本章的内容中,复平面是个重要的概念,它将复数与平面上的点一一对应起来,实现了"数"与"形"的关联,一个复数的集合可以视作一个平面的点集。一方面,通过用复数表示平面上的点,相对解析几何用坐标来表示更简洁、高效,也更能体现 $x$ 坐标与 $y$ 坐标之间的关系与转化。另一方面,利用复平面的概念也有助于理解复变函数的几何性质。因此理解平面点集,以及建立在它上面的概念,如开集、区域、连通性是非常重要的。

本章重点介绍了复变函数的概念,通过与实变函数中相同的方法引入了极限、连续性概念。对复变函数来说,它的实部与虚部都是二元实变函数,因此判断复变函数的极限与连续性,可以通过分别分析它的实部与虚部的方法来进行,但也要注意复变函数与实变函数的区别。通过与实变函数的对比,区分它们的不同,研究它们之间的联系,在学习后续内容时也是非常重要的。

# 练 习

## 一、证明题

1. 证明:
 (1) $z$ 是一个实数的充要条件是 $\bar{z} = z$;
 (2) $z$ 是一个实数或纯虚数的充要条件是 $\bar{z}^2 = z^2$。
2. 利用数学归纳法证明,当 $n \geqslant 2$ 时有以下两式成立:
 (1) $\overline{z_1 + z_2 + \cdots + z_n} = \bar{z}_1 + \bar{z}_2 + \cdots + \bar{z}_n$;
 (2) $\overline{z_1 z_2 \cdots z_n} = \bar{z}_1 \bar{z}_2 \cdots \bar{z}_n$。
3. 证明圆心在 $z_0$,半径为 $R$ 的圆的方程可以用下式表示:
$$|z|^2 - 2\operatorname{Re}(z \cdot \bar{z}_0) + |z_0|^2 = R^2$$

4. 证明当 $|z| \leqslant 1$ 时有下式成立：
$$|\operatorname{Re}(2+\bar{z}+z^3)| \leqslant 4$$

5. 证明**拉格朗日三角恒等式**，即在 $0 < \theta < 2\pi$ 的条件下有下式成立：
$$1 + \cos\theta + \cos 2\theta + \cdots + \cos n\theta = \frac{1}{2} + \frac{\sin[(2n+1)\theta/2]}{2\sin\theta/2}$$

提示：利用等比数列求和公式 $\sum_{k=0}^{n} z^k = \frac{1-z^{n+1}}{1-z}$，$z \neq 1$。

6. 设 $z + z^{-1} = 2\cos\theta$（$z \neq 0$，$\theta$ 是 $z$ 的辐角），当 $n \geqslant 1$ 时证明下式成立：
$$z^n + z^{-n} = 2\cos n\theta$$

7. 如果 $z \neq 1$ 是 1 的 $n$ 次方根，证明下式成立：
$$1 + z + z^2 + \cdots + z^{n-1} = 0$$

8. 证明复平面上的直线方程的一般形式为：
$$\alpha\bar{z} + \bar{\alpha}z + c = 0 \quad (\alpha \neq 0 \text{ 为复常数}，c \text{ 为实数})$$

9. 证明复平面上的圆方程的一般形式为：
$$z\bar{z} + \bar{\alpha}z + \alpha\bar{z} + c = 0 \quad (\alpha \text{ 为复常数}，c \text{ 为实数})$$

10. 证明：$|z_1 + z_2|^2 + |z_1 - z_2|^2 = 2(|z_1|^2 + |z_2|^2)$，并说明它的几何意义。

11. 如果复数 $z_1$、$z_2$、$z_3$ 满足等式：
$$\frac{z_2 - z_1}{z_3 - z_1} = \frac{z_1 - z_3}{z_2 - z_3}$$

证明 $|z_2 - z_1| = |z_3 - z_2| = |z_1 - z_3|$，并说明等式的几何意义。

12. 证明 $\lim\limits_{z \to 0}\left(\dfrac{z}{\bar{z}} - \dfrac{\bar{z}}{z}\right)$ 不存在。

13. 证明 $\lim\limits_{z \to 0}\dfrac{\operatorname{Re}(z)}{z}$ 不存在。

14. 设 $\lim\limits_{z \to z_0} f(z) = A$，证明存在 $z_0$ 的某个去心邻域，使得 $f(z)$ 是有界的。即：$\exists M > 0$，使得在 $z_0$ 的某个去心邻域内有 $|f(z)| \leqslant M$ 成立。

15. 证明复变函数 $f(z) = \arg z$ 在原点处不连续。

## 二、计算题

1. 求下列复数的实部、虚部、模与辐角的主值。

（1）$\dfrac{\mathrm{i}}{3+2\mathrm{i}}$；  （2）$\dfrac{1}{\mathrm{i}} + \dfrac{2\mathrm{i}}{1+\mathrm{i}}$；

(3) $\dfrac{2-i}{3+i}$ ;

(4) $\left(\dfrac{1+\sqrt{3}i}{2}\right)^6$ ;

(5) $(1+i)\cdot(1+\sqrt{3}i)$ ;

(6) $(\sqrt{2}-i)-i(1-\sqrt{2}i)$ ;

(7) $i^8-2\cdot i^{21}+i$ ;

(8) $1+i+i^2+\cdots+i^{100}$ 。

2. 等式 $\dfrac{(x-1)+i(y-3)}{5+3i}=1+i$ 成立，计算实数 $x$ 与 $y$。

3. 把以下复数表示为三角形式与指数形式：

(1) $1+i$ ;

(2) $-\sqrt{12}-2i$ ;

(3) $\dfrac{i}{-2-2i}$ ;

(4) $-2\sqrt{3}+2i$ ;

(5) $(\sqrt{3}+i)^5$ ;

(6) $-\cos\theta+i\sin\theta$ ;

(7) $\dfrac{(\cos5\theta+i\sin5\theta)^2}{(\cos3\theta-i\sin3\theta)^3}$ ;

(8) $1-\cos\theta+i\sin\theta$ （$0\leqslant\theta\leqslant\pi$）。

4. 当 $|z|\leqslant 1$ 时，求使得 $|z^n+\alpha|$ 取最大值的 $z$，其中 $n$ 为正整数，$\alpha$ 为复常数。

5. 求下列根式的值：

(1) $\sqrt{1+i}$ ;

(2) $\sqrt[3]{1}$ ;

(3) $\sqrt[3]{-2+2i}$ ;

(4) $\sqrt[4]{-16}$ ;

(5) $\sqrt{\sqrt{3}+(2\sqrt{3}-3)i}$ ;

(6) $\sqrt[4]{-8-8\sqrt{3}i}$ 。

6. 解下列方程与方程组：

(1) $z^3+8=0$ ;

(2) $z^2+2z+1-i=0$ ;

(3) $z^2-2iz+3-4i=0$ ;

(4) $(1+z)^5=(1-z)^5$ ;

(5) $(1+i)^n=(1-i)^n$，求出正整数解 $n$ ;

(6) $\begin{cases} z_1+iz_2=2 \\ 3z_1+2z_2=1+i \end{cases}$ 。

7. 指出下列各小题中点 $z$ 的轨迹是什么图形？手绘草图加以确认。

(1) $\mathrm{Im}\,z=2$ ;

(2) $\mathrm{Re}(i\cdot\bar{z})=3$ ;

(3) $|z-i|=|z-1|$ ;

(4) $\left|\dfrac{z-1}{z+1}\right|=2$ ;

(5) $|z-2i|=2$ ;

(6) $(1+i)z+(1-i)\bar{z}-2=0$ ;

(7) $|z-3|+|z-1|=2$ ;

(8) $|z-3|+|z-1|=4$ ;

(9) $|z+1|-|z-1|=1$ ;

(10) $(z-\bar{z})^2-2|z+\bar{z}|=0$ ;

(11) $\arg z=\dfrac{\pi}{3}$ ;

(12) $\arg(z-i)=\dfrac{\pi}{4}$ 。

8. 指出下列不等式确定的区域或闭区域，并指出它是有界的还是无界的，是单连通的还是多连通的。

（1）$\text{Re}(z-1) > 0$；
（2）$0 < \text{Im}\, z \leqslant \pi$；
（3）$1 < |z|$；
（4）$1 \leqslant |z| \leqslant 2$；
（5）$1 < |z| < \infty$；
（6）$|z-1| < |z+3|$；
（7）$|z-1| < 4|z+1|$；
（8）$|z-1| + |z+1| \leqslant 6$；
（9）$|z+i| - |z-i| > 1$；
（10）$(2+i)z + (2-i)\bar{z} < 2$；
（11）$\dfrac{\pi}{2} < \arg z$；
（12）$\dfrac{\pi}{4} < \arg z < \dfrac{\pi}{3}$。

9. 用复参数方程表示下列曲线：

（1）过 $1+i$ 与 $-1-4i$ 的直线；
（2）以原点为中心，焦点在实轴上，长半轴为 $a$，短半轴为 $b$ 的椭圆周。

10. 复变函数 $w = 1/z$ 把 $z$ 平面上的下列曲线映射成 $w$ 平面上什么样的曲线？

（1）$y = x$；
（2）$y = -1$；
（3）$x^2 + y^2 = 4$；
（4）$(x-1)^2 + y^2 = 1$。

# 第2章 复变函数的导数

## 本章导读

与实变函数的导数一样，研究复变函数的导数具有基础性的重要意义。本章引入复变函数的导数的概念与性质，介绍复变函数微分的概念，注意它们与实变函数导数与微分的区别与联系。

在研究复变函数可导的基础上，引入解析函数的概念，即在区域内处处可导的复变函数，它是本课程讨论的中心，是复变函数研究的主要对象，在理论与工程实际中有着广泛的应用。在学习过程中，需要注意它与实变函数可导的区别与联系，特别是判定复变函数解析的充要条件。本章还介绍了复指数函数、复对数函数、幂函数等初等函数，可以把它们视作初等函数在复数系中的推广，注意它们与实变的初等函数的异同点。

## 本章要点

- 复变函数导数的概念
- 解析函数的定义
- 柯西-黎曼方程
- 复指数函数的定义与性质
- 幂函数的定义与性质

## 2.1 解析函数

这里首先介绍复变函数导数的概念。

### 2.1.1 复变函数的导数与微分

这里将实变函数的导数的概念推广到复变函数中来。

1. 复变函数的导数

设复变函数 $w = f(z)$ 在 $z_0$ 的邻域 $G$ 内有定义，$z_0 + \Delta z \in G$。如果极限：

$$\lim_{\Delta z \to 0} \frac{f(z_0 + \Delta z) - f(z_0)}{\Delta z}$$

存在，则称复变函数 $f(z)$ 在点 $z_0$ 处可导，并称这个极限的值为复变函数 $f(z)$ 在点 $z_0$ 处的**导数**，记为 $f'(z_0)$ 或 $\left.\dfrac{dw}{dz}\right|_{z=z_0}$，即：

$$f'(z_0) = \left.\frac{dw}{dz}\right|_{z=z_0} = \lim_{\Delta z \to 0} \frac{f(z_0 + \Delta z) - f(z_0)}{\Delta z} \tag{2.1}$$

对比实变函数导数的定义可以看出，复变函数导数的定义方式是一致的。由于复平面上极限存在是在 $\Delta z$ 沿各个方向都趋近于 0 的条件下取得的，因此，复变函数比一元实变函数可导性要求要高得多。也因此，可导的复变函数具有很多与实变函数不一样的性质。

复变函数导数的定义式（2.1）等价于：

$$f'(z_0) = \left.\frac{dw}{dz}\right|_{z=z_0} = \lim_{z \to z_0} \frac{f(z) - f(z_0)}{z - z_0} \tag{2.2}$$

如果复变函数 $w = f(z)$ 在 $G$ 内处处可导，则称函数 $f(z)$ **在 $G$ 内可导**，称 $f'(z)$ 为函数 $f(z)$ 在 $G$ 内的导函数，简称为**导数**。

**例 2.1** 求以下复变函数在原点处的导数。

（1） $f(z) = z^2$；  （2） $f(z) = \overline{z}$。

**解**：（1）根据式（2.2）可得：

$$\left.\frac{dz^2}{dz}\right|_{z=0} = \lim_{z \to 0} \frac{f(z) - f(0)}{z - 0} = \lim_{z \to 0} \frac{z^2 - 0}{z - 0} = \lim_{z \to 0} z = 0$$

可见，复平方函数在原点处的导数为 0。

（2）根据式（2.2）可得：

$$\left.\frac{d\overline{z}}{dz}\right|_{z=0} = \lim_{z \to 0} \frac{f(z) - f(0)}{z - 0} = \lim_{z \to 0} \frac{\overline{z} - 0}{z - 0} = \lim_{z \to 0} \frac{\overline{z}}{z}$$

参见例 1.25，可以发现上式的极限不存在，因此共轭函数 $f(z) = \overline{z}$ 在原点处不可导。

对比例 1.25 和例 2.1 可以发现，复平方函数 $f(z) = z^2$ 在复平面上处处连续，它在原点处可导；共轭函数 $f(z) = \overline{z}$ 在复平面上也处处连续，但在原点处不可导。与实变函数一样，复变函数在点 $z_0$ 处连续，不一定在点 $z_0$ 处可导；在点 $z_0$ 处可导，则一定在点 $z_0$ 处连续。这是因为根据式（2.2），有：

$$f(z) - f(z_0) = f'(z_0)(z - z_0) + o(z - z_0) \tag{2.3}$$

式中，$o(z - z_0)$ 是 $z$ 趋近于 $z_0$ 时比 $(z - z_0)$ 高阶的无穷小量。根据式（2.3）可知，

当 $\Delta z = z - z_0$ 趋近于 0 时，有：
$$\lim_{z \to z_0} f(z) - f(z_0) = \lim_{\Delta z \to 0} f'(z_0)\Delta z + o(\Delta z) = 0$$

可见复变函数 $f(z)$ 在点 $z_0$ 处连续。

**2. 复变函数求导法则**

复变函数有着与一元实变函数**相同的求导法则**：

（1） $[f(z) \pm g(z)]' = f'(z) \pm g'(z)$；

（2） $[f(z) \cdot g(z)]' = f'(z)g(z) + f(z)g'(z)$；

（3） $\left[\dfrac{f(z)}{g(z)}\right]' = \dfrac{f'(z)g(z) - f(z)g'(z)}{g^2(z)}$；

（4） $\{f[g(z)]\}' = f'[g(z)] \cdot g'(z)$；

（5）如果 $w = f(z)$ 和 $z = \varphi(w)$ 互为反函数，且它们都是单值函数，则 $f'(z) = \dfrac{1}{\varphi'(w)}$ （$\varphi'(w) \neq 0$）。

以上求导法则，可以采用与证明一元实变函数求导法则类似的方法，予以证明。

**例 2.2** 判断以下复变函数在复平面上是否可导，如果可导，求出导函数。

（1） $f(z) = z^3$；（2） $f(z) = \dfrac{1}{1 + z^3}$。

**解**：（1）复变函数 $f(z) = z^3$ 在整个复平面上都有定义，取任意复数 $z$，根据导数的定义可知：

$$(z^3)' = \lim_{\Delta z \to 0} \frac{(z+\Delta z)^3 - z^3}{\Delta z} = \lim_{\Delta z \to 0} \frac{[z^3 + 3z^2\Delta z + 3z(\Delta z)^2 + (\Delta z)^3] - z^3}{\Delta z}$$
$$= \lim_{\Delta z \to 0} 3z^2 + 3z \cdot \Delta z + (\Delta z)^2 = 3z^2$$

因此，复变函数 $f(z) = z^3$ 在整个复平面上处处可导，且导函数为 $3z^2$。

（2）复变函数 $f(z) = \dfrac{1}{1+z^3}$，在分母等于 0 的时候没有定义，此时 $z$ 取以下三个值：

$$z_1 = e^{i\frac{\pi}{3}} = \frac{1}{2} + \frac{\sqrt{3}}{2}i$$
$$z_2 = e^{i\pi} = -1$$
$$z_3 = e^{i\frac{5\pi}{3}} = \frac{1}{2} - \frac{\sqrt{3}}{2}i$$

复平面上除去 $z_1$、$z_2$、$z_3$ 之外，复变函数 $f(z) = \dfrac{1}{1+z^3}$ 都是有定义的，此时

应用求导规则，可得：

$$\left(\frac{1}{1+z^3}\right)' = \frac{(1)' \cdot (1+z^3) - 1 \cdot (1+z^3)'}{(1+z^3)^2} = \frac{-3z^2}{(1+z^3)^2}$$

上式在推导过程中用到了**常函数的导数是 0** 这个性质，即 $(c)' = 0$，$c$ 是常数，利用导数的定义可以推导得到。

在例 2.2 中可以发现 $(z^3)' = 3z^2$，与一元实变函数是一致的，其实，对幂函数应用导数的定义不难证明：$(z^n)' = nz^{n-1}$。

### 3. 复变函数的微分

复变函数 $w = f(z)$ 在区域 $G$ 上有定义，$z_0 \in G$，$z_0 + \Delta z \in G$，如果下式：

$$\Delta w = f(z) - f(z_0) \tag{2.4}$$

可以表示为：

$$\Delta w = A \cdot \Delta z + o(\Delta z) \tag{2.5}$$

式中，$A$ 为不依赖于 $\Delta z$ 的常数，则称复变函数 $f(z)$ 在点 $z_0$ 处**可微**，$A\Delta z$ 称为复变函数 $f(z)$ 在点 $z_0$ 处相对于自变量变化量 $\Delta z$ 的**微分**，记为 $\mathrm{d}w$：

$$\mathrm{d}w = A \cdot \Delta z \tag{2.6}$$

式（2.5）的两端同时除以 $\Delta z$，可得：

$$\frac{\Delta w}{\Delta z} = A + \frac{o(\Delta z)}{\Delta z}$$

由于 $o(\Delta z)$ 是 $\Delta z$ 的高阶无穷小量，即 $o(\Delta z) = \rho(\Delta z)\Delta z$，$\lim\limits_{\Delta z \to 0} \rho(\Delta z) = 0$，对上式两边同时求极限，可得：

$$\lim_{\Delta z \to 0} \frac{\Delta w}{\Delta z} = A$$

因此 $A = f'(z_0)$，也就是说，如果复变函数 $f(z)$ 在点 $z_0$ 处可微，则在点 $z_0$ 处可导。据此可以把式（2.5）写为：

$$\Delta w = f'(z_0) \cdot \Delta z + \rho(\Delta z)\Delta z \tag{2.7}$$

可见，复变函数跟实变函数具有一样的性质：**可导和可微是等价的**。如果复变函数 $f(z)$ 在区域 $G$ 内处处可微，则称函数 $f(z)$ **在区域 $G$ 内可微**。

### 2.1.2 解析函数的定义与性质

如果一个复变函数仅在复平面的一点可导，则研究该复变函数的导数、可导性就没有意义，研究在一个区域内处处可导的复变函数才是有意义的。由此，引入解析函数的概念。

1. 解析函数的概念

如果复变函数 $w=f(z)$ 在点 $z_0$ 处可导，且存在 $z_0$ 的一个邻域，使得函数 $f(z)$ 在该邻域内处处可导，则称函数 $f(z)$ 在点 $z_0$ 处**解析**。如果复变函数 $f(z)$ 在区域 $G$ 上处处解析，则称函数 $f(z)$ 为区域 $G$ 上的**解析函数**。

如果复变函数 $f(z)$ 在点 $z_0$ 处不解析，则称 $z_0$ 为 $f(z)$ 的**奇点**。

**例2.3** 研究以下复变函数在复平面上的解析性。

(1) $f(z)=\dfrac{1}{z}$； (2) $f(z)=z\cdot\operatorname{Re}z$。

**解**：(1) 复变函数 $f(z)=\dfrac{1}{z}$ 在 $z=0$ 处没有定义，除此之外，在整个复平面上都有定义，利用求导法则可得：

$$\left(\frac{1}{z}\right)'=-\frac{1}{z^2}$$

可见，复变函数 $f(z)=\dfrac{1}{z}$ 在整个复平面上除原点外处处可导，因此原点是它的奇点，除原点外在复平面上处处解析。

(2) 复变函数 $f(z)=z\cdot\operatorname{Re}z$ 按导数的定义可得：

$$f'(z)=\lim_{\Delta z\to 0}\frac{f(z+\Delta z)-f(z)}{\Delta z}$$

记 $\Delta z=\Delta x+\mathrm{i}\Delta y$，代入上式并化简，可得：

$$\frac{f(z+\Delta z)-f(z)}{\Delta z}=\frac{(2x+\mathrm{i}y+\Delta x)\Delta x+\mathrm{i}x\Delta y+\mathrm{i}\Delta x\Delta y}{\Delta x+\mathrm{i}\Delta y}$$

沿 $y$ 轴方向，求上式的极限可得：

$$\lim_{\substack{\Delta x=0\\ \Delta y\to 0}}\frac{f(z+\Delta z)-f(z)}{\Delta z}=\frac{\mathrm{i}x\Delta y}{\mathrm{i}\Delta y}=x$$

沿 $x$ 轴方向，求上式的极限可得：

$$\lim_{\substack{\Delta x\to 0\\ \Delta y=0}}\frac{f(z+\Delta z)-f(z)}{\Delta z}=\frac{(2x+\mathrm{i}y+\Delta x)\Delta x}{\Delta x}=2x+\mathrm{i}y$$

现分析原点处函数 $f(z)=z\cdot\operatorname{Re}z$ 的可导性，将 $z=x+\mathrm{i}y=0$ 代入，可得：

$$\left.\frac{f(z+\Delta z)-f(z)}{\Delta z}\right|_{z=0}=\frac{\Delta x(\Delta x+\mathrm{i}\Delta y)}{\Delta x+\mathrm{i}\Delta y}=\Delta x$$

因此：

$$\lim_{\Delta z\to 0}\left.\frac{f(z+\Delta z)-f(z)}{\Delta z}\right|_{z=0}=0$$

可以发现原点处 $f(z) = z \cdot \text{Re} z$ 可导，且导数等于 0；除原点外，在整个复平面上都有 $x \neq 2x + \mathrm{i}y$，也就是说复变函数 $f(z) = z \cdot \text{Re} z$ 处处不可导。根据解析的定义，复变函数在整个复平面上处处不解析。

通过例 2.3 可以发现，复变函数如果仅在一点可导，则它在该点不是解析的；如果复变函数在一个区域内处处可导，则它在该区域内是解析的。

运用求导法则可知，如果 $f(z)$、$g(z)$ 是区域 $G$ 内的解析函数，则：

（1）$f(z) \pm g(z)$ 是区域 $G$ 内的解析函数；

（2）$f(z) \cdot g(z)$ 是区域 $G$ 内的解析函数；

（3）$f(z)/g(z)$ 在区域 $G$ 内，除去 $g(z)=0$ 的点外是解析函数，其中满足 $g(z)=0$ 的点 $z$ 是 $f(z)/g(z)$ 的奇点；

（4）函数 $h = g(z)$ 是 $z$ 平面上区域 $G$ 内的解析函数，函数 $w = f(h)$ 是 $h$ 平面上区域 $D$ 内的解析函数，如果 $\forall z \in G$，对应的 $g(z) \in D$，且 $g(G) \subset D$，则复合函数 $f[g(z)]$ 是区域 $G$ 内的解析函数；

（5）如果 $w = f(z)$ 和 $z = \varphi(w)$ 互为反函数，$f(z)$ 是单叶函数，并在区域 $G$ 内解析，如果在区域 $G$ 内满足 $f'(z) \neq 0$，反函数 $\varphi(w)$ 在区域 $G$ 内连续，则 $\varphi(w)$ 在区域 $G$ 内解析，且 $\varphi'(w) = \dfrac{1}{f'(z)}$（$f'(z) \neq 0$）。

2. 复变函数解析的充要条件

在学习实变函数的时候，学习了判断初等实变函数的可导性。在判断复变函数的可导性的时候，可以运用实变函数可导性的知识，这是因为复变函数的实部和虚部都是二元实变函数。

如果复变函数 $w = f(z) = u(x,y) + \mathrm{i}v(x,y)$ 在区域 $G$ 内解析，$\forall z \in G$，记：
$$z = x + \mathrm{i}y, \quad \Delta z = \Delta x + \mathrm{i}\Delta y$$

由微分的定义式（2.4）可得：
$$\begin{aligned}\Delta w &= f(z + \Delta z) - f(z) \\ &= [u(x + \Delta x, y + \Delta y) - u(x, y)] + \mathrm{i}[v(x + \Delta x, y + \Delta y) - v(x, y)]\end{aligned}$$

由于复变函数解析，故在点 $z$ 处的导数存在：
$$f'(z) = \lim_{\Delta z \to 0} \frac{\Delta w}{\Delta z} \tag{2.8}$$

根据极限的定义可知，式（2.8）要求 $\Delta z$ 沿各个方向趋近于 0，比值都一致，极限才存在，因此沿着 $x$ 轴方向和 $y$ 轴方向，极限都应该是存在的。沿着 $x$ 轴方向趋于 0 时，$\Delta y = 0$，此时式（2.8）简化为：

$$f'(z) = \lim_{\substack{\Delta x \to 0 \\ \Delta y = 0}} \frac{[u(x+\Delta x, y) - u(x,y)] + \mathrm{i}[v(x+\Delta x, y) - v(x,y)]}{\Delta x} \tag{2.9}$$

$$= \frac{\partial u}{\partial x} + \mathrm{i}\frac{\partial v}{\partial x}$$

可以证明，如果复变函数 $f(z)$ 在区域 $G$ 内解析，则它的实部和虚部在区域 $G$ 内的偏导数存在。同样地，沿着 $y$ 轴方向趋于 0 时，$\Delta x=0$，此时式（2.8）简化为：

$$f'(z) = \lim_{\substack{\Delta x = 0 \\ \Delta y \to 0}} \frac{[u(x, y+\Delta y) - u(x,y)] + \mathrm{i}[v(x, y+\Delta y) - v(x,y)]}{\mathrm{i}\Delta y} \tag{2.10}$$

$$= \frac{\partial v}{\partial y} - \mathrm{i}\frac{\partial u}{\partial y}$$

比较式（2.9）和式（2.10），并注意到复数相等的充要条件是实部和虚部分别都相等，可得：

$$\begin{cases} \dfrac{\partial u}{\partial x} = \dfrac{\partial v}{\partial y} \\ \dfrac{\partial v}{\partial x} = -\dfrac{\partial u}{\partial y} \end{cases} \tag{2.11}$$

式（2.11）即为**柯西-黎曼（Cauchy-Riemann）方程**，也称为柯西-黎曼条件。可见，满足柯西-黎曼方程是复变函数在区域内解析的必要条件。更进一步地，复变函数 $w = f(z) = u(x,y) + \mathrm{i}v(x,y)$ 在区域 $G$ 内解析的**充要条件**是：$u(x,y)$ 和 $v(x,y)$ 在区域 $G$ 内可微，且满足柯西-黎曼方程。

**证明**：先证必要性。复变函数 $f(z)$ 在区域 $G$ 内解析，故在 $G$ 内任意一点 $z$ 处可导，且导数为：

$$f'(z) = \lim_{\Delta z \to 0} \frac{\Delta w}{\Delta z}$$

在式（2.7）中，记 $\Delta w = \Delta u + \mathrm{i}\Delta v$，$f'(z) = \alpha + \mathrm{i}\beta$，$\rho(\Delta z) = \sigma + \mathrm{i}\tau$，注意到 $\Delta z = \Delta x + \mathrm{i}\Delta y$，则式（2.7）可写为：

$$\Delta w = f'(z) \cdot \Delta z + \rho(\Delta z)\Delta z$$
$$\Rightarrow \Delta u + \mathrm{i}\Delta v = (\alpha + \mathrm{i}\beta) \cdot (\Delta x + \mathrm{i}\Delta y) + (\sigma + \mathrm{i}\tau) \cdot (\Delta x + \mathrm{i}\Delta y)$$

注意到复数相等的充要条件，化简上式可得：

$$\begin{cases} \Delta u = (\alpha + \sigma)\Delta x - (\beta + \tau)\Delta y \\ \Delta v = (\beta + \tau)\Delta x + (\alpha + \sigma)\Delta y \end{cases}$$

由于 $\rho(\Delta z)$ 是 $\Delta z \to 0$ 时的无穷小量，即：$\sigma \to 0$、$\tau \to 0$，因此 $u(x,y)$ 和 $v(x,y)$ 在区域 $G$ 内可微，且有：

$$\alpha = \frac{\partial u}{\partial x} = \frac{\partial v}{\partial y}, \quad \beta = \frac{\partial v}{\partial x} = -\frac{\partial u}{\partial y}$$

即满足柯西-黎曼方程。

再证充分性。由于 $u(x,y)$ 和 $v(x,y)$ 在区域 $G$ 内可微，则在 $z = x + \mathrm{i}y$ 处有：

$$\begin{cases} \Delta u = \dfrac{\partial u}{\partial x}\Delta x + \dfrac{\partial u}{\partial y}\Delta y + \sigma_1 \Delta x + \sigma_2 \Delta y \\ \Delta v = \dfrac{\partial v}{\partial x}\Delta x + \dfrac{\partial v}{\partial y}\Delta y + \tau_1 \Delta x + \tau_2 \Delta y \end{cases} \tag{2.12}$$

式中，$\sigma_1 \to 0$，$\sigma_2 \to 0$，$\tau_1 \to 0$，$\tau_2 \to 0$。因此有：

$$\Delta w = \Delta u + \mathrm{i}\Delta v = \left(\frac{\partial u}{\partial x} + \mathrm{i}\frac{\partial v}{\partial x}\right)\Delta x + \left(\frac{\partial u}{\partial y} + \mathrm{i}\frac{\partial v}{\partial y}\right)\Delta y \tag{2.13}$$

在式（2.12）中代入柯西-黎曼方程，将上式中对 $y$ 的偏导数改写为对 $x$ 的偏导数，可得：

$$\Delta w = \left(\frac{\partial u}{\partial x} + \mathrm{i}\frac{\partial v}{\partial x}\right)\Delta x + \left(-\frac{\partial v}{\partial x} + \mathrm{i}\frac{\partial u}{\partial x}\right)\Delta y + (\sigma_1 + \mathrm{i}\tau_1)\Delta x + (\sigma_2 + \mathrm{i}\tau_2)\Delta y$$

$$= \left(\frac{\partial u}{\partial x} + \mathrm{i}\frac{\partial v}{\partial x}\right)\Delta z + (\sigma_1 + \mathrm{i}\tau_1)\Delta x + (\sigma_2 + \mathrm{i}\tau_2)\Delta y$$

上式两边同除以 $\Delta z$，并令 $\Delta z \to 0$，注意到：$\left|\dfrac{\Delta x}{\Delta z}\right| \leqslant 1$、$\left|\dfrac{\Delta y}{\Delta z}\right| \leqslant 1$，因此有：

$$f'(z) = \lim_{\Delta z \to 0} \frac{f(z + \Delta z) - f(z)}{\Delta z} = \lim_{\Delta z \to 0} \frac{\Delta w}{\Delta z} = \frac{\partial u}{\partial x} + \mathrm{i}\frac{\partial v}{\partial x}$$

可见复变函数 $f(z)$ 在区域 $G$ 内处处可导，因此在区域 $G$ 内解析。类似地，在式（2.12）中代入柯西-黎曼方程后，将上式中对 $x$ 的偏导数改写为对 $y$ 的偏导数，可得：

$$f'(z) = \frac{\partial v}{\partial y} - \mathrm{i}\frac{\partial u}{\partial y}$$

因此有：

$$f'(z) = \frac{\partial u}{\partial x} + \mathrm{i}\frac{\partial v}{\partial x} = \frac{\partial v}{\partial y} - \mathrm{i}\frac{\partial u}{\partial y} = \frac{\partial u}{\partial x} - \mathrm{i}\frac{\partial u}{\partial y} = \frac{\partial v}{\partial y} + \mathrm{i}\frac{\partial v}{\partial x} \tag{2.14}$$

式（2.14）也是一种**求复变函数导数的方法**。

**例 2.4** 利用以上充要条件判断以下复变函数在复平面上的解析性，如果解析，利用式（2.14）求出导数。

(1) $f(z) = z \cdot \operatorname{Re} z$；

(2) $f(z) = (x^3 - 3xy^2) + \mathrm{i}(3x^2 y - y^3)$；

（3）$f(z) = e^x \cos y + ie^x \sin y$。

**解：**（1）例 2.3 中采用导数的定义判断过复变函数 $f(z) = z \cdot \text{Re}\, z$ 的解析性，现采用充要条件对它的解析性进行判断。记 $z = x + iy$，可得：

$$f(z) = z \text{Re}\, z = x^2 + ixy$$

可知：$u(x,y) = x^2$，$v(x,y) = xy$，它们都是复平面上可微的二元实变函数，现计算它们对 $x$ 和 $y$ 的偏导数：

$$\frac{\partial u}{\partial x} = 2x, \quad \frac{\partial u}{\partial y} = 0, \quad \frac{\partial v}{\partial x} = y, \quad \frac{\partial v}{\partial y} = x$$

将上面四个式子代入柯西-黎曼方程：$\frac{\partial u}{\partial x} = \frac{\partial v}{\partial y}$，$\frac{\partial v}{\partial x} = -\frac{\partial u}{\partial y}$，可知只有原点可以满足上式，因此复变函数 $f(z) = z \cdot \text{Re}\, z$ 仅在原点可导，故它在整个复平面上处处不解析，与例 2.3 的结论是一致的。

（2）复变函数 $f(z) = (x^3 - 3xy^2) + i(3x^2 y - y^3)$ 的实部和虚部为：

$$u(x,y) = x^3 - 3xy^2, \quad v(x,y) = 3x^2 y - y^3$$

它们都是复平面上可微的二元实变函数，现计算它们对 $x$ 和 $y$ 的偏导数：

$$\frac{\partial u}{\partial x} = 3x^2 - 3y^2, \quad \frac{\partial u}{\partial y} = -6xy, \quad \frac{\partial v}{\partial x} = 6xy, \quad \frac{\partial v}{\partial y} = 3x^2 - 3y^2$$

满足柯西-黎曼方程，因此复变函数 $f(z) = (x^3 - 3xy^2) + i(3x^2 y - y^3)$ 在复平面上处处可导，即在复平面上处处解析。实际上 $f(z) = z^3$ 是立方函数，此处的结论与例 2.2 是一致的。利用式（2.14）可知导函数为：

$$f'(z) = \frac{\partial u}{\partial x} + i\frac{\partial v}{\partial x} = 3[(x^2 - y^2) + i2xy] = 3z^2$$

（3）复变函数 $f(z) = e^x \cos y + ie^x \sin y$ 的实部和虚部为：

$$u(x,y) = e^x \cos y, \quad v(x,y) = e^x \sin y$$

它们都是复平面上可微的二元实变函数，现计算它们对 $x$ 和 $y$ 的偏导数：

$$\frac{\partial u}{\partial x} = e^x \cos y, \quad \frac{\partial u}{\partial y} = -e^x \sin y, \quad \frac{\partial v}{\partial x} = e^x \sin y, \quad \frac{\partial v}{\partial y} = e^x \cos y$$

满足柯西-黎曼方程，因此复变函数 $f(z) = e^x \cos y + ie^x \sin y$ 在复平面上处处可导，即在复平面上处处解析。实际上 $f(z) = e^x \cos y + ie^x \sin y = e^z$ 是复指数函数。利用式（2.14）可知导函数为：

$$f'(z) = \frac{\partial u}{\partial x} + i\frac{\partial v}{\partial x} = e^x \cos y + ie^x \sin y = e^z$$

可见，复指数函数的导函数是它自身，这与实的指数函数具有类似的性质。

**例 2.5** 复变函数 $f(z) = u(x,y) + iv(x,y)$ 在区域 $G$ 内解析,则它为区域 $G$ 内的常数的充要条件是以下条件之一:

(1) $f'(z) = 0$;

(2) $\operatorname{Re} f(z)$ 或 $\operatorname{Im} f(z)$ 是常数;

(3) $|f(z)|$ 是常数;

(4) $\overline{f(z)}$ 是区域 $G$ 内的解析函数。

**证明**:(1) 根据式(2.14)可知 $f'(z) = \dfrac{\partial u}{\partial x} + i\dfrac{\partial v}{\partial x} = \dfrac{\partial v}{\partial y} - i\dfrac{\partial u}{\partial y} = 0$,可知:$\dfrac{\partial u}{\partial x} = \dfrac{\partial v}{\partial x} = \dfrac{\partial v}{\partial y} = \dfrac{\partial u}{\partial y} = 0$,因此 $u(x,y)$ 和 $v(x,y)$ 都是常数,则复变函数是常数。

(2) $\operatorname{Re} f(z)$ 是常数,即 $u(x,y)$ 是常数,因此有:$\dfrac{\partial u}{\partial x} = \dfrac{\partial u}{\partial y} = 0$,由解析函数在区域 $G$ 内满足柯西-黎曼方程可知:$\dfrac{\partial u}{\partial x} = \dfrac{\partial v}{\partial x} = \dfrac{\partial v}{\partial y} = \dfrac{\partial u}{\partial y} = 0$,因此 $v(x,y)$ 也是常数,则复变函数是常数;类似地,可以证明 $\operatorname{Im} f(z)$ 是常数也是充要条件。

(3) $|f(z)|$ 是常数,因此有 $|f(z)|^2$ 是常数,故:$u^2 + v^2 = a$ 是常数,该式分别对 $x$ 和 $y$ 求偏导数,可得:$2u\dfrac{\partial u}{\partial x} + 2v\dfrac{\partial v}{\partial x} = 0$,$2v\dfrac{\partial v}{\partial y} + 2u\dfrac{\partial u}{\partial y} = 0$,代入柯西-黎曼方程可得:

$$\begin{cases} 2u\dfrac{\partial v}{\partial y} + 2v\dfrac{\partial v}{\partial x} = 0 \\ 2v\dfrac{\partial v}{\partial y} - 2u\dfrac{\partial v}{\partial x} = 0 \end{cases} \quad (*)$$

$$\begin{cases} 2u\dfrac{\partial u}{\partial x} - 2v\dfrac{\partial u}{\partial y} = 0 \\ 2v\dfrac{\partial u}{\partial x} + 2u\dfrac{\partial u}{\partial y} = 0 \end{cases} \quad (**)$$

解方程(*),可得:$\dfrac{\partial v}{\partial y} = \dfrac{\partial v}{\partial x} = 0$;解方程(**),可得:$\dfrac{\partial u}{\partial x} = \dfrac{\partial u}{\partial y} = 0$,因此 $u(x,y)$ 和 $v(x,y)$ 都是常数,则复变函数是常数。

(4) 注意到 $\overline{f(z)} = u(x,y) - iv(x,y)$ 也是区域 $G$ 内的解析函数,因此也满足柯西-黎曼方程:

$$\begin{cases} \dfrac{\partial u}{\partial x} = -\dfrac{\partial v}{\partial y} \\ -\dfrac{\partial v}{\partial x} = -\dfrac{\partial u}{\partial y} \end{cases}$$

注意到 $f(z)$ 是区域 $G$ 内的解析函数，故有：

$$\begin{cases} \dfrac{\partial u}{\partial x} = \dfrac{\partial v}{\partial y} \\ \dfrac{\partial v}{\partial x} = -\dfrac{\partial u}{\partial y} \end{cases}$$

对比可得 $\dfrac{\partial u}{\partial x} = \dfrac{\partial v}{\partial x} = \dfrac{\partial v}{\partial y} = \dfrac{\partial u}{\partial y} = 0$，因此 $u(x,y)$ 和 $v(x,y)$ 都是常数，则复变函数是常数。

### 2.1.3 解析函数与调和函数的关系

**1. 调和函数的定义**

如果二元实变函数 $u(x,y)$ 在区域 $G$ 内有连续的一阶偏导数，二阶偏导数存在且满足拉普拉斯（Laplace）方程：

$$\dfrac{\partial^2 u}{\partial x^2} + \dfrac{\partial^2 u}{\partial y^2} = 0 \tag{2.15}$$

则称 $u(x,y)$ 是区域 $G$ 内的**调和函数**。

**例 2.6** 判断以下二元实变函数是不是调和函数：

（1） $u(x,y) = x^3 - 3xy^2$；　　　　　（2） $v(x,y) = 3x^2y - y^3$；

（3） $u(x,y) = e^x \cos y$；　　　　　　（4） $v(x,y) = e^x \sin y$。

**解**：注意到本例中的四个二元实变函数在整个二维平面上都有连续的一阶偏导数，二阶偏导数也存在，下面判断它们是否满足拉普拉斯方程。

（1）二元实变函数 $u(x,y)$ 对 $x$ 和 $y$ 的一阶偏导数为：

$$\dfrac{\partial u}{\partial x} = 3x^2 - 3y^2, \quad \dfrac{\partial u}{\partial y} = -6xy$$

对 $x$ 和 $y$ 的二阶偏导数为：

$$\dfrac{\partial^2 u}{\partial x^2} = 6x, \quad \dfrac{\partial^2 u}{\partial y^2} = -6x$$

可见 $u(x,y)$ 满足拉普拉斯方程，因此它是调和函数。

（2）二元实变函数 $v(x,y)$ 对 $x$ 和 $y$ 的一阶偏导数为：

$$\frac{\partial v}{\partial x} = 6xy, \quad \frac{\partial v}{\partial y} = 3x^2 - 3y^2$$

对 $x$ 和 $y$ 的二阶偏导数为：

$$\frac{\partial^2 v}{\partial x^2} = 6y, \quad \frac{\partial^2 v}{\partial y^2} = -6y$$

可见 $v(x,y)$ 满足拉普拉斯方程，因此它是调和函数。

（3）二元实变函数 $u(x,y)$ 对 $x$ 和 $y$ 的一阶偏导数为：

$$\frac{\partial u}{\partial x} = e^x \cos y, \quad \frac{\partial u}{\partial y} = -e^x \sin y$$

对 $x$ 和 $y$ 的二阶偏导数为：

$$\frac{\partial^2 u}{\partial x^2} = e^x \cos y, \quad \frac{\partial^2 u}{\partial y^2} = -e^x \cos y$$

可见满足 $u(x,y)$ 满足拉普拉斯方程，因此它是调和函数。

（4）二元实变函数 $v(x,y)$ 对 $x$ 和 $y$ 的一阶偏导数为：

$$\frac{\partial v}{\partial x} = e^x \sin y, \quad \frac{\partial v}{\partial y} = e^x \cos y$$

对 $x$ 和 $y$ 的二阶偏导数为：

$$\frac{\partial^2 v}{\partial x^2} = e^x \sin y, \quad \frac{\partial^2 v}{\partial y^2} = -e^x \sin y$$

可见 $v(x,y)$ 满足拉普拉斯方程，因此它是调和函数。

可以注意到，例 2.6 中（1）和（2）所示的二元实变函数分别是解析函数 $z^3$ 的实部和虚部；（3）和（4）所示的二元实变函数分别是解析函数 $e^z$ 的实部和虚部。实际上，在区域 $G$ 内解析的复变函数 $f(z) = u(x,y) + iv(x,y)$，它的**实部和虚部都是平面区域 $G$ 内的调和函数**。

**证明：** $f(z) = u(x,y) + iv(x,y)$ 在区域 $G$ 内解析，因此它的实部和虚部满足柯西-黎曼方程：

$$\frac{\partial u}{\partial x} = \frac{\partial v}{\partial y}, \quad \frac{\partial v}{\partial x} = -\frac{\partial u}{\partial y}$$

注意到解析函数的一个性质，即解析函数的导函数依然是解析函数，该性质将在第 3 章加以介绍。因此可知，解析函数的实部和虚部在区域 $G$ 内具有任意阶连续的偏导数，且它的导函数满足式（2.14）：

$$f'(z) = \frac{\partial u}{\partial x} + i\frac{\partial v}{\partial x} = \frac{\partial v}{\partial y} - i\frac{\partial u}{\partial y}$$

导函数是解析函数,因此也满足柯西-黎曼方程:

$$\frac{\partial^2 u}{\partial x^2} = \frac{\partial^2 v}{\partial x \partial y}, \quad \frac{\partial^2 v}{\partial y \partial x} = -\frac{\partial^2 u}{\partial y^2}$$

由于 $v(x,y)$ 具有二阶连续的偏导数,故: $\frac{\partial^2 v}{\partial x \partial y} = \frac{\partial^2 v}{\partial y \partial x}$,代入上式可得:

$$\frac{\partial^2 u}{\partial x^2} + \frac{\partial^2 u}{\partial y^2} = 0$$

因此复变函数的实部 $u(x,y)$ 是调和函数,用类似的方法可以证明虚部 $v(x,y)$ 也是调和函数。

2. 共轭调和函数

应该注意的是,区域 $G$ 内解析函数的实部和虚部都是调和函数,反过来是不成立的,即如果二元实变函数 $u(x,y)$ 和 $v(x,y)$ 是平面区域 $G$ 内的调和函数,以它们分别为实部和虚部组成的复变函数不一定是解析函数。

给定区域 $G$ 内的调和函数 $u(x,y)$,使得复变函数 $f(z) = u(x,y) + \mathrm{i}v(x,y)$ 在区域 $G$ 内解析的调和函数 $v(x,y)$,称它为 $u(x,y)$ 的**共轭调和函数**。需要强调的是,此处共轭的涵义,与共轭复数的共轭是不同的。

如果调和函数 $v(x,y)$ 是 $u(x,y)$ 的共轭调和函数,则只有 $u(x,y)$ 和 $v(x,y)$ 都是常数的情况下,$u(x,y)$ 是 $v(x,y)$ 的共轭调和函数;如果这两个调和函数不是常数,则 $u(x,y)$ <u>一定不是</u> $v(x,y)$ 的共轭调和函数。这是因为,如果 $v(x,y)$ 是 $u(x,y)$ 的共轭调和函数,则它们满足柯西-黎曼方程:

$$\frac{\partial u}{\partial x} = \frac{\partial v}{\partial y}, \quad \frac{\partial v}{\partial x} = -\frac{\partial u}{\partial y} \tag{*}$$

若 $u(x,y)$ 同时也是 $v(x,y)$ 的共轭调和函数,则也满足柯西-黎曼方程:

$$\frac{\partial v}{\partial x} = \frac{\partial u}{\partial y}, \quad \frac{\partial u}{\partial x} = -\frac{\partial v}{\partial y} \tag{**}$$

综合(*)和(**)两式可得:

$$\frac{\partial u}{\partial x} = 0, \quad \frac{\partial u}{\partial y} = 0, \quad \frac{\partial v}{\partial x} = 0, \quad \frac{\partial v}{\partial y} = 0$$

可见,调和函数 $u(x,y)$ 是 $v(x,y)$ 互为共轭调和函数的充要条件是它们皆为常数。已知调和函数 $u(x,y)$,求它的共轭调和函数 $v(x,y)$ 有两种方法:**偏积分法**和**不定积分法**,以下通过例题来加以介绍。

**例 2.7** 已知调和函数 $u(x,y)$,求它的共轭调和函数 $v(x,y)$。

(1) $u(x,y) = x^3 - 3xy^2$;     (2) $u(x,y) = \mathrm{e}^x \cos y$。

**解**：(1) 方法一，偏积分法。

调和函数与它的共轭调和函数满足柯西-黎曼方程：
$$\frac{\partial u}{\partial x} = \frac{\partial v}{\partial y} = 3x^2 - 3y^2$$

因此：
$$v(x,y) = \int (3x^2 - 3y^2)\mathrm{d}y = 3x^2 y - y^3 + g(x)$$

将上式代入柯西-黎曼方程中：
$$\frac{\partial v}{\partial x} = -\frac{\partial u}{\partial y} = 6xy + g'(x) \tag{*}$$

另一方面，调和函数 $u(x,y)$ 对 $y$ 求偏导，得到：
$$\frac{\partial u}{\partial y} = -6xy \tag{**}$$

综合（*）和（**）两式可知：$g'(x) = 0$，即 $g(x) = c$，$c$ 为常数，因此：
$$v(x,y) = 3x^2 y - y^3 + c$$

故：
$$\begin{aligned}
f(z) &= u(x,y) + \mathrm{i}v(x,y) \\
&= (x^3 - 3xy^2) + \mathrm{i}(3x^2 y - y^3 + c) \\
&= z^3 + \mathrm{i}c
\end{aligned}$$

方法二，不定积分法。

调和函数 $u(x,y)$ 和它的共轭调和函数 $v(x,y)$ 构成的复变函数 $f(z)$ 是解析函数，根据式（2.14）可知它的导函数为：
$$f'(z) = \frac{\partial u}{\partial x} - \mathrm{i}\frac{\partial u}{\partial y} = (3x^2 - 3y^2) - \mathrm{i}(-6xy)$$

将 $x = \dfrac{z + \bar{z}}{2}$、$y = \dfrac{z - \bar{z}}{2\mathrm{i}}$ 代入上式可得：$f'(z) = 3z^2$，它的原函数为 $f(z) = z^3 + \mathrm{i}c$，因此共轭调和函数 $v(x,y) = 3x^2 y - y^3 + c$。

(2) 方法一，偏积分法。

调和函数与它的共轭调和函数满足柯西-黎曼方程：
$$\frac{\partial u}{\partial x} = \frac{\partial v}{\partial y} = \mathrm{e}^x \cos y$$

因此：
$$v(x,y) = \int \mathrm{e}^x \cos y \,\mathrm{d}y = \mathrm{e}^x \sin y + g(x)$$

将上式代入柯西-黎曼方程中：

$$\frac{\partial v}{\partial x} = -\frac{\partial u}{\partial y} = e^x \sin y + g'(x) \qquad (*)$$

另一方面，调和函数 $u(x,y)$ 对 $y$ 求偏导，得到：

$$\frac{\partial u}{\partial y} = -e^x \sin y \qquad (**)$$

综合（*）和（**）两式可知：$g'(x)=0$，即 $g(x)=c$，$c$ 为常数，因此：

$$v(x,y) = e^x \sin y + c$$

故：

$$\begin{aligned} f(z) &= u(x,y) + \mathrm{i}v(x,y) \\ &= e^x \cos y + \mathrm{i}(e^x \sin y + c) \\ &= e^z + \mathrm{i}c \end{aligned}$$

方法二，不定积分法。

调和函数 $u(x,y)$ 和它的共轭调和函数 $v(x,y)$ 构成的复变函数 $f(z)$ 是解析函数，根据式（2.14）可知它的导函数为：

$$f'(z) = \frac{\partial u}{\partial x} - \mathrm{i}\frac{\partial u}{\partial y} = e^x \cos y + \mathrm{i}e^x \sin y$$

可知 $f'(z)=e^z$，它的原函数为 $f(z)=e^z+\mathrm{i}c$，因此共轭调和函数为：$v(x,y)=e^x\sin y+c$。

不定积分法中，$x$、$y$ 和 $z$、$\bar{z}$ 之间的关系是重要的：

$$\begin{cases} x = \dfrac{z+\bar{z}}{2} \\ y = \dfrac{z-\bar{z}}{2\mathrm{i}} \end{cases} \qquad (2.16)$$

在例 2.7 中，可以将上式直接代入调和函数 $u(x,y)$ 的表达式，同时注意到：

$$u(x,y) = \frac{f(z) + \overline{f(z)}}{2} \qquad (2.17)$$

可以求出解析函数 $f(z)$，进而求出共轭调和函数 $v(x,y)$，对于这种方法，此处不再赘述。

## 2.2　初 等 函 数

最常用的初等函数包括幂函数、指数函数、对数函数、三角函数等，这里将实变函数中的初等函数推广到复数集。

### 2.2.1 复指数函数

记 $z = x + \mathrm{i}y$,称 $f(z) = \mathrm{e}^z = \exp(z) = \mathrm{e}^x(\cos y + \mathrm{i}\sin y)$ 为**复指数函数**。复指数函数有如下性质。

(1) 复指数函数的模和相角满足: $|\mathrm{e}^z| = \mathrm{e}^x$, $\mathrm{Arg}\,\mathrm{e}^z = y + 2k\pi$, $k$ 是整数。可知,对于任意复数 $z = x + \mathrm{i}y$,都有 $\mathrm{e}^z \neq 0$。

(2) 复指数函数是**周期函数**,且周期为 $2k\pi\mathrm{i}$,即:

$$\mathrm{e}^z = \mathrm{e}^{z+2k\pi\mathrm{i}} \tag{2.18}$$

这是因为 $\mathrm{e}^{z+2k\pi\mathrm{i}} = \mathrm{e}^x[\cos(y+2k\pi) + \mathrm{i}\sin(y+2k\pi)] = \mathrm{e}^z$。根据式(2.18)可以知道:

$$\begin{cases} z_1 = z_2 \Rightarrow \mathrm{e}^{z_1} = \mathrm{e}^{z_2} \\ \mathrm{e}^{z_1} = \mathrm{e}^{z_2} \Rightarrow z_1 = z_2 + \mathrm{i}2k\pi \end{cases} \tag{2.19}$$

(3) 如果 $z_1 = x_1 + \mathrm{i}y_1$,$z_2 = x_2 + \mathrm{i}y_2$,则有:

$$\mathrm{e}^{z_1+z_2} = \mathrm{e}^{z_1} \cdot \mathrm{e}^{z_2}, \quad \mathrm{e}^{z_1-z_2} = \frac{\mathrm{e}^{z_1}}{\mathrm{e}^{z_2}} \tag{2.20}$$

证明:

$$\begin{aligned}
\mathrm{e}^{z_1} \cdot \mathrm{e}^{z_2} &= \mathrm{e}^{x_1+\mathrm{i}y_1} \cdot \mathrm{e}^{x_2+\mathrm{i}y_2} = \mathrm{e}^{x_1} \cdot \mathrm{e}^{\mathrm{i}y_1} \cdot \mathrm{e}^{x_2} \cdot \mathrm{e}^{\mathrm{i}y_2} \\
&= \mathrm{e}^{x_1} \cdot \mathrm{e}^{x_2} \cdot \mathrm{e}^{\mathrm{i}y_1} \cdot \mathrm{e}^{\mathrm{i}y_2} \\
&= \mathrm{e}^{x_1+x_2} \cdot \mathrm{e}^{\mathrm{i}(y_1+y_2)} = \mathrm{e}^{(x_1+x_2)+\mathrm{i}(y_1+y_2)} \\
&= \mathrm{e}^{z_1+z_2}
\end{aligned}$$

用类似的方法可以证明 $\mathrm{e}^{z_1-z_2} = \dfrac{\mathrm{e}^{z_1}}{\mathrm{e}^{z_2}}$。

(4) $\lim\limits_{z \to \infty} \mathrm{e}^z$ 不存在,也不等于 $\infty$。

**证明**:分析 $z$ 取实数的情形,此时 $z = x$,当 $x$ 趋近正无穷时,原极限为:

$$\lim_{x \to +\infty} \mathrm{e}^x = +\infty$$

当 $x$ 趋近负无穷时,原极限为:

$$\lim_{x \to -\infty} \mathrm{e}^x = 0$$

因此, $\lim\limits_{z \to \infty} \mathrm{e}^z$ 不存在,考虑到当 $x$ 趋近负无穷时极限等于 0,因此极限不存在且不等于 $\infty$。

(5) 复指数函数在复平面上解析,并且它的导函数为:

$$(e^z)' = e^z \tag{2.21}$$

证明过程参见例 2.4。

**例 2.8** 解方程 $e^z = -1$。

**解**：将 $-1$ 写成指数形式，可得 $-1 = e^{i\pi}$，利用式（2.19）可知原方程的根为：
$$z = i(2k-1)\pi, \quad k \text{ 为整数}$$

可以发现，复指数函数的取值可以是负值，这是它与实指数函数的区别。

**例 2.9** 证明复指数函数满足：
$$|\exp(z)^2| \leqslant \exp(|z|^2)$$

**证明**：记 $z = x + iy$，可知：
$$\begin{cases} z^2 = x^2 - y^2 + i2xy \\ |z|^2 = x^2 + y^2 \end{cases}$$

因此原不等式左边为：
$$|\exp(z)^2| = |\exp(x^2 - y^2 + i2xy)| = \exp(x^2 - y^2)$$

原不等式右边为：
$$\exp(|z|^2) = \exp(x^2 + y^2),$$

显然可得：
$$\exp(x^2 - y^2) \leqslant \exp(x^2 + y^2)$$

等号在 $y = 0$ 的时候取到，因此原命题得证。

### 2.2.2 复对数函数

与实变函数一样，定义复指数函数的反函数为**对数函数**。即 $\forall z \neq 0$，方程 $z = e^w$ 所确定的 $w$ 称为 $z$ 的对数函数，记为：
$$w = \operatorname{Ln} z \tag{2.22}$$

记 $w = u + iv$，$u$ 和 $v$ 分别为复数 $w$ 的实部和虚部；$z = re^{i\theta} \neq 0$，$r$ 和 $\theta$ 分别为 $z$ 的模和辐角的主值，将两者代入 $z = e^w$ 可得：
$$re^{i\theta} = e^{u+iv} = e^u e^{iv}$$

因此可知：
$$\begin{cases} u = \ln r = \ln |z| \\ v = \theta + 2k\pi = \arg z + 2k\pi = \operatorname{Arg} z \end{cases}$$

由此可知，复对数函数满足：
$$\operatorname{Ln} z = \ln |z| + i \operatorname{Arg} z \tag{2.23}$$

由于辐角 $\operatorname{Arg} z = \arg z + 2k\pi$ 是多值的，因此复对数函数是多值函数。当 $\operatorname{Arg} z$

取主值 $\arg z$ 的时候，记：
$$\ln z = \ln|z| + \mathrm{i}\arg z \tag{2.24}$$
并称 $\ln z$ 为复对数函数 $\operatorname{Ln} z$ 的**主值**，它是单值函数，且满足：
$$\operatorname{Ln} z = \ln z + \mathrm{i}2k\pi \tag{2.25}$$
式中，$k$ 为整数。复对数函数具有如下性质。

（1）$\mathrm{e}^{\operatorname{Ln} z} = z$，$\operatorname{Ln} \mathrm{e}^z = z + \mathrm{i}2k\pi$。

证明：
$$\mathrm{e}^{\operatorname{Ln} z} = \mathrm{e}^{\ln|z|+\mathrm{i}\operatorname{Arg} z} = \mathrm{e}^{\ln|z|}[\cos\operatorname{Arg} z + \mathrm{i}\sin\operatorname{Arg} z] = z$$
$$\operatorname{Ln} \mathrm{e}^z = \ln \mathrm{e}^x + \mathrm{i}\operatorname{Arg} \mathrm{e}^z = x + \mathrm{i}(y + 2k\pi) = z + \mathrm{i}2k\pi$$

（2）当 $z$ 取正实数时，有：$\ln z = \ln|z| + \mathrm{i}\arg z = \ln x + \mathrm{i}2k\pi$。当 $z$ 取负实数时，有：$\ln z = \ln|z| + \mathrm{i}\arg z = \ln|x| + \mathrm{i}(2k+1)\pi$。

（3）$\operatorname{Ln}(z_1 z_2) = \operatorname{Ln} z_1 + \operatorname{Ln} z_2$，$\operatorname{Ln} \dfrac{z_1}{z_2} = \operatorname{Ln} z_1 - \operatorname{Ln} z_2$。

证明：
$$\begin{aligned}
\operatorname{Ln}(z_1 z_2) &= \ln|z_1 z_2| + \mathrm{i}\operatorname{Arg}(z_1 z_2) \\
&= \ln|z_1| + \ln|z_2| + \mathrm{i}(\operatorname{Arg} z_1 + \operatorname{Arg} z_2) \\
&= (\ln|z_1| + \mathrm{i}\operatorname{Arg} z_1) + (\ln|z_2| + \mathrm{i}\operatorname{Arg} z_2) \\
&= \operatorname{Ln} z_1 + \operatorname{Ln} z_2
\end{aligned}$$

采用类似的方法，可以证明 $\operatorname{Ln} \dfrac{z_1}{z_2} = \operatorname{Ln} z_1 - \operatorname{Ln} z_2$。需要注意的是，对复对数函数来说，以下关系不再成立：
$$\operatorname{Ln}(z^n) = n\operatorname{Ln} z \text{、} \operatorname{Ln}(\sqrt[n]{z}) = \frac{1}{n}\operatorname{Ln} z$$

以 $\operatorname{Ln}(z^2) \neq 2\operatorname{Ln} z$ 为例，对以上结论加以说明，记 $z = r\mathrm{e}^{\mathrm{i}\theta} \neq 0$，$r$ 和 $\theta$ 分别为 $z$ 的模和辐角的主值，可知：

$\operatorname{Ln}(z^2) = \ln|z|^2 + \mathrm{i}(2\theta + 2k\pi) = 2\ln|z| + \mathrm{i}2\theta + \mathrm{i}2k\pi$，$k$ 为整数；

$2\operatorname{Ln} z = 2(\ln|z| + \mathrm{i}\theta + \mathrm{i}2k\pi) = 2\ln|z| + \mathrm{i}2\theta + \mathrm{i}4k\pi$，$k$ 为整数。

对比可以发现，$\operatorname{Ln}(z^2)$ 和 $2\operatorname{Ln} z$ 的虚部分别以 $2\pi$ 和 $4\pi$ 为周期，因此它们不再相等；通过类似的方法可以证明 $\operatorname{Ln}(\sqrt[n]{z}) \neq \dfrac{1}{n}\operatorname{Ln} z$。

（4）复对数函数的主值 $\ln z$ 在除去原点和负实轴外的整个复平面上处处解析，且 $(\ln z)' = \dfrac{1}{z}$。

**证明：** $\ln z = \ln|z| + i\arg z = \ln\sqrt{x^2+y^2} + i\arg z$，记：

$$u(x,y) = \ln\sqrt{x^2+y^2}, \quad v(x,y) = \arg z \tag{2.26}$$

可知，$u(x,y)$ 除了原点，在整个平面上处处连续；$v(x,y)$ 是复数 $z$ 辐角的主值，因此除了原点与负实轴，在整个平面上处处连续，则复变函数 $\ln z$ 除了原点与负实轴，在整个复平面上处处连续。由于 $\ln z$ 在原点和负实轴处不连续，故不可导。

另一方面，复对数函数 $\ln z$ 是指数函数 $e^z$ 的单值反函数，根据反函数的求导法则可知：

$$(\ln z)' = \frac{1}{(e^w)'} = \frac{1}{e^w} = \frac{1}{z} \tag{2.27}$$

利用式（2.25）可得：$(\mathrm{Ln}\, z)' = (\ln z + i2k\pi)' = \dfrac{1}{z}$。

**例 2.10** 计算以下表达式的值：

（1）$\mathrm{Ln}(-1)$； （2）$2\mathrm{Ln}\, i$； （3）$\ln(1+i\sqrt{3})$。

**解：**（1）$-1 = 1 \cdot e^{i\pi}$，因此有：

$$\mathrm{Ln}(-1) = \ln|-1| + i\mathrm{Arg}(-1) = i(2k+1)\pi \quad (k \text{ 为整数})$$

（2）$i = 1 \cdot e^{i\frac{\pi}{2}}$，因此有：

$$2\mathrm{Ln}\, i = 2[\ln|i| + i\mathrm{Arg}(i)] = 2 \cdot i\left(2k + \frac{1}{2}\right)\pi = i(4k+1)\pi \quad (k \text{ 为整数})$$

（3）$1 + i\sqrt{3} = 2e^{i\frac{\pi}{3}}$，因此有：

$$\ln(1+i\sqrt{3}) = \ln|1+i\sqrt{3}| + i\arg(1+i\sqrt{3}) = \ln 2 + i\frac{\pi}{3}$$

在例 2.10 中，注意到 $i^2 = -1$，对比可见：$\mathrm{Ln}(-1) = \mathrm{Ln}\, i^2 \neq 2\mathrm{Ln}\, i$。

**例 2.11** 求证二元实变函数 $u(x,y) = \ln(x^2+y^2)$ 在除去原点外的平面上是一个调和函数。

**证明：** 二元实变函数 $u(x,y)$ 在原点处没有定义，在除去原点外的平面上，处处连续可微，且有：

$$\frac{\partial u}{\partial x} = \frac{2x}{x^2+y^2}, \quad \frac{\partial u}{\partial y} = \frac{2y}{x^2+y^2}$$

$$\frac{\partial^2 u}{\partial x^2} = 2\frac{y^2 - x^2}{(x^2+y^2)^2}, \quad \frac{\partial^2 u}{\partial y^2} = 2\frac{x^2 - y^2}{(x^2+y^2)^2}$$

可见，$\dfrac{\partial^2 u}{\partial x^2} + \dfrac{\partial^2 u}{\partial y^2} = 0$。

因此，二元实变函数 $u(x,y) = \ln(x^2+y^2)$ 在除去原点外的平面上是一个调和函数，原命题得证。

观察式（2.26）可以发现，复对数函数的实部：

$$u(x,y) = \ln\sqrt{x^2+y^2} = \frac{1}{2}\ln(x^2+y^2)$$

由复对数函数在除去原点和负实轴的复平面上是解析函数，可以得知二元实变函数 $\ln(x^2+y^2)$ 是调和函数，且其共轭调和函数为 $v(x,y) = \arg z$。

### 2.2.3 一般幂函数与一般指数函数

第 1 章中介绍了指数为正整数与分数的幂函数，这里将它推广到一般情形。一般幂函数的定义为：

$$z^\alpha = \mathrm{e}^{\alpha \operatorname{Ln} z} \tag{2.28}$$

式中，$\alpha$ 为复常数；$z \neq 0$。称式（2.28）为复变量 $z$ 的**幂函数**。规定：当 $\alpha$ 为正实数，且 $z=0$ 时，有：$z^\alpha = 0$。

$\alpha$ 是一个复数，且在 $\alpha \neq 0$、$\infty$ 的情况下，定义**一般指数函数** $f(z)$：

$$f(z) = \alpha^z = \mathrm{e}^{z \operatorname{Ln} \alpha} \tag{2.29}$$

上式中当 $\alpha = \mathrm{e}$，且 $\operatorname{Ln} \mathrm{e}$ 取主值 $\ln \mathrm{e}$ 时，得到以 $\mathrm{e}$ 为底的指数函数，即前文中介绍的复指数函数。

幂函数与一般指数函数是解析函数，且它们的导函数分别为：

$$\begin{cases}(z^\alpha)' = \alpha \cdot z^{\alpha-1} \\ (\alpha^z)' = \alpha^z \cdot \operatorname{Ln} \alpha \end{cases} \tag{2.30}$$

这是因为幂函数与一般指数函数都是复指数函数与对数函数的复合函数，由复指数函数和对数函数是解析函数可知，两者是解析的，并且有：

$$(z^\alpha)' = (\mathrm{e}^{\alpha \operatorname{Ln} z})' = \mathrm{e}^{\alpha \operatorname{Ln} z}(\alpha \operatorname{Ln} z)' = z^\alpha \cdot \frac{\alpha}{z} = \alpha \cdot z^{\alpha-1}$$

$$(\alpha^z)' = (\mathrm{e}^{z \operatorname{Ln} \alpha})' = \mathrm{e}^{z \operatorname{Ln} \alpha} \cdot (z \operatorname{Ln} \alpha)' = \alpha^z \cdot \operatorname{Ln} \alpha$$

下面重点分析幂函数，分三种情形分别加以介绍。

（1）$\alpha$ 为整数。当 $\alpha$ 为正整数时，记 $\alpha = n$，$z = r\mathrm{e}^{\mathrm{i}\theta}$，则幂函数：

$$z^\alpha = z^n = \mathrm{e}^{n \operatorname{Ln} z} = \mathrm{e}^{n(\ln|z| + \mathrm{i}\arg z + \mathrm{i}2k\pi)} = |z|^n \, \mathrm{e}^{\mathrm{i}n\arg z}$$

$$= r^n \mathrm{e}^{\mathrm{i}n\theta} = r^n(\cos n\theta + \mathrm{i}\sin n\theta)$$

可见，$\alpha$ 为正整数时，幂函数与在第 1 章中介绍的乘方是一致的，同时可以发现，此时的幂函数是一个单值函数。

当 $\alpha = 0$ 时，幂函数 $z^\alpha = z^0 = e^{0 \cdot \mathrm{Ln}\,z} = e^0 = 1$。

当 $\alpha$ 为负整数时，记 $\alpha = -n$，$z = re^{i\theta}$，则幂函数：

$$z^\alpha = z^{-n} = e^{-n\mathrm{Ln}\,z} = e^{-n(\ln|z| + i\arg z + i2k\pi)} = |z|^{-n} e^{-in\arg z}$$
$$= r^{-n} e^{-in\theta} = r^{-n}[\cos(-n\theta) + i\sin(-n\theta)]$$

此时的幂函数也是一个单值函数。

当 $\alpha = \dfrac{1}{n}$，$n$ 为正整数时，幂函数：

$$z^\alpha = z^{\frac{1}{n}} = e^{\frac{1}{n}\mathrm{Ln}\,z} = e^{\frac{1}{n}(\ln|z| + i\arg z + i2k\pi)}, \quad k = 0, 1, \cdots, n-1$$

此时，幂函数与在第 1 章中介绍的 $n$ 次方根是一致的，可以发现此时的幂函数是一个 $n$ 值函数。

（2）$\alpha$ 为有理数时。当 $\alpha$ 为有理数时，则 $\alpha = \dfrac{p}{q}$，$p$ 和 $q$ 为互质的整数，且 $q > 0$，此时幂函数：

$$z^\alpha = z^{\frac{p}{q}} = e^{\frac{p}{q}\mathrm{Ln}\,z} = e^{\frac{p}{q}(\ln z + i2k\pi)}, \quad k \text{ 为整数}$$

由于 $p$ 和 $q$ 互质，当 $k = 0, 1, \cdots, q-1$ 时，$e^{\frac{i p 2 k\pi}{q}} = (e^{i2kp\pi})^{\frac{1}{q}}$ 可以取 $q$ 个不同的值，因此幂函数是个 $q$ 值函数。实际上，$z^{p/q} = (z^{1/q})^p$，也就是说，$z^{p/q}$ 可以看作对复变量 $z$ 开 $q$ 次方后再进行 $p$ 次乘方。由前文可知，此时幂函数是个 $q$ 值函数。

（3）$\alpha$ 为无理数或复数（虚部不等于 0）时，$z^\alpha$ 有无穷多个值。

**例 2.12** 计算以下表达式的值：

（1）$1^{\sqrt{2}}$；　　　　（2）$i^{\sqrt{2}}$；　　　　（3）$i^i$。

**解**：（1）$1^{\sqrt{2}} = e^{\sqrt{2}\mathrm{Ln}\,1} = e^{\sqrt{2}(\ln 1 + i\arg 1 + i2k\pi)} = e^{i2\sqrt{2}k\pi}$
$$= \cos 2\sqrt{2}k\pi + i\sin 2\sqrt{2}k\pi \quad (k \text{ 为整数})$$

当 $k = 0$ 时，$1^{\sqrt{2}} = 1$；由于 $\sqrt{2}$ 是无理数，当 $k$ 取不同的整数时原式有不同的结果，因此原式有无穷多个值。

（2）$i^{\sqrt{2}} = e^{\sqrt{2}\mathrm{Ln}\,i} = e^{\sqrt{2}(\ln|i| + i\arg i + i2k\pi)} = e^{i(2k+0.5)\sqrt{2}\pi}$
$$= \cos(2k+0.5)\sqrt{2}\pi + i\sin(2k+0.5)\sqrt{2}\pi \quad (k \text{ 为整数})$$

可以看出，$i^{\sqrt{2}}$ 也有无穷多个值。

（3）$i^i = e^{i\mathrm{Ln}\,i} = e^{i(\ln|i| + i\arg i + i2k\pi)} = e^{-(2k+0.5)\pi}$，$k$ 为整数。可以看出，$i^i$ 有无穷多个值，且都是实数。

**例 2.13** 分析 $c$ 满足什么条件时，有 $(\alpha^b)^c = \alpha^{bc}$ 成立。

**解**：
$$(\alpha^b)^c = e^{c \operatorname{Ln} \alpha^b} = e^{c \operatorname{Ln} e^{b \operatorname{Ln} \alpha}} = e^{c \operatorname{Ln} e^{\operatorname{Re}(b \operatorname{Ln} \alpha) + i \operatorname{Im}(b \operatorname{Ln} \alpha) + i2\pi}}$$
$$= e^{c[\operatorname{Re}(b \operatorname{Ln} \alpha) + i \operatorname{Im}(b \operatorname{Ln} \alpha) + i2k\pi]}$$
$$= e^{c(b \operatorname{Ln} \alpha + i2k\pi)} = e^{bc \operatorname{Ln} \alpha} e^{i2kc\pi}$$
$$= \alpha^{bc} \cdot e^{i2kc\pi}$$

可见，只有当 $e^{i2kc\pi} = 1$ 时，有 $(\alpha^b)^c = \alpha^{bc}$ 成立，此时要求 $c$ 为整数。也就是说，只有在 $c$ 为整数的条件下，有 $(\alpha^b)^c = \alpha^{bc}$ 成立。

**例 2.14** 形如 $P(z) = a_0 + a_1 z + \cdots + a_n z^n$ 的复变函数称为**多项式函数**，或称为**有理整函数**；形如 $f(z) = \dfrac{a_0 + a_1 z + \cdots + a_n z^n}{b_0 + b_1 z + \cdots + b_m z^m} = \dfrac{P(z)}{Q(z)}$，即分子分母都是多项式的复变函数，称为**有理分式函数**，或简称为**有理函数**。可知，它们都是指数为正整数的幂函数通过加、减、乘、除运算得到的。利用幂函数的性质分析多项式函数和有理函数的解析性。

**解**：注意到多项式函数由常函数和指数为正整数的幂函数通过加法和减法运算得到的，由于指数为正整数的幂函数是单值函数，且在复平面上处处解析，可知多项式函数也是复平面上的单值函数、解析函数。

有理函数的分子和分母是多项式函数，因此它的分子分母都是单值函数、解析函数。除去分母 $Q(z) = 0$ 的点外，有理函数在复平面上处处解析，且是单值函数。$Q(z) = 0$ 构成了一元 $m$ 次方程，由代数基本定理可知共有 $m$ 个根，这 $m$ 个根构成了有理函数的奇点。类似地，$P(z) = 0$ 的点构成了有理函数的**零点**。

### 2.2.4 复三角函数和复双曲函数

复指数函数的定义：$e^z = e^{x+iy} = e^x(\cos y + i \sin y)$，当 $z$ 的实部为 0，即 $z$ 取纯虚数的时，有：
$$e^{iy} = \cos y + i \sin y \tag{*}$$

类似可得：
$$e^{-iy} = \cos y - i \sin y \tag{**}$$

综合式（*）和式（**）可知：
$$\cos y = \frac{e^{iy} + e^{-iy}}{2}, \quad \sin y = \frac{e^{iy} - e^{-iy}}{2i} \tag{2.31}$$

式（2.31）中 $y$ 取实数，将它推广到复数系，可以得到复变量 $z$ 的余弦函数与正弦函数为：

$$\cos z = \frac{e^{iz}+e^{-iz}}{2}, \quad \sin z = \frac{e^{iz}-e^{-iz}}{2i} \tag{2.32}$$

在余弦函数与正弦函数的基础上，可以定义正切函数、余切函数、正割函数和余割函数：

$$\tan z = \frac{\sin z}{\cos z} \tag{2.33}$$

$$\cot z = \frac{\cos z}{\sin z} \tag{2.34}$$

$$\csc z = \frac{1}{\sin z} \tag{2.35}$$

$$\sec z = \frac{1}{\cos z} \tag{2.36}$$

与三角函数类似，实变双曲函数的定义为：

$$\cosh y = \frac{e^{y}+e^{-y}}{2}, \quad \sinh y = \frac{e^{y}-e^{-y}}{2} \tag{2.37}$$

推广到复数系，可以得到复变量 $z$ 的双曲余弦函数与双曲正弦函数为：

$$\cosh z = \frac{e^{z}+e^{-z}}{2}, \quad \sinh z = \frac{e^{z}-e^{-z}}{2} \tag{2.38}$$

在双曲余弦函数与双曲正弦函数的基础上，定义双曲正切函数和双曲余切函数：

$$\tanh z = \frac{\sinh z}{\cosh z}, \quad \coth z = \frac{\cosh z}{\sinh z} \tag{2.39}$$

下面分别介绍三角函数和双曲函数的性质。

**1. 复三角函数的性质**

根据定义，可以推导得复三角函数具有以下性质。

（1）复正弦函数是奇函数，复余弦函数是偶函数：

$$\sin(-z) = -\sin z, \quad \cos(-z) = \cos z$$

利用这个性质可知，正切函数、余切函数、正割函数是奇函数；余割函数是偶函数。

（2）复正弦函数和复余弦函数是周期函数，且周期是 $2\pi$：

$$\sin(z+2\pi) = \sin z, \quad \cos(z+2\pi) = \cos z$$

利用这个性质可知，正切函数、余切函数是周期函数，且周期是 $\pi$；正割函数和余割函数是周期函数，且周期是 $2\pi$。

（3）复正弦函数与复余弦函数之间满足：

$$\cos\left(z+\frac{\pi}{2}\right) = -\sin z, \quad \sin\left(z+\frac{\pi}{2}\right) = \cos z$$

可以将这个性质推广到其他三角函数。

（4）平方和公式、和与差的三角公式在复数系中依然成立：
$$\begin{cases} \sin^2 z + \cos^2 z = 1 \\ \sin(z_1 + z_2) = \sin z_1 \cos z_2 + \cos z_1 \sin z_2 \\ \cos(z_1 + z_2) = \cos z_1 \cos z_2 - \sin z_1 \sin z_2 \end{cases} \qquad (2.40)$$

类似地，三角函数中如倍角公式等在复三角函数中依然成立。

（5）记 $z = x + \mathrm{i}y$，则：
$$\begin{cases} \sin z = \sin x \cosh y + \mathrm{i} \cos x \sinh y \\ \cos z = \cos x \cosh y - \mathrm{i} \sin x \sinh y \end{cases} \qquad (2.41)$$

式（2.41）中，复数 $z$ 取纯虚数，即 $z = \mathrm{i}y$，可得：
$$\begin{cases} \sin \mathrm{i}y = \mathrm{i} \sinh y \\ \cos \mathrm{i}y = \cosh y \end{cases} \qquad (2.42)$$

可见，复三角函数与复双曲函数之间存在对应关系。

（6）复三角函数的模满足：
$$|\sin z|^2 = \sin^2 x + \sinh^2 y, \quad |\cos z|^2 = \cos^2 x + \sinh^2 y \qquad (2.43)$$

由上式可知：在复数系中 $|\sin z| \leqslant 1$、$|\cos z| \leqslant 1$ 不一定成立。

（7）复正弦函数的零点在 $z = k\pi$ 处，即：$\sin z = 0$ 的充要条件是 $z = k\pi$；复余弦函数的零点在 $z = \left(k + \dfrac{1}{2}\right)\pi$ 处，即：$\cos z = 0$ 的充要条件是 $z = \left(k + \dfrac{1}{2}\right)\pi$。可知，$z = k\pi$ 是正切函数 $\tan z$ 的零点；$z = \left(k + \dfrac{1}{2}\right)\pi$ 是余切函数的零点。

$z = k\pi$ 是余切函数、正割函数的奇点；$z = \left(k + \dfrac{1}{2}\right)\pi$ 是正切函数、余割函数的奇点。

复正弦函数与复余弦函数在复平面上处处解析，且有：
$$(\sin z)' = \cos z, \quad (\cos z)' = -\sin z \qquad (2.44)$$

在复平面上除去奇点外，正切函数、余切函数、正割函数与余割函数是解析函数，且有：
$$\begin{cases} (\tan z)' = \sec^2 z \\ (\cot z)' = -\csc^2 z \\ (\sec z)' = \sec z \tan z \\ (\csc z)' = -\csc z \cot z \end{cases} \qquad (2.45)$$

**例 2.15** 计算以下表达式的值：

（1） $\sin\left(\dfrac{\pi}{2}+i\right)$；  (2) $\tan\left(\dfrac{\pi}{2}+i\right)$。

**解**：（1）利用式（2.41）可得：

$$\sin\left(\dfrac{\pi}{2}+i\right)=\sin\dfrac{\pi}{2}\cosh 1+i\cos\dfrac{\pi}{2}\sinh 1=\cosh 1=\dfrac{e+e^{-1}}{2}$$

（2）利用式（2.41）可知，$\cos\left(\dfrac{\pi}{2}+i\right)=-i\dfrac{e-e^{-1}}{2}$，因此：

$$\tan\left(\dfrac{\pi}{2}+i\right)=\dfrac{(e+e^{-1})/2}{-i(e-e^{-1})/2}=i\dfrac{e+e^{-1}}{e-e^{-1}}$$

**例 2.16** 求证 $\overline{\cos z}=\cos\overline{z}$，并基于柯西-黎曼方程证明 $\cos\overline{z}$ 在复平面上处处不解析。

**证明**：记 $z=x+iy$，因此有 $\overline{z}=x-iy$，根据复余弦函数的定义可知：

$$\cos\overline{z}=\dfrac{e^{i\overline{z}}+e^{-i\overline{z}}}{2}=\dfrac{e^{y+ix}+e^{-y-ix}}{2}=\left(\dfrac{e^{y-ix}+e^{-y+ix}}{2}\right)^{*}$$

$$=\left[\dfrac{e^{-i(x+iy)}+e^{i(x+iy)}}{2}\right]^{*}=\left(\dfrac{e^{-iz}+e^{iz}}{2}\right)^{*}=\overline{\cos z}$$

记 $\overline{\cos z}=u(x,y)+iv(x,y)$，可知：

$$u(x,y)=\cos x\cosh y,\quad v(x,y)=\sin x\sinh y$$

将 $u(x,y)$、$v(x,y)$ 代入柯西-黎曼方程，可得：

$$\dfrac{\partial u}{\partial x}=-\sin x\cosh y\neq \sin x\cosh y=\dfrac{\partial v}{\partial y}$$

$$\dfrac{\partial u}{\partial y}=\cos x\sinh y\neq -\cos x\sinh y=-\dfrac{\partial v}{\partial x}$$

可以发现，$\overline{\cos z}$ 的实部与虚部不能满足柯西-黎曼方程，因此在复平面上处处不解析。

复余弦函数满足性质：$\overline{\cos z}=\cos\overline{z}$，实际上很多解析函数都有这样的性质，即解析函数 $f(z)=\overline{f(\overline{z})}$，当且仅当在它的定义域 $G$ 所包含的实轴上的取值 $f(x)$ 是实变函数。这也称为**反射原理**。例如 $f(z)=e^z$、$f(z)=z^2$ 都满足反射原理，但 $f(z)=z^2+i$ 不满足反射原理，这是因为它在实轴上的取值 $f(x)=x^2+i$ 的函数值不是实的。

**2. 复双曲函数的性质**

根据定义，可以推导得复双曲函数具有以下性质：

（1）双曲正弦函数是奇函数，双曲余弦函数是偶函数：

$$\sinh(-z) = -\sinh z, \quad \cosh(-z) = \cosh z$$

利用这个性质可知，双曲正切函数、双曲余切函数是奇函数。

（2）双曲正弦函数和双曲弦函数是周期函数，且周期是 $2\pi i$：

$$\sinh(z+2\pi i) = \sinh z, \quad \cosh(z+2\pi i) = \cosh z$$

利用这个性质可知，双曲正切函数、双曲余切函数是周期函数，且周期是 $\pi i$。

（3）在复数系中有以下性质成立：

$$\begin{cases} \cosh^2 z - \sinh^2 z = 1 \\ \sinh(z_1 + z_2) = \sinh z_1 \cosh z_2 + \cosh z_1 \sinh z_2 \\ \cosh(z_1 + z_2) = \cosh z_1 \cosh z_2 + \sinh z_1 \sinh z_2 \end{cases} \quad (2.46)$$

（4）双曲函数与三角函数具有以下关系：

$$\begin{cases} \sinh(iz) = i\sin z \\ \cosh(iz) = \cos z \end{cases} \quad (2.47)$$

式（2.42）与式（2.47）共同组成三角函数与双曲函数之间的关系。

（5）复双曲函数的模满足：

$$|\sinh z|^2 = \sinh^2 x + \sin^2 y, \quad |\cosh z|^2 = \sinh^2 x + \cos^2 y \quad (2.48)$$

注意到，在复数系中 $\cosh z \geqslant 1$ 不一定成立。

（6）双曲正弦函数的零点在 $z = ik\pi$ 处，即 $\sinh z = 0$ 的充要条件是 $z = ik\pi$，$k$ 为整数；双曲余弦函数的零点在 $z = i\left(k + \dfrac{1}{2}\right)\pi$ 处，即 $\cosh z = 0$ 的充要条件是 $z = i\left(k + \dfrac{1}{2}\right)\pi$，$k$ 为整数。可知，$z = ik\pi$（$k$ 为整数）是双曲正切函数 $\tan z$ 的零点。$z = i\left(k + \dfrac{1}{2}\right)\pi$ 是双曲正切函数的奇点，其中 $k$ 为整数。

双曲正弦函数与双曲余弦函数在复平面上处处解析，且有：

$$(\sinh z)' = \cosh z, \quad (\cosh z)' = \sinh z \quad (2.49)$$

在复平面上除去奇点外，双曲正切函数满足：

$$(\tanh z)' = \frac{1}{\cosh^2 z} \quad (2.50)$$

双曲余切函数的导函数可以类推得出。

**例 2.17** 求证：对于任意复数 $z = x + iy$ 都有下式成立：

$$|\sinh y| \leqslant |\sin z| \leqslant \cosh y$$

**证明**：将式（2.43）写在这里：$|\sin z|^2 = \sin^2 x + \sinh^2 y$。由于 $\sin^2 x \geqslant 0$，因此：

$$|\sin z|^2 \geqslant \sinh^2 y \qquad (*)$$

上式中"等号"在 $x = k\pi$，$k$ 为整数时取到。

另一方面，由于 $\sin^2 x \leqslant 1$，注意到 $\cosh^2 y - \sinh^2 y = 1$，因此：

$$\sin^2 x \leqslant \cosh^2 y - \sinh^2 y \Rightarrow |\sin z|^2 = \sin^2 x + \sinh^2 y \leqslant \cosh^2 y \qquad (**)$$

上式中"等号"在 $x = (k+1/2)\pi$，$k$ 为整数时取到。综合式（*）和式（**），同时注意到对于任意实数 $y$ 都有 $\cosh y \geqslant 1$，因此原命题得证。

类似地，可以证明 $|\sinh y| \leqslant |\cos z| \leqslant \cosh y$。

### 2.2.5 反三角函数与反双曲函数

反三角函数是三角函数的反函数；反双曲函数是双曲函数的反函数。由方程 $z = \sin w$ 所确定的解 $w$ 称为复变量 $z$ 的反正弦函数，记为：

$$w = \text{Arcsin}\, z \qquad (2.51)$$

将复正弦函数的定义代入 $z = \sin w$ 可得：

$$z = \sin w = \frac{e^{iw} - e^{-iw}}{2i} = \frac{1}{2ie^{iw}}(e^{i2w} - 1)$$

等式两边同乘以 $2ie^{iw}$ 并移项，可得 $e^{iw}$ 的二次方程：

$$e^{i2w} - 2ie^{iw}z - 1 = 0$$

求解该二次方程可得：

$$e^{iw} = iz \pm \sqrt{1 - z^2}$$

因此：

$$w = \text{Arcsin}\, z = -i\,\text{Ln}(iz \pm \sqrt{1 - z^2}) \qquad (2.52)$$

由于复对数函数是多值的，因此反正弦函数也是多值函数，这与正弦函数是周期函数是对应的。采用类似的方法可得反余弦函数和反正切函数：

$$\text{Arccos}\, z = -i\,\text{Ln}(z \pm \sqrt{z^2 - 1}) \qquad (2.53)$$

$$\text{Arctan}\, z = -\frac{i}{2}\text{Ln}\frac{1 + iz}{1 - iz} \qquad (2.54)$$

式（2.52）和式（2.53）中的"$\pm$"一般只取其中的"$+$"号。反余切函数、反正割函数和反余割函数这里不再列出。采用类似的方法可以得到反双曲正弦函数、反双曲余弦函数与反双曲正切函数：

$$\text{Arcsinh}\, z = \text{Ln}(z \pm \sqrt{z^2 + 1}) \qquad (2.55)$$

$$\text{Arccosh}\, z = \text{Ln}(z \pm \sqrt{z^2 - 1}) \qquad (2.56)$$

$$\text{Arctanh}\, z = \frac{1}{2} \text{Ln} \frac{1+z}{1-z} \tag{2.57}$$

式（2.55）和式（2.56）中的"±"一般只取其中的"+"号。反双曲余切函数这里不再列出。

反三角函数和反双曲函数的性质，这里不加以具体分析。

**例 2.18** 计算以下表达式的值：

（1） $\text{Arccos}\, 2$ ； （2） $\text{Arctanh}\, i$ 。

**解**：（1）在实数系中，$\text{Arccos}\, 2$ 没有意义。利用式（2.53）可得：

$$\begin{aligned}\text{Arccos}\, 2 &= -i\,\text{Ln}(2+\sqrt{2^2-1}) = -i\,\text{Ln}(2+\sqrt{3})\\ &= -i[\ln(2+\sqrt{3})+i2k\pi] = -i\,\text{Ln}(2+\sqrt{3})\\ &= 2k\pi - i\ln(2+\sqrt{3})\end{aligned}$$

上式中 $k$ 是整数。

（2）将 $z=i$ 代入反双曲正切函数的定义式（2.57）可得：

$$\begin{aligned}\text{Arctanh}\, i &= \frac{1}{2}\text{Ln}\frac{1+i}{1-i} = \frac{1}{2}\text{Ln}\, i = \frac{1}{2}\left[\ln|i| + i\left(2k+\frac{1}{2}\right)\pi\right]\\ &= i(k+1/4)\pi\end{aligned}$$

上式中 $k$ 是整数。

# 本 章 小 结

解析函数是复变函数的主要研究对象。本章的重点是正确理解复变函数导数与解析函数的基本概念；掌握判断复变函数可导与解析的方法；熟悉复变初等函数的定义与主要性质，特别要注意在复数范围内，实变初等函数的哪些性质不再成立，以及因为定义域的拓展显现出哪些实变初等函数没有的性质。

要注意复变函数与一元实变函数的导数的区别：只有在任意方向趋近时极限都存在，复变函数的导数才存在；要注意在一点可导与一点解析的区别。在区域内处处可导的复变函数称为在该区域上的解析函数，判定是否解析的充要条件，其中柯西-黎曼方程是重点内容。要了解调和函数与解析函数的关系：解析函数的实部与虚部都是调和函数，其中虚部是实部的共轭调和函数，了解已知调和函数，计算它的共轭的方法。

复变初等函数是理解解析函数的关键，它是实变初等函数在复平面上的推广，特别需要关注的是它们的解析性。还需要注意它们与实变初等函数的异同点。

## 练 习

### 一、证明题

1. 判断下列命题的真假。如果是真命题，请予以证明；如果是假命题，请给出例证。

   （1）如果 $f(z)$ 在点 $z_0$ 处连续，则 $f'(z_0)$ 存在。

   （2）如果 $f'(z_0)$ 存在，则 $f(z)$ 在点 $z_0$ 处解析。

   （3）如果 $z_0$ 是 $f(z)$ 的奇点，则 $f(z)$ 在点 $z_0$ 处不可导。

   （4）如果 $z_0$ 是 $f(z)$ 与 $g(z)$ 的奇点，则 $z_0$ 也是 $f(z)+g(z)$、$f(z)/g(z)$ 的奇点。

2. 证明下列复变函数在复平面上处处不可导：

   （1）$f(z) = \bar{z}$；  （2）$f(z) = 2x + \mathrm{i} x y^2$；

   （3）$f(z) = z - \bar{z}$；  （4）$f(z) = \mathrm{e}^x \mathrm{e}^{-\mathrm{i}y}$；

   （5）$f(z) = xy + \mathrm{i}y$；  （6）$f(z) = \mathrm{e}^y \mathrm{e}^{\mathrm{i}x}$。

3. 证明下列复变函数在复平面上处处解析，并求出它们的导函数：

   （1）$f(z) = \mathrm{e}^{-x} \mathrm{e}^{-\mathrm{i}y}$；  （2）$f(z) = (1+\mathrm{i})z + 2\mathrm{i}$；

   （3）$f(z) = \mathrm{e}^{-y} \sin x - \mathrm{i} \mathrm{e}^{-y} \cos x$；  （4）$f(z) = \sin x \cosh y + \mathrm{i} \cos x \sinh y$；

   （5）$f(z) = 3x + y + \mathrm{i}(3y - x)$；  （6）$f(z) = (z^2 - 2)\mathrm{e}^x \mathrm{e}^{\mathrm{i}y}$。

4. 如果 $f(z) = u + \mathrm{i}v$ 是解析函数，证明：

$$\left(\frac{\partial}{\partial x} |f(z)|^2\right) + \left(\frac{\partial}{\partial y} |f(z)|^2\right) = |f'(z)|^2$$

5. 证明函数 $f(z) = \sqrt{|xy|}$ 在 $z = 0$ 处满足柯西-黎曼方程，但没有导数。

6. 证明函数 $f(z)$ 在上半平面解析的充要条件是 $\overline{f(z)}$ 在下半平面解析。

7. 证明下列函数是定义域内的调和函数，并找出它的共轭调和函数：

   （1）$u(x,y) = 2x(1-y)$；  （2）$u(x,y) = 3x - 2x^2 y$；

   （3）$u(x,y) = \sinh x \cos y$；  （4）$u(x,y) = \dfrac{x}{x^2 + y^2}$。

8. 对于复指数函数，证明有以下结论成立：

   （1）$\exp(z^2)$ 在复平面上处处解析；

   （2）$|\exp(z^2)| \leqslant \exp(|z|^2)$；

(3）当且仅当 $\mathrm{Re}(z) > 0$ 时，$|\exp(-az)| < 1$，其中 $a > 0$ 是常数；

(4）当 $n$ 为整数时，$(\mathrm{e}^z)^n = \mathrm{e}^{nz}$。

9．对于复对数函数，证明有以下结论成立：

(1）$\ln \mathrm{i}^2 \neq 2\ln \mathrm{i}$；　　　　　　(2）$\ln(1+\mathrm{i})^2 = 2\ln(1+\mathrm{i})$。

10．对于复三角函数，证明有以下结论成立：

(1）$\sin^2 z + \cos^2 z = 1$；

(2）$\cos(z_1 + z_2) = \cos z_1 \cos z_2 - \sin z_1 \sin z_2$；

(3）$\sin(z_1 + z_2) = \sin z_1 \cos z_2 + \cos z_1 \sin z_2$；

(4）$\sin 2z = 2\sin z \cos z$，$\cos 2z = 2\cos^2 z - 1 = 1 - 2\sin^2 z$；

(5）$\sin\left(\dfrac{\pi}{2} - z\right) = \cos z$，$\cos(z + \pi) = -\cos z$；

(6）$\tan(2z) = \dfrac{2\tan z}{1 - \tan^2 z}$；

(7）$\cos z = \cos x \cosh y - \mathrm{i} \sin x \sinh y$；

(8）$\sin z = \sin x \cosh y + \mathrm{i} \cos x \sinh y$；

(9）$|\sin z|^2 = \sin^2 x + \sinh^2 y$；

(10）$|\cos z|^2 = \cos^2 x + \sinh^2 y$。

11．对于复双曲函数，证明有以下结论成立：

(1）$\cosh^2 z - \sinh^2 z = 1$；

(2）$\cosh(z_1 + z_2) = \cosh z_1 \cosh z_2 + \sinh z_1 \sinh z_2$；

(3）$\sinh(z_1 + z_2) = \sinh z_1 \cosh z_2 + \cosh z_1 \sinh z_2$；

(4）$\cosh 2z = \cosh^2 z + \sinh^2 z$。

12．证明下列结论：

(1）$\mathrm{Arccos}\, z = -\mathrm{i}\,\mathrm{Ln}(z + \sqrt{z^2 - 1})$；　　(2）$\mathrm{Arcsinh}\, z = \mathrm{Ln}(z + \sqrt{z^2 + 1})$；

(3）$\mathrm{Arccosh}\, z = \mathrm{Ln}(z + \sqrt{z^2 - 1})$。

## 二、计算题

1．利用导数的定义求下列函数的导数：

(1）$(z^n)' = nz^{n-1}$，$n$ 为正整数；

(2）$(z^{-1})' = -z^{-2}$。

2．利用求导规则，求下列函数的导数：

(1）$f(z) = z^2 - 2z + 1$；　　　　　(2）$f(z) = (1 - 2z^3)^2$；

(3) $f(z) = \dfrac{z-1}{z+1}$ （$z \neq -1$）； （4) $f(z) = \dfrac{(1+z^2)^2}{z^4}$ （$z \neq 0$）。

3. 求下列函数的奇点：

(1) $f(z) = \dfrac{z-1}{z(z^2+1)}$； (2) $f(z) = \dfrac{z-2}{(z+1)^2(z^2+1)}$；

(3) $f(z) = \mathrm{e}^{\frac{1}{z-1}}$； (4) $f(z) = \dfrac{\sin z}{z(z^2-\mathrm{i})}$。

4. 利用柯西-黎曼方程分析以下函数在什么情况下可导，求出此时的导数：

(1) $f(z) = x^2 - \mathrm{i}y^2$； (2) $f(z) = z \cdot \mathrm{Re}(z)$。

5. $f(z) = ay^3 + bx^2y + \mathrm{i}(x^3 + cxy^2)$ 是复平面上的解析函数，求未知实参数 $a$、$b$、$c$。

6. 验证以下函数都是它们定义域内的调和函数：

(1) $u(x,y) = x^2 - 2x - y^2$； (2) $u(x,y) = x\cos x - y\sin y$；

(3) $u(x,y) = \mathrm{e}^{x^2-y^2}\sin 2xy$； (4) $v(x,y) = \arg z$。

7. 求下列函数的共轭调和函数：

(1) $u(x,y) = \sin 2x \cosh 2y$； (2) $u(x,y) = x^3 - 2x - 3xy^2$；

(3) $u(x,y) = x(1-y)$； (4) $u(x,y) = \dfrac{y}{x^2+y^2}$。

8. 解方程：

(1) $1 + \mathrm{e}^z = 0$； (2) $\mathrm{e}^z = 1 + \sqrt{3}\mathrm{i}$；

(3) $\exp(2z-1) = 1$； (4) $\overline{\exp(\mathrm{i}z)} = \exp(\mathrm{i}\bar{z})$；

(5) $\ln z = \dfrac{\pi \mathrm{i}}{2}$； (6) $\sin z + \cos z = 0$；

(7) $\cos z = 2$； (8) $\cosh z = 0$。

9. 计算下列表达式的值，并表示为代数形式：

(1) $\exp\left(\dfrac{2+\pi \mathrm{i}}{4}\right)$； (2) $\exp(2+3\pi \mathrm{i})$；

(3) $\mathrm{Ln}(-\mathrm{e}\mathrm{i})$； (4) $\ln(-\mathrm{e})$；

(5) $\ln(1+\mathrm{i})$； (6) $\mathrm{Ln}\left(-\dfrac{1}{2} - \dfrac{\sqrt{3}}{2}\mathrm{i}\right)$；

(7) $(1-\mathrm{i})^{1+\mathrm{i}}$； (8) $1^{1+\mathrm{i}}$；

(9) $\left(\dfrac{\sqrt{2}}{2} - \dfrac{\sqrt{2}}{2}\mathrm{i}\right)^{4\mathrm{i}}$； (10) $\left[\dfrac{\mathrm{e}}{2}(-1-\sqrt{3}\mathrm{i})\right]^{3\pi \mathrm{i}}$；

（11） $\sin\left(\dfrac{\pi}{2}+i\right)$；

（12） $\tan\left(\dfrac{\pi}{2}-i\right)$；

（13） $\cos 2i$；

（14） $\sinh\left(\dfrac{\pi i}{2}\right)$；

（15） $\text{Arctan}(-2i)$；

（16） $\text{Arctanh}(2)$。

10．下列关系是否正确，给出推导论证过程。

（1） $\overline{e^z}=e^{\bar z}$；

（2） $\overline{\cos z}=\cos\bar z$；

（3） $\overline{\sin z}=\sin\bar z$；

（4） $\overline{\cos iz}=\cos i\bar z$；

（5） $\overline{P(z)}=P(\bar z)$；

（6） $\overline{\text{Ln}\,z}=\text{Ln}\,\bar z$。

11．针对以下命题，给出推导说明过程。

（1）记 $z=x+iy$，$|\sin z|\leqslant 1$ 与 $|\cos z|\leqslant 1$ 不再成立；

（2）记 $z=x+iy$，$\cosh z\geqslant 1$ 不再成立。

12．对于复指数函数 $e^z=e^x(\cos y+i\sin y)$，固定 $x$ 的值，比如选取 $x=-1$、0、1，分实部与虚部绘出图形，观察函数的变化情况；固定 $y$ 的值，类似地任意选取 3 个值，分实部与虚部绘出图形，观察函数的变化情况。

# 第 3 章　复变函数的积分

## 本章导读

复变函数的积分与微分一样，都是研究解析函数的重要工具。解析函数的许多重要性质都是通过积分法证明的。本章首先介绍复变函数积分的概念、性质与计算方法。其次介绍柯西-古萨定理和它的推广：复合闭路定理。在此基础上建立柯西积分公式，利用它证明了解析函数的导数依然是解析函数这个重要结论，从而导出高阶导数公式，从中也可以看出解析函数的微分与积分的重要关联。

本章内容与二元实变函数的第二类曲线积分有着紧密的关系，在学习过程中注意两者的关联。

## 本章要点

- 复变函数积分的定义
- 柯西-古萨定理
- 闭路变形原理
- 复合闭路定理
- 柯西积分公式
- 复变函数的高阶导数公式

## 3.1　复积分的定义与性质

与高等数学中引入实变函数积分的方法类似，这里介绍复变函数积分（简称复积分）的概念。

### 3.1.1　复积分的定义

设 $C$ 是复平面上一条光滑的简单曲线，它的起点是 $A$，终点是 $B$，如图 3.1 所示。复变函数 $f(z)=u(x,y)+\mathrm{i}v(x,y)$ 在 $C$ 上有定义。

把曲线 $C$ 分成 $n$ 个小弧，记起点 $A$ 为 $z_0$，终点 $B$ 为 $z_n$；分点 $z_1$，$z_2$，$\cdots$，$z_{n-1}$

是任意选取的，在每个小弧 $\widehat{z_{k-1}z_k}$ 上任意取一点 $\zeta_k = \xi_k + i\eta_k$，记以下求和式：

$$\sum_{k=1}^{n} f(\zeta_k) \cdot \Delta z_k \tag{3.1}$$

式中，$\Delta z_k = z_k - z_{k-1} = \Delta x_k + i\Delta y_k$。当不断增加划分的小弧个数，即增大 $n$ 时，如果 $\varepsilon = \max\limits_{1 \leqslant k \leqslant n} |\Delta z_k|$ 趋近于 0 时，上式的极限存在，且极限值不依赖于 $\zeta_k$ 的选择，也不依赖于对曲线 $C$ 的划分方法，就称该极限为复变函数 $f(z)$ 沿曲线 $C$ 的，从起点 $A$ 到终点 $B$ 的**复积分**，记为：

$$\int_C f(z)\mathrm{d}z = \lim_{\varepsilon \to 0} \sum_{k=1}^{n} f(\zeta_k) \cdot \Delta z_k \tag{3.2}$$

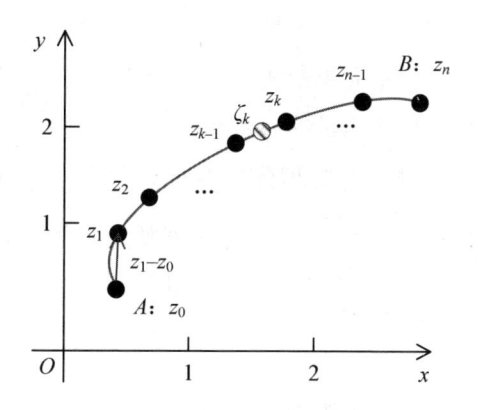

图 3.1　复平面上的简单曲线 $C$

沿着 $C$ 的负方向的积分，可以记为 $\int_{C^-} f(z)\mathrm{d}z$，可知：

$$\int_{C^-} f(z)\mathrm{d}z = -\int_C f(z)\mathrm{d}z \tag{3.3}$$

如果 $C$ 为闭曲线，则沿着 $C$ 的正向的积分可记为：

$$\oint_C f(z)\mathrm{d}z \tag{3.4}$$

沿着闭曲线 $C$ 负向的积分也满足式（3.3），即：$\oint_{C^-} f(z)\mathrm{d}z = -\oint_C f(z)\mathrm{d}z$。**注意**：$\oint_C f(z)\mathrm{d}z$ 默认积分路径 $C$ 取正向，例如 $\oint_{|z|=R} f(z)\mathrm{d}z$ 的积分路径是圆心在原点处，半径为 $R$（$R>0$）的圆，且为逆时针方向。

**例 3.1**　应用复积分的定义计算 $\int_A^B 2z\mathrm{d}z$。

**解**：须注意，题目没有指明积分的路径，仅给出了积分路径的起点 $A$ 和终点 $B$，这意味着积分路径为任意从 $A$ 到 $B$ 的简单曲线 $C$。任意选择一条积分路径 $C$，

示意图参见图 3.1，并按照图 3.1 对简单曲线进行划分，当 $\varepsilon = \max\limits_{1 \leqslant k \leqslant n} |\Delta z_k| \to 0$ 时，有 $\lim\limits_{\varepsilon \to 0} z_k - z_{k-1} = 0$，在图 3.1 中选取 $\zeta_k = z_k$ 和 $\zeta_k = z_{k-1}$ 在 $\varepsilon \to 0$ 时具有相同的极限，因此：

$$\int_A^B 2z \mathrm{d}z = \int_C 2z \mathrm{d}z = \lim_{\varepsilon \to 0} \sum_{k=1}^n f(\zeta_k) \cdot \Delta z_k$$

$$= \frac{1}{2}[\lim_{\varepsilon \to 0} \sum_{k=1}^n 2z_k(z_k - z_{k-1}) + \lim_{\varepsilon \to 0} \sum_{k=1}^n 2z_{k-1}(z_k - z_{k-1})]$$

$$= \lim_{\varepsilon \to 0} \sum_{k=1}^n (z_k + z_{k-1})(z_k - z_{k-1}) = \lim_{\varepsilon \to 0} \sum_{k=1}^n z_k^2 - z_{k-1}^2$$

$$= \lim_{n \to \infty} z_n^2 - z_0^2 = B^2 - A^2$$

由于在求解积分的过程中简单曲线 $C$ 是任意选取的，可见复变函数 $f(z) = 2z$ 的积分与路径无关，仅与积分路径的起点和终点有关。须知，这对于复变函数不是普遍成立的，当复变函数 $f(z)$ 的**积分与路径无关**时，积分可以写作 $\int_A^B f(z) \mathrm{d}z$。

**例 3.2** 有一类复变函数，它们可表示为实变量 $t$ 的复值函数，记为：

$$w(t) = u(t) + \mathrm{i}v(t) \tag{3.5}$$

其中实部 $u(t)$ 与虚部 $v(t)$ 都是实变量 $t$ 的一元实变函数。如果 $u(t)$ 与 $v(t)$ 都可导，则这类复变函数的导数为：

$$w'(t) = u'(t) + \mathrm{i}v'(t) \tag{3.6}$$

如果 $u(t)$ 与 $v(t)$ 在区间 $t \in [a,b]$ 上可积，则这类复变函数在区间上有定积分：

$$\int_a^b w(t) \mathrm{d}t = \int_a^b u(t) \mathrm{d}t + \mathrm{i} \int_a^b v(t) \mathrm{d}t \tag{3.7}$$

为了区别式（3.7）与式（3.2）定义的复变函数的积分，称式（3.2）为**围道积分（contour integral）**，式（3.2）中的积分路径 $C$ 称为**围道**，当 $C$ 是简单闭曲线时，也称为**简单闭围道**，本书中围道积分也简称为积分。

针对式（3.7）定义的积分，证明如果 $m$ 和 $n$ 都是整数，则有下式成立：

$$\int_0^{2\pi} \mathrm{e}^{\mathrm{i}m\theta} \cdot \mathrm{e}^{-\mathrm{i}n\theta} \mathrm{d}\theta = \begin{cases} 0, & m \neq n \\ 2\pi, & m = n \end{cases} \tag{3.8}$$

**证明**：当 $m = n$ 时，$\mathrm{e}^{\mathrm{i}m\theta} \cdot \mathrm{e}^{-\mathrm{i}n\theta} = 1$，故原积分为：

$$\int_0^{2\pi} \mathrm{e}^{\mathrm{i}m\theta} \cdot \mathrm{e}^{-\mathrm{i}n\theta} \mathrm{d}\theta = \int_0^{2\pi} 1 \mathrm{d}\theta = 2\pi$$

当 $m \neq n$ 时，注意到：

$$\frac{\mathrm{d}}{\mathrm{d}\theta} \mathrm{e}^{\mathrm{i}(m-n)\theta} = \frac{\mathrm{d}}{\mathrm{d}\theta} \{\cos[(m-n)\theta] + \mathrm{i}\sin[(m-n)\theta]\} = \mathrm{i}(m-n)\mathrm{e}^{\mathrm{i}(m-n)\theta}$$

因此有：
$$\mathrm{d}e^{\mathrm{i}(m-n)\theta} = \mathrm{i}(m-n)e^{\mathrm{i}(m-n)\theta}\mathrm{d}\theta$$

原积分为：
$$\int_0^{2\pi} e^{\mathrm{i}m\theta} \cdot e^{-\mathrm{i}n\theta}\mathrm{d}\theta = \int_0^{2\pi} \mathrm{d}\frac{e^{\mathrm{i}(m-n)\theta}}{\mathrm{i}(m-n)} = \left.\frac{e^{\mathrm{i}(m-n)\theta}}{\mathrm{i}(m-n)}\right|_0^{2\pi} = 0$$

故原式得证。

### 3.1.2 复积分的性质

利用复积分的定义式（3.2），可以得出它具有以下性质，这里假设复变函数 $f(z)$ 和 $g(z)$ 在光滑曲线 $C$ 上分段连续。

（1）对任意复数 $\alpha$ 和 $\beta$，有 $\int_C [\alpha f(z) + \beta g(z)]\mathrm{d}z = \alpha\int_C f(z)\mathrm{d}z + \beta\int_C g(z)\mathrm{d}z$ 成立。

（2）$\oint_{C^-} f(z)\mathrm{d}z = -\oint_C f(z)\mathrm{d}z$，其中 $C^-$ 是光滑曲线 $C$ 的负方向。

（3）曲线 $C$ 由 $n$ 段光滑曲线 $C_1, C_2, \cdots, C_n$ 首尾连接而成，则：
$$\oint_C f(z)\mathrm{d}z = \oint_{C_1} f(z)\mathrm{d}z + \oint_{C_2} f(z)\mathrm{d}z + \cdots + \oint_{C_n} f(z)\mathrm{d}z \tag{3.9}$$

（4）如果曲线 $C$ 的长度为 $L$，复变函数 $f(z)$ 在曲线 $C$ 上满足 $|f(z)| \leqslant M$，$M$ 为一个正实数，则有下式成立：
$$\left|\oint_C f(z)\mathrm{d}z\right| \leqslant \oint_C |f(z)|\mathrm{d}s \leqslant ML \tag{3.10}$$

式中，$\mathrm{d}s = |\mathrm{d}z| = \sqrt{(\mathrm{d}x)^2 + (\mathrm{d}y)^2}$ 为曲线 $C$ 的弧微分。

这是由于：
$$\left|\sum_{k=1}^n f(\zeta_k)\cdot\Delta z_k\right| \leqslant \sum_{k=1}^n |f(\zeta_k)|\cdot|\Delta z_k| \leqslant \sum_{k=1}^n |f(\zeta_k)|\cdot|\Delta s_k|$$

对上式两边同时求极限，可得：
$$\left|\oint_C f(z)\mathrm{d}z\right| \leqslant \oint_C |f(z)|\mathrm{d}s$$

同时，由于：$\sum_{k=1}^n |f(\zeta_k)|\cdot|\Delta s_k| \leqslant M\cdot\sum_{k=1}^n |\Delta s_k| = ML$，故式（3.10）成立。

**例 3.3** 复平面上简单闭曲线 $C$ 围成的区域记为 $\sigma$，它的面积记为 $S$，试证明：
$$S = \frac{1}{2\mathrm{i}}\oint_C \bar{z}\mathrm{d}z$$

**证明**：记 $z = x + \mathrm{i}y$，可知 $\bar{z} = x - \mathrm{i}y$，故有：

$$\frac{1}{2i}\oint_C (x-iy)dz = \frac{1}{2i}\oint_C (xdx+ydy) + i(xdy-ydx) \qquad (*)$$

根据格林公式可知：

$$\begin{cases} \oint_C (xdx+ydy) = 0 \\ \oint_C i(xdy-ydx) = 2i\iint_\sigma dxdy \end{cases} \qquad (**)$$

将式（**）代入式（*），可知：

$$\frac{1}{2i}\oint_C (x-iy)dz = \iint_\sigma dxdy = S$$

原式得证。

**例 3.4** 如图 3.2 所示的简单曲线 $C$ 为半径为 2、从 0 到 $\pi/2$ 的圆弧，试证明下式成立：

$$\left|\int_C \frac{dz}{z^2-1}\right| \leq \frac{\pi}{3}$$

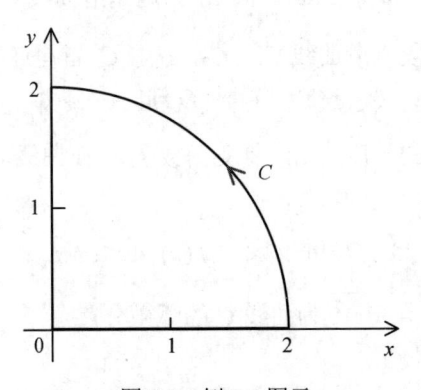

图 3.2  例 3.4 图示

**证明：** 如果 $z$ 为圆弧 $C$ 上的点，可知 $|z|=2$，因此有：

$$|z^2-1| \geq ||z|^2-1| = 3$$

故有：

$$\left|\frac{1}{z^2-1}\right| \leq \frac{1}{3}$$

另外，圆弧 $C$ 的长度为圆周长度的 1/4，即长度 $L=\pi$。根据式（3.10）可知原命题成立。

**例 3.5** $Q(z)$ 与 $P(z)$ 是多项式，且 $Q(z)$ 至少比 $P(z)$ 高两次，试证明：

$$\lim_{R\to+\infty} \oint_{|z|=R} \frac{P(z)}{Q(z)} dz = 0$$

**证明**：积分路径是半径为 $R$ 的圆周，方向为正，为方便起见，记 $P(z)$ 为 $n$ 次多项式，则 $Q(z)$ 为 $n+2$ 次多项式，须知，$Q(z)$ 比 $P(z)$ 高两次以上的，证明过程是一样的。设

$$P(z) = a_n z^n + a_{n-1} z^{n-1} + \cdots + a_1 z + a_0$$

$$Q(z) = b_{n+2} z^{n+2} + b_{n+1} z^{n+1} + \cdots + b_1 z + b_0$$

式中，$a_n \neq 0$，$b_{n+2} \neq 0$。可知，当积分路径的半径 $R$ 足够大时，有：

$$\begin{cases} |P(z)| \leqslant a_n R^n + a_{n-1} R^{n-1} + \cdots + a_1 R + a_0 \\ |Q(z)| \geqslant b_{n+2} R^{n+2} - b_{n+1} R^{n+1} - \cdots - b_1 R - b_0 \end{cases}$$

因此有：

$$\left| \frac{P(z)}{Q(z)} \right| \leqslant \frac{a_n R^n + a_{n-1} R^{n-1} + \cdots + a_1 R + a_0}{b_{n+2} R^{n+2} - b_{n+1} R^{n+1} - \cdots - b_1 R - b_0}$$

故：

$$\left| \oint_{|z|=R} \frac{P(z)}{Q(z)} \mathrm{d}z \right| \leqslant \frac{a_n R^n + a_{n-1} R^{n-1} + \cdots + a_1 R + a_0}{b_{n+2} R^{n+2} - b_{n+1} R^{n+1} - \cdots - b_1 R - b_0} 2\pi R$$

两边求极限可得：

$$\lim_{R \to +\infty} \left| \oint_{|z|=R} \frac{P(z)}{Q(z)} \mathrm{d}z \right| = 0, \quad \text{即} \lim_{R \to \infty} \oint_{|z|=R} \frac{P(z)}{Q(z)} \mathrm{d}z = 0$$

因此，原式得证。

### 3.1.3 复积分存在的条件

根据复积分的定义可知，复变函数 $f(z) = u(x,y) + \mathrm{i}v(x,y)$ 在积分路径 $C$ 上有界，是它在 $C$ 上可积的**必要条件**。

复变函数在积分路径 $C$ 上可积的**充分条件**，是它在 $C$ 上连续，此时有：

$$\int_C f(z) \mathrm{d}z = \int_C u \mathrm{d}x - v \mathrm{d}y + \mathrm{i} \int_C v \mathrm{d}x + u \mathrm{d}y \tag{3.11}$$

**证明**：记 $z_k = x_k + \mathrm{i}y_k$，$\Delta z_k = \Delta x_k + \mathrm{i}\Delta y_k$，$\zeta_k = \xi_k + \mathrm{i}\eta_k$，此时式（3.1）可改写为：

$$\sum_{k=1}^{n} f(\zeta_k) \cdot \Delta z_k = \sum_{k=1}^{n} [u(\xi_k, \eta_k) + \mathrm{i}v(\xi_k, \eta_k)] \cdot (\Delta x_k + \mathrm{i}\Delta y_k)$$

$$= \sum_{k=1}^{n} [u(\xi_k, \eta_k) \Delta x_k - v(\xi_k, \eta_k) \Delta y_k]$$

$$+ \mathrm{i} \sum_{k=1}^{n} [u(\xi_k, \eta_k) \Delta y_k + v(\xi_k, \eta_k) \Delta x_k]$$

在 $\varepsilon = \max\limits_{1\leqslant k\leqslant n} |\Delta z_k| \to 0$ 的情况下，根据二元实变函数曲线积分的性质可知：

$$\lim_{\varepsilon \to 0}\left\{\sum_{k=1}^{n}[u(\xi_k,\eta_k)\Delta x_k - v(\xi_k,\eta_k)\Delta y_k)] + i\sum_{k=1}^{n}[u(\xi_k,\eta_k)\Delta y_k + v(\xi_k,\eta_k)\Delta x_k)]\right\}$$

$$= \int_C u\mathrm{d}x - v\mathrm{d}y + i\int_C v\mathrm{d}x + u\mathrm{d}y$$

因此，复变函数在积分路径 $C$ 上可积的充分条件得证。式（3.11）既是复变函数积分存在的充分条件，也是计算复积分的方法。进一步地，如果积分路径 $C$ 具有参数方程：

$$z(t) = x(t) + \mathrm{i}y(t), \quad a \leqslant t \leqslant b$$

将该参数方程代入式（3.11），并注意到 $\mathrm{d}z = \mathrm{d}x + \mathrm{i}\mathrm{d}y = [x'(t) + \mathrm{i}y'(t)]\mathrm{d}t$，则可得：

$$\begin{aligned}
\int_C f(z)\mathrm{d}z &= \int_C u\mathrm{d}x - v\mathrm{d}y + i\int_C v\mathrm{d}x + u\mathrm{d}y \\
&= \int_a^b [u(x,y)x'(t) - v(x,y)y'(t)]\mathrm{d}t \\
&\quad + \mathrm{i}\int_C [v(x,y)x'(t) + u(x,y)y'(t)]\mathrm{d}t \\
&= \int_a^b [u(x,y) + \mathrm{i}v(x,y)] \cdot [x'(t) + \mathrm{i}y'(t)]\mathrm{d}t \\
&= \int_a^b f[z(t)] \cdot z'(t)\mathrm{d}t
\end{aligned} \quad (3.12)$$

在复积分存在的情况下，常采用式（3.12）计算复积分。

**例 3.6** 如图 3.3 所示的三条简单曲线：$C_1$ 为从原点到 1+i 的直线；$C_2$ 为从原点到 1+i 的抛物线 $y = x^2$；$C_3$ 为从原点到 1，再由 1 到 1+i 的折线；计算以下两个复变函数沿着 $C_1$、$C_2$ 和 $C_3$ 的复积分。

（1） $f(z) = \mathrm{Im}\, z$；（2） $f(z) = z^2$。

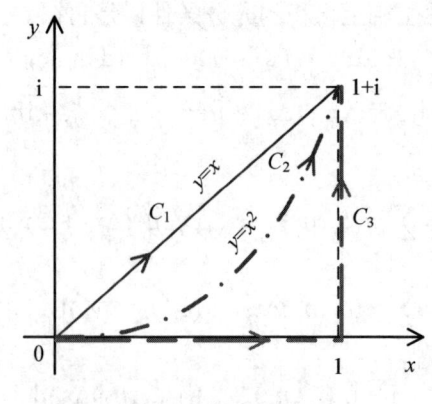

图 3.3 例 3.6 图示

**解**：写出三条积分路径的参数方程，$C_1$ 的参数方程为：

$$\begin{cases} x = t \\ y = t \end{cases}, \quad 0 \leqslant t \leqslant 1$$

$C_2$ 的参数方程为：

$$\begin{cases} x = t \\ y = t^2 \end{cases}, \quad 0 \leqslant t \leqslant 1$$

$C_3$ 由两段构成：第一段记为 $\Gamma_1$，则 $\Gamma_1$ 的参数方程为：

$$\begin{cases} x = t \\ y = 0 \end{cases}, \quad 0 \leqslant t \leqslant 1$$

第二段记为 $\Gamma_2$，则 $\Gamma_2$ 的参数方程为：

$$\begin{cases} x = 1 \\ y = t \end{cases}, \quad 0 \leqslant t \leqslant 1$$

在此基础上，利用式（3.12）计算复积分。

（1）$f(z) = \mathrm{Im}\, z = y$，计算可得：

$$\int_{C_1} \mathrm{Im}\, z \, \mathrm{d}z = \int_{C_1} y[\mathrm{d}x + \mathrm{i}\mathrm{d}y] = \int_0^1 t[\mathrm{d}t + \mathrm{i}\mathrm{d}t] = \frac{1}{2}(1+\mathrm{i})$$

$$\int_{C_2} \mathrm{Im}\, z \, \mathrm{d}z = \int_{C_2} y[\mathrm{d}x + \mathrm{i}\mathrm{d}y] = \int_0^1 t^2[\mathrm{d}t + \mathrm{i}2t\mathrm{d}t] = \frac{1}{3} + \frac{\mathrm{i}}{2}$$

$$\int_{C_3} \mathrm{Im}\, z \, \mathrm{d}z = \int_{\Gamma_1} \mathrm{Im}\, z \, \mathrm{d}z + \int_{\Gamma_2} \mathrm{Im}\, z \, \mathrm{d}z = \frac{\mathrm{i}}{2}$$

（2）$f(z) = z^2 = x^2 - y^2 + \mathrm{i}2xy$，采用类似的方法计算可得：

$$\int_{C_1} z^2 \mathrm{d}z = -\frac{2}{3} + \frac{2}{3}\mathrm{i}$$

$$\int_{C_2} z^2 \mathrm{d}z = -\frac{2}{3} + \frac{2}{3}\mathrm{i}$$

$$\int_{C_3} z^2 \mathrm{d}z = \int_{\Gamma_1} z^2 \mathrm{d}z + \int_{\Gamma_2} z^2 \mathrm{d}z = -\frac{2}{3} + \frac{2}{3}\mathrm{i}$$

可以发现，$f(z) = \mathrm{Im}\, z$ 沿着三条积分路径的复积分各不相同；$f(z) = z^2$ 沿着三条积分路径的复积分都是相同的。

**例 3.7** 如图 3.4 所示，积分路径 $C$ 为以 $z_0$ 为圆心，半径为 $r$ 的圆，计算复积分：$\oint_C \dfrac{\mathrm{d}z}{(z-z_0)^n}$，$n$ 为任意整数。

**解**：如图 3.4 所示，写出积分路径 $C$ 的参数方程：

$$z = z_0 + r\mathrm{e}^{\mathrm{i}\theta}, \quad 0 \leqslant \theta \leqslant 2\pi$$

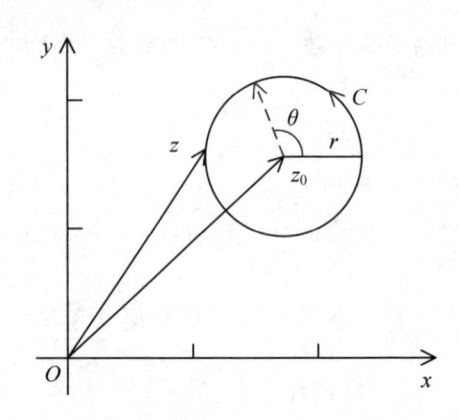

图 3.4　例 3.7 图示

可知 $dz = ire^{i\theta}d\theta$，代入原式并利用式（3.12）计算复积分，可得：

$$\oint_C \frac{dz}{(z-z_0)^n} = \int_0^{2\pi} \frac{ire^{i\theta}d\theta}{r^n e^{in\theta}} = \frac{i}{r^{n-1}} \int_0^{2\pi} e^{i(n-1)\theta}d\theta = \begin{cases} 2\pi i, & n=1 \\ 0, & n \neq 1 \end{cases} \quad (3.13)$$

式（3.13）很重要，以后经常用到。

## 3.2　柯西积分定理

例 3.6 给出了复积分的例子，从例 3.6 中可以看出，复变函数 $f(z) = \mathrm{Im}\, z$ 沿着三种积分路径的积分结果不一样；而 $f(z) = z^2$ 的积分结果却是一样的。由此引出一个问题：在什么情况下复变函数的积分与路径无关，仅与积分路径的起点和终点有关？1825 年，法国数学家柯西首先解决了这个问题，提出了柯西积分定理。

### 3.2.1　柯西-古萨定理

如果复变函数 $f(z)$ 在单连通域 $G$ 内解析，则 $f(z)$ 沿 $G$ 内任意一条简单闭曲线 $C$ 的围道积分满足：

$$\oint_C f(z)dz = 0 \quad (3.14)$$

**证明：** 由于 $f(z)$ 在 $G$ 内解析，故 $f'(z)$ 存在。现假设 $f'(z)$ 连续，则可知 $f(z)$ 的实部 $u(x,y)$ 和虚部 $v(x,y)$ 的导数存在且连续，应用式（3.11）可得：

$$\oint_C f(z)dz = \oint_C udx - vdy + i\oint_C vdx + udy$$

注意到上式中右边的积分，其实部与虚部都是曲线积分，同时由于 $u(x,y)$ 和虚部 $v(x,y)$ 的导数存在且连续，应用格林公式可得：

$$\oint_C f(z)\mathrm{d}z = \oint_C u\mathrm{d}x - v\mathrm{d}y + \mathrm{i}\oint_C v\mathrm{d}x + u\mathrm{d}y$$
$$= \int\!\!\int_\sigma (-v_x - u_y)\mathrm{d}x\mathrm{d}y + \mathrm{i}\int\!\!\int_\sigma (u_x - v_y)\mathrm{d}x\mathrm{d}y$$

式中，$\sigma$ 为简单闭曲线 $C$ 围成的区域。鉴于 $f(z)$ 在 $G$ 内解析，因此满足柯西-黎曼条件，可知原命题成立。该命题也称为**柯西-古萨（Cauchy-Goursat）定理**，柯西在假设 $f'(z)$ 连续的条件下首次证明了这个命题，古萨则第一个证明了 $f'(z)$ 存在即可，不需要 $f'(z)$ 连续的条件。以上证明是简易的，完整的证明则需要用到更多的数学知识，有兴趣可参考相关文献。

柯西-古萨定理的逆命题也是成立的：复变函数 $f(z)$ 在单连通域 $G$ 内连续，若在 $G$ 内任意一条闭曲线 $C$ 上都有 $\oint_C f(z)\mathrm{d}z = 0$，则 $f(z)$ 在 $G$ 内解析。这个命题也称作**莫瑞拉（Morera）定理**，莫瑞拉定理可以用来判断复变函数是否解析。

有了柯西-古萨定理，就可以回答由例 3.6 引发的问题，即在什么情况下复变函数的积分与路径无关，仅与积分路径的起点和终点有关。具体地说，有以下命题成立：

如果复变函数 $f(z)$ 在单连通域 $G$ 内解析，$z_0$ 与 $z_1$ 为 $G$ 内任意两点，$C_1$ 与 $C_2$ 为连接 $z_0$ 与 $z_1$ 的分段光滑曲线，且都包含在 $G$ 内，则 $f(z)$ 沿 $C_1$ 与 $C_2$ 的围道积分满足：

$$\int_{C_1} f(z)\mathrm{d}z = \int_{C_2} f(z)\mathrm{d}z \tag{3.15}$$

**证明**：如图 3.5 所示，$C_1$ 与 $C_2$ 为 $G$ 内连接 $z_0$ 与 $z_1$ 的分段光滑曲线，可知 $C_1$ 与 $C_2^-$ 共同组成分段光滑的闭曲线。

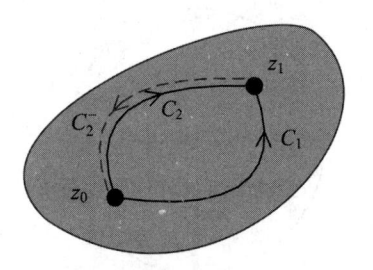

图 3.5 柯西-古萨定理的推论图示

由柯西-古萨定理可知：

$$\oint_{C_1+C_2^-} f(z)\mathrm{d}z = 0$$

由积分的性质可知：

$$\oint_{C_1+C_2^-} f(z)\mathrm{d}z = \oint_{C_1} f(z)\mathrm{d}z + \oint_{C_2^-} f(z)\mathrm{d}z = \oint_{C_1} f(z)\mathrm{d}z - \oint_{C_2} f(z)\mathrm{d}z = 0$$

故原命题得证,该命题是柯西-古萨定理的一个**重要的推论**,可以利用它求解一些积分问题。

**例3.8** 如图3.6所示,积分路径 $C$ 为以原点为圆心,半径为2的圆弧上半段,$C$ 的方向参见图3.6,计算复积分:$\int_C \exp z \, dz$。

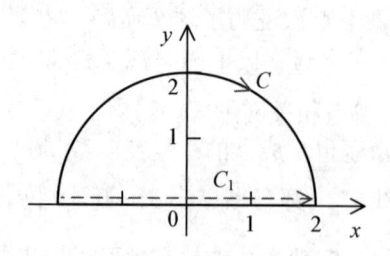

图3.6 例3.8图示

**解**:注意到被积函数 $f(z) = \exp z$ 在复平面上处处解析,如果依照积分的定义求解比较繁琐,利用柯西-古萨定理的推论可知,积分与路径无关:沿 $C$ 的积分与图3.6中 $C_1$ 的积分的结果是一样的,因此有

$$\int_C \exp z \, dz = \int_{C_1} \exp z \, dz = \int_{-2}^{2} \exp x \, dx = e^2 - e^{-2}$$

**例3.9** 如图3.7所示,积分路径 $C$ 为以原点为圆心,半径为2的圆,$C$ 的方向参见图3.7,计算复积分:$\oint_C [|z| + P(z) \sin z] \, dz$,$P(z)$ 为复变量 $z$ 的 $n$ 次多项式。

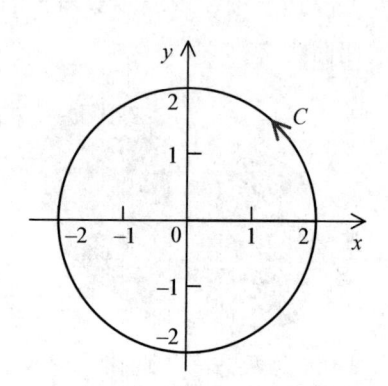

图3.7 例3.9图示

**解**:利用积分的性质可知,
$$\oint_C [|z| + P(z) \sin z] \, dz = \oint_C |z| \, dz + \oint_C P(z) \sin z \, dz$$

等式右边的第二项,注意到 $P(z)$ 和 $\sin z$ 都是复平面上的解析函数,故它们的

积在复平面上处处解析，根据柯西-古萨定理可知，其积分等于 0；积分路径是以原点为圆心，半径为 2 的圆，在该圆上有 $|z|=2$，因此原积分为：

$$\oint_C [|z|+P(z)\sin z] dz = \oint_C |z| dz = \oint_C 2 dz = 0$$

**例 3.10** 如图 3.8 所示，复变函数 $f(z)$ 在区域 $G$ 内处处解析，$C_1$ 为从原点到 1 的直线；光滑曲线 $C_2$ 的方程为：

$$y(x) = \begin{cases} x^3 \sin \dfrac{\pi}{x}, & 0 < x \leqslant 1 \\ 0, & x = 0 \end{cases}$$

试证明 $f(z)$ 在 $C_1$ 与 $C_2$ 组成的围道上的积分 $\oint_{C_1+C_2} f(z) dz = 0$。

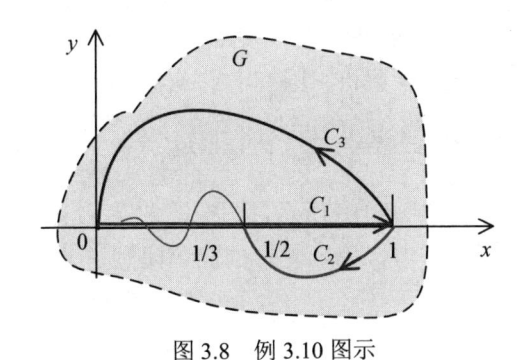

图 3.8 例 3.10 图示

**证明**：可以发现，曲线 $C_2$ 与 $x$ 轴在 $x=1/n$，$n$ 为整数处有交点，因此 $C_1$ 与 $C_2$ 有无穷多个交点，它们组成的围道不是简单闭曲线。为此，构造光滑曲线 $C_3$，如图 3.8 所示，可以发现 $C_1$ 与 $C_3$ 组成的围道是简单闭曲线；$C_3$ 与 $C_2$ 的反向组成的围道也是简单闭曲线，由柯西-古萨定理可知：

$$\oint_{C_1+C_3} f(z) dz = 0 \qquad (*)$$

$$\oint_{C_3-C_2} f(z) dz = 0 \qquad (**)$$

式（*）减去式（**），可得 $\oint_{C_1+C_2} f(z) dz = 0$，原命题得证。

通过例 3.10 可以发现，闭围道即使自相交无穷多次，柯西-古萨定理仍然成立。

### 3.2.2 复合闭路定理

当区域 $G$ 存在复变函数 $f(z)$ 的不解析区域时，图 3.9 给出的示意图显示了 $G$ 中有一个洞，为一个多连通域，此时不满足柯西-古萨定理的条件，$f(z)$ 沿积分路径 $C_1$ 与 $C_2$ 的围道积分不一定相等。

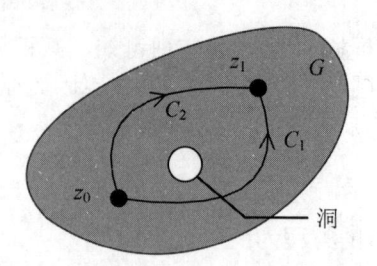

图 3.9 区域 $G$ 是多连通域示意图

针对多连通域，有以下命题成立：

（1）设 $C$ 为多连通域 $G$ 内一条方向为逆时针的简单闭围道；

（2）$C_k$（$k=1, 2, \cdots, n$）是包含在 $C$ 内部，方向为顺时针的简单闭围道，它们互不相交且没有公共内点，如果复变函数 $f(z)$ 在 $C$ 和 $C_k$ 上连续，在 $C$ 以内、$C_k$ 以外的点组成的多连通域上解析，则有下式成立：

$$\oint_C f(z)\mathrm{d}z + \sum_{k=1}^n \oint_{C_k} f(z)\mathrm{d}z = 0 \tag{3.16}$$

**证明**：画出示意图，如图 3.10 所示，图中的 $C$ 为 $G$ 内方向为逆时针的简单闭围道；$C$ 内仅画出了一条方向为顺时针的简单闭围道 $C_1$，有 $n$ 条的情况是类似的。

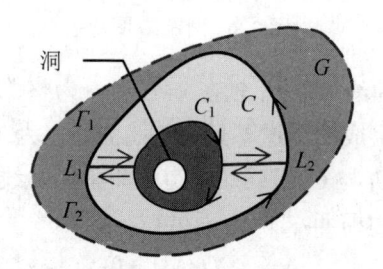

图 3.10 复合闭路定理中多连通域 $G$ 示意图

为了证明以上命题，引入两条直线 $L_1$ 与 $L_2$，它们分别连接 $C$ 与 $C_1$。通过引入的两条直线就形成了两条简单闭围道 $\Gamma_1$ 与 $\Gamma_2$，其中 $\Gamma_1$ 由 $C$ 的上半部分、$L_1$、$C_1$ 的上半部分与 $L_2$ 共同组成；$\Gamma_2$ 则由 $C$ 的下半部分、$L_2$ 的负向、$C_1$ 的下半部分与 $L_1$ 的负向共同组成。由柯西-古萨定理可知：$\oint_{\Gamma_1} f(z)\mathrm{d}z = 0$、$\oint_{\Gamma_2} f(z)\mathrm{d}z = 0$，因此可知：$\oint_{\Gamma_1+\Gamma_2} f(z)\mathrm{d}z = 0$。

注意到：$\Gamma_1 + \Gamma_2 = C + C_1$，因此有 $\oint_{C+C_1} f(z)\mathrm{d}z = 0$，因此有：

$$\oint_C f(z)\mathrm{d}z + \oint_{C_1} f(z)\mathrm{d}z = 0$$

以上证明过程中，是以 $n=1$ 为例进行推导的；$n \neq 1$ 时证明方法是一样的，故原命题得证，这个命题也称作**复合闭路定理**。

复合闭路定理有个重要的推论，如图 3.11 所示，区域 $G$ 内有两条简单闭围道 $C$ 与 $C_1$，它们都是逆时针方向，如果复变函数在 $C$ 与 $C_1$ 围成的闭区域内解析，则有：

$$\oint_C f(z)\mathrm{d}z = \oint_{C_1} f(z)\mathrm{d}z \tag{3.17}$$

图 3.11　闭路变形原理中多连通域 $G$ 示意图

为证明这个推论，只需将 $C_1$ 取负向就可以发现满足复合闭路定理的条件，因此有：

$$\oint_C f(z)\mathrm{d}z + \oint_{-C_1} f(z)\mathrm{d}z = 0$$

移项即可得到式（3.17）。这个推论非常重要，也被称为**闭路变形原理**。

**例 3.11**　求积分 $\oint_C \dfrac{\mathrm{d}z}{z}$，其中积分路径 $C$ 如图 3.12 所示。

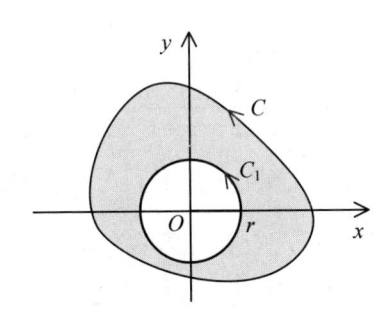

图 3.12　例 3.11 图示

**解**：从图 3.12 中可以看出积分路径 $C$ 比较复杂，按复积分的定义求解是很繁琐的，根据闭路变形原理，沿积分路径 $C$ 与沿着图中 $C_1$ 的积分是一致的，因此：

$$\oint_C \frac{\mathrm{d}z}{z} = \oint_{C_1} \frac{\mathrm{d}z}{z}$$

利用式（3.13）可知：$\oint_C \dfrac{\mathrm{d}z}{z} = \oint_{C_1} \dfrac{\mathrm{d}z}{z} = 2\pi\mathrm{i}$。

**例 3.12** 求积分 $\oint_{|z|=2} \dfrac{\mathrm{d}z}{z^4-1}$。

**解**：被积函数 $f(z) = \dfrac{1}{z^4-1}$ 在复平面上有四个奇点，±1、±i，除这四个奇点外处处解析。积分路径是圆心在原点处，半径为 2 的圆，因此四个奇点均处于积分路径围成的圆内，图 3.13 中用"×"来指示奇点的位置。由于积分路径围成的圆内有四个奇点，围绕这四个奇点分别构造四条简单闭围道：$C_1$、$C_2$、$C_3$ 和 $C_4$，根据复合闭路定理可知原积分等于：

$$\oint_{|z|=2} \dfrac{\mathrm{d}z}{z^4-1} = \oint_{C_1+C_2+C_3+C_4} \dfrac{\mathrm{d}z}{z^4-1} \qquad (*)$$

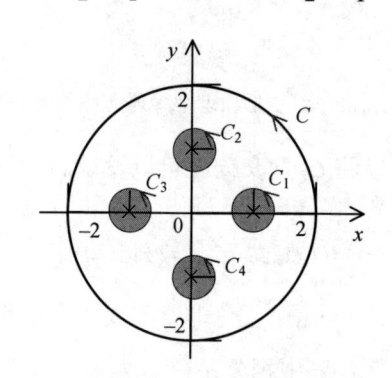

图 3.13　例 3.12 图示

将被积函数用待定系数法分解为：

$$f(z) = \dfrac{1}{z^4-1} = \dfrac{1/4}{z-1} + \dfrac{-1/4}{z+1} + \dfrac{\mathrm{i}/4}{z-\mathrm{i}} + \dfrac{-\mathrm{i}/4}{z+\mathrm{i}}$$

先计算沿着积分路径 $C_1$ 的复积分，注意到在 $C_1$ 围成的区域内只有函数 $\dfrac{1/4}{z-1}$ 有奇点，其余三个函数处处解析，应用柯西-古萨定理可知：

$$\oint_{C_1} \dfrac{\mathrm{d}z}{z^4-1} = \oint_{C_1} \left( \dfrac{1/4}{z-1} + \dfrac{-1/4}{z+1} + \dfrac{\mathrm{i}/4}{z-\mathrm{i}} + \dfrac{-\mathrm{i}/4}{z+\mathrm{i}} \right) \mathrm{d}z = \oint_{C_1} \dfrac{1/4}{z-1} \mathrm{d}z$$

利用式（3.13）可知 $\oint_{C_1} \dfrac{\mathrm{d}z}{z^4-1} = \oint_{C_1} \dfrac{1/4}{z-1} \mathrm{d}z = \dfrac{\pi\mathrm{i}}{2}$。

采用相同的方法可得：$\oint_{C_2} \dfrac{\mathrm{d}z}{z^4-1} = -\dfrac{\pi\mathrm{i}}{2}$，$\oint_{C_3} \dfrac{\mathrm{d}z}{z^4-1} = -\dfrac{\pi}{2}$，$\oint_{C_4} \dfrac{\mathrm{d}z}{z^4-1} = \dfrac{\pi}{2}$，代入式（*）可得：$\oint_{|z|=2} \dfrac{\mathrm{d}z}{z^4-1} = 0$。

### 3.2.3 原函数

柯西-古萨定理给出了积分与路径无关的条件，即如果复变函数 $f(z)$ 在单连通域 $G$ 内解析，则沿 $G$ 内的简单曲线 $C$ 的积分 $\int_C f(z)\mathrm{d}z$ 只与 $C$ 的起点 $z_0$ 与终点 $z_1$ 有关，与 $C$ 的路径无关，这个时候可以将积分写为 $\int_{z_0}^{z_1} f(z)\mathrm{d}z$。与实积分一样，把起点 $z_0$ 与终点 $z_1$ 分别称为积分的下限与上限。当下限保持不变，上限在 $G$ 内任意改变时，积分就成为上限的函数，记这个函数为 $F(z)$，则有：

$$F(z) = \int_{z_0}^{z} f(\zeta)\mathrm{d}\zeta \tag{3.18}$$

与实变函数的结论一样，有以下命题成立：如果复变函数 $f(z)$ 在单连通域 $G$ 内解析，则式（3.18）定义的函数也是解析函数，且满足 $F'(z) = f(z)$，称 $F(z)$ 为复变函数 $f(z)$ 的**原函数**。

**证明**：画出单连通域的示意图，如图 3.14 所示。

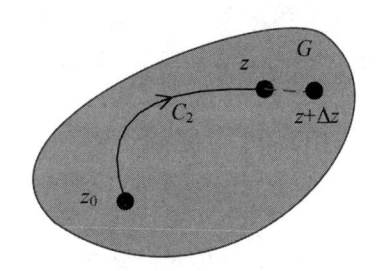

图 3.14 原函数的导数示意图

为了判断 $F(z)$ 的可导性，图 3.14 画出了 $z + \Delta z$ 的位置示意图，可知：

$$F(z+\Delta z) - F(z) = \int_{z_0}^{z+\Delta z} f(\zeta)\mathrm{d}\zeta - \int_{z_0}^{z} f(\zeta)\mathrm{d}\zeta$$
$$= \int_{z}^{z+\Delta z} f(\zeta)\mathrm{d}\zeta$$

由于复变函数 $f(z)$ 在单连通域 $G$ 内的积分与路径无关，因此从 $z$ 到 $z + \Delta z$ 的积分路径选择直线段，可知：

$$\frac{F(z+\Delta z) - F(z)}{\Delta z} - f(z) = \frac{1}{\Delta z}\int_{z}^{z+\Delta z}[f(\zeta) - f(z)]\mathrm{d}\zeta$$

复变函数 $f(z)$ 在单连通域 $G$ 内连续，根据连续的定义可知：$\forall \varepsilon > 0$，$\exists \delta > 0$，当 $|\zeta - z| < \delta$ 时，有 $|f(\zeta) - f(z)| < \varepsilon$，因此当 $|\Delta z| < \delta$ 时，有：

$$\left|\frac{F(z+\Delta z)-F(z)}{\Delta z}-f(z)\right|<\frac{1}{|\Delta z|}\cdot\varepsilon\cdot|\Delta z|=\varepsilon$$

因此 $F'(z)=f(z)$。由于图 3.14 中的 $z$ 是任意的，因此 $F(z)$ 在单连通域 $G$ 内处处存在导数 $f(z)$，所以 $F(z)$ 在单连通域 $G$ 内解析。

显然原函数不是唯一的，因为如果 $F'(z)=f(z)$，则 $G(z)=F(z)+c$，$c$ 为复常数，由于 $G'(z)=f(z)$，因此 $G(z)$ 也是 $f(z)$ 的原函数。另一方面，任意两个 $f(z)$ 的原函数 $F(z)$ 与 $G(z)$，也必满足 $G(z)=F(z)+c$，这是因为如果 $G(z)$ 也是 $f(z)$ 的原函数，则 $[G(z)-F(z)]'=f(z)-f(z)=0$，由导数的性质可知，$G(z)-F(z)=c$，$c$ 为复常数。

有了原函数的概念，就可以推导得出与实变函数中**牛顿-莱布尼茨（Newton-Leibniz）公式**类似的复积分计算公式。

设复变函数 $f(z)$ 在单连通域 $G$ 内解析，如果 $z_0$ 与 $z_1$ 属于 $G$，$G(z)$ 为 $f(z)$ 的一个原函数，则：

$$\int_{z_0}^{z_1}f(\zeta)\mathrm{d}\zeta=G(z_1)-G(z_0) \tag{3.19}$$

**证明**：复变函数 $f(z)$ 在单连通域 $G$ 内解析，根据式（3.18）可知 $F(z)=\int_{z_0}^{z}f(\zeta)\mathrm{d}\zeta$ 是 $f(z)$ 的原函数，因此存在复常数 $c$，使得：

$$G(z)=\int_{z_0}^{z}f(\zeta)\mathrm{d}\zeta+c$$

将 $z=z_0$ 与 $z_1$ 代入上式可得：

$$G(z_0)=\int_{z_0}^{z_0}f(\zeta)\mathrm{d}\zeta+c=c \tag{*}$$

$$G(z_1)=\int_{z_0}^{z_1}f(\zeta)\mathrm{d}\zeta+c \tag{**}$$

式（**）减去式（*）即可得到式（3.19），原命题得证。有了牛顿-莱布尼茨公式，计算复积分就十分方便了。

**例 3.13** 利用牛顿-莱布尼茨公式求积分 $\oint_{|z|=2}\dfrac{\mathrm{d}z}{z^2}$。

**解**：复变函数 $f(z)=z^{-2}$ 在多连通域 $|z|>0$ 内有原函数 $-z^{-1}$，利用牛顿-莱布尼茨公式可知，沿着 $|z|=2$ 的圆周积分结果为 0。

应该注意到 $\oint_{|z|=2}\dfrac{\mathrm{d}z}{z}$ 不能按照例 3.13 的方法求积分，这是因为 $f(z)=z^{-1}$ 的原函数是复对数函数，复对数函数在圆周 $|z|=2$ 上不连续。

**例 3.14** 计算积分 $\int_{\alpha}^{\beta}z^n\mathrm{d}z$，$n$ 为非负整数，$\alpha$ 与 $\beta$ 为复常数。

**解**：当 $n$ 为非负整数时，$f(z)=z^n$ 是单值函数，且有原函数 $\dfrac{z^{n+1}}{n+1}$，利用牛顿-莱布尼茨公式可得：

$$\int_\alpha^\beta z^n \mathrm{d}z = \left.\dfrac{z^{n+1}}{n+1}\right|_\alpha^\beta = \dfrac{1}{n+1}(\beta^{n+1}-\alpha^{n+1})$$

**例 3.15** 计算积分 $\int_0^{\pi+2\mathrm{i}} \cos\dfrac{z}{2}\mathrm{d}z$。

**解**：被积函数在复平面上处处解析，且有原函数 $2\sin\dfrac{z}{2}$，利用牛顿-莱布尼茨公式可得：

$$\int_0^{\pi+2\mathrm{i}} \cos\dfrac{z}{2}\mathrm{d}z = \left.2\sin\dfrac{z}{2}\right|_0^{\pi+2\mathrm{i}} = 2\sin\left(\dfrac{\pi}{2}+\mathrm{i}\right) = \mathrm{e}+\dfrac{1}{\mathrm{e}}$$

## 3.3 柯西积分公式及解析函数的高阶导数

如图 3.15 所示，假设复变函数 $f(z)$ 在以简单闭曲线 $C$ 为边界的区域 $G$ 内解析，在 $C$ 上连续，分析以下积分：

$$\oint_C \dfrac{f(z)}{z-z_0}\mathrm{d}z \tag{3.20}$$

由于被积函数在 $C$ 上连续，故积分存在。但由于被积函数在点 $z_0$ 处可能存在奇点，故积分不一定等于 0。

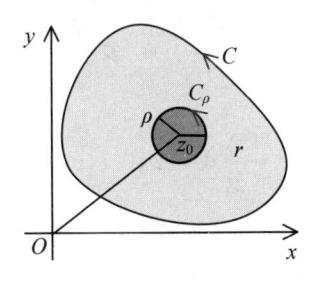

图 3.15 柯西积分公式示意图

利用闭路变形原理可知，被积函数沿着 $C$ 的积分等于沿着圆心为 $z_0$，半径为 $\rho$ 的圆周的积分，只要两者的方向是相同的即可，而不需要强调 $\rho$ 的大小。如果 $\rho\to 0$，就意味着式（3.20）定义的积分仅与 $z_0$ 邻近的取值有关，这个性质对于

解析函数 $f(z)$ 是普遍成立的。

### 3.3.1 柯西积分公式

设复变函数 $f(z)$ 在以简单闭曲线 $C$ 为边界的区域 $G$ 内解析，在 $C$ 上连续，$z_0$ 为 $G$ 内任意一点，则有下式成立：

$$f(z_0) = \frac{1}{2\pi i} \oint_C \frac{f(z)}{z-z_0} dz \tag{3.21}$$

式（3.21）称为**柯西积分公式**，下面对它进行简要的证明。

被积函数 $\dfrac{f(z)}{z-z_0}$ 在 $G$ 内除去点 $z_0$ 外处处解析，参照图 3.15，利用闭路变形原理可知：

$$\oint_C \frac{f(z)}{z-z_0} dz = \oint_{C_\rho} \frac{f(z)}{z-z_0} dz$$

因为 $f(z)$ 在 $G$ 内解析，所以在 $G$ 内任意一点都连续，故在点 $z_0$ 处连续，根据连续的定义可知：$\forall \varepsilon > 0$，$\exists \delta > 0$，当 $|z-z_0| = \rho < \delta$ 时，有 $|f(z) - f(z_0)| < \varepsilon$，因此：

$$\oint_{C_\rho} \frac{f(z)}{z-z_0} dz = \oint_{C_\rho} \frac{f(z) - f(z_0) + f(z_0)}{z-z_0} dz$$

$$= \oint_{C_\rho} \frac{f(z) - f(z_0)}{z-z_0} dz + f(z_0) \oint_{C_\rho} \frac{dz}{z-z_0}$$

由于 $\oint_{C_\rho} \dfrac{dz}{z-z_0} = 2\pi i$，故 $f(z_0) \oint_{C_\rho} \dfrac{dz}{z-z_0} = 2\pi i \cdot f(z_0)$；与此同时，

$$\left| \oint_{C_\rho} \frac{f(z) - f(z_0)}{z-z_0} dz \right| < \frac{\varepsilon}{\rho} \cdot 2\pi \rho = 2\pi \varepsilon$$

因此有：

$$\left| \oint_{C_\rho} \frac{f(z)}{z-z_0} dz - 2\pi i \cdot f(z_0) \right| < \varepsilon$$

故式（3.21）成立。可以将式（3.21）写成：

$$\oint_C \frac{f(z)}{z-z_0} dz = 2\pi i \cdot f(z_0) \tag{3.22}$$

利用式（3.22）可以计算一些积分的值，故称形如式（3.22）的积分为**柯西型积分**。柯西积分公式有很多重要的推论，这里介绍两个：平均值公式和多连通域的柯西积分公式。

**平均值公式**：设复变函数 $f(z)$ 在 $|z-z_0|<R$ 内解析，在 $|z-z_0|=R$ 上连续，则有下式成立：

$$f(z_0) = \frac{1}{2\pi}\int_0^{2\pi} f(z_0 + R \cdot e^{i\theta})d\theta \qquad (3.23)$$

**多连通域的柯西积分公式**：简单闭曲线 $C$ 的方向为逆时针，$C_k$（$k=1, 2, \cdots, n$）是包含在 $C$ 内部，方向为顺时针的简单闭曲线，它们互不相交且没有公共内点，如果复变函数 $f(z)$ 在 $C$ 和 $C_k$ 上连续，在 $C$ 以内，$C_k$ 以外的点组成的多连通域 $G$ 上解析，如图 3.16 所示。设 $z_0$ 为 $G$ 内任意一点，则有下式成立：

$$f(z_0) = \frac{1}{2\pi i}\oint_{C+C_1+C_2+\cdots+C_n} \frac{f(z)}{z-z_0}dz \qquad (3.24)$$

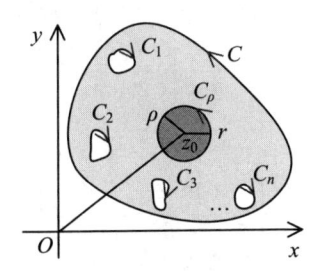

图 3.16 多连通域的柯西积分公式示意图

**例 3.16** 计算以下积分：

（1）$\oint_{|z|=2} \dfrac{e^z dz}{z-\pi i/2}$；

（2）$\oint_{|z|=2} \dfrac{\cos z dz}{z(z^2+8)}$。

**解**：（1）记 $f(z) = e^z$，可知 $f(z)$ 在复平面上处处解析；记 $z_0 = \pi i/2$，该点位于积分路径 $|z|=2$ 围成的圆内，对照式（3.22）可得：

$$\oint_{|z|=2} \frac{e^z dz}{z-\pi i/2} = 2\pi i \cdot f(\pi i/2) = 2\pi i \cdot e^{\pi i/2} = -2\pi$$

（2）记 $f(z) = \dfrac{\cos z}{z^2+8}$，可知 $f(z)$ 在 $|z|=2$ 围成的圆内处处解析；记 $z_0 = 0$，该点位于积分路径 $|z|=2$ 围成的圆内，对照式（3.22）可得：

$$\oint_{|z|=2} \frac{\cos z dz}{z(z^2+8)} = 2\pi i \cdot f(0) = 2\pi i \cdot \left.\frac{\cos z}{z^2+8}\right|_{z=0} = \frac{\pi i}{4}$$

### 3.3.2 解析函数的高阶导数

实变函数中，一阶导函数存在，并不意味着高阶导函数的存在。在复变函数中却不同，如果复变函数 $f(z)$ 在区域 $G$ 内可导，则其导函数也可导，由此可知复变函数在区域 $G$ 内无限可导。具体地说，有以下命题成立。

如果复变函数 $f(z)$ 在闭曲线 $C$ 围成的区域 $G$ 内解析，在 $G+C$ 上连续，则 $f(z)$ 在 $G$ 内有各阶导函数，且：

$$f^{(n)}(z) = \frac{n!}{2\pi i} \oint_C \frac{f(\zeta)}{(\zeta-z)^{n+1}} d\zeta, \quad n=1,2,\cdots \tag{3.25}$$

**证明**：先分析一阶导函数，即 $n=1$ 的情况。将柯西积分公式写成：

$$f(z) = \frac{1}{2\pi i} \oint_C \frac{f(\zeta)}{\zeta-z} d\zeta$$

则：

$$\frac{f(z+\Delta z) - f(z)}{\Delta z} = \frac{1}{2\pi i \Delta z} \oint_C \left[ \frac{f(\zeta)}{\zeta-z-\Delta z} - \frac{f(\zeta)}{\zeta-z} \right] d\zeta$$

$$= \frac{1}{2\pi i} \oint_C \frac{f(\zeta)}{(\zeta-z-\Delta z)(\zeta-z)} d\zeta$$

$$= \frac{1}{2\pi i} \oint_C \frac{f(\zeta)(\zeta-z-\Delta z+\Delta z)}{(\zeta-z-\Delta z)(\zeta-z)^2} d\zeta$$

$$= \frac{1}{2\pi i} \oint_C \frac{f(\zeta)}{(\zeta-z)^2} d\zeta + \frac{\Delta z}{2\pi i} \oint_C \frac{f(\zeta)}{(\zeta-z-\Delta z)(\zeta-z)^2} d\zeta$$

可见：

$$\frac{f(z+\Delta z)-f(z)}{\Delta z} - \frac{1}{2\pi i} \oint_C \frac{f(\zeta)}{(\zeta-z)^2} d\zeta = \frac{\Delta z}{2\pi i} \oint_C \frac{f(\zeta)}{(\zeta-z-\Delta z)(\zeta-z)^2} d\zeta$$

现只需证明方程的右边在 $\Delta z \to 0$ 时趋于 0 即可。

由于 $f(z)$ 在闭曲线 $C$ 上连续，故它的模存在最大值 $M$，同时设 $d$ 为点 $z$ 到 $C$ 上的最短距离，于是当 $\zeta$ 在 $C$ 上变动时，有 $|\zeta-z| \geqslant d$ 成立，取 $|\Delta z| < d$，则可知：

$$|\zeta-z-\Delta z| = |(\zeta-z)-\Delta z| = |\zeta-z| - |\Delta z| > 0$$

因此：

$$\left| \frac{\Delta z}{2\pi i} \oint_C \frac{f(\zeta)}{(\zeta-z-\Delta z)(\zeta-z)^2} d\zeta \right| \leqslant \frac{|\Delta z|}{2\pi(d-|\Delta z|)d^2} ML \tag{*}$$

式中，$L$ 为 $C$ 的长度。

第 3 章 复变函数的积分    85

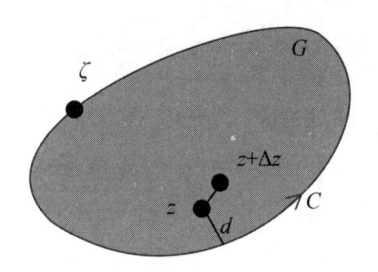

图 3.17 高阶导数推导过程图示

当 $\Delta z \to 0$ 时，式（*）是趋于 0 的，因此有：

$$\lim_{\Delta z \to \infty} \frac{f(z+\Delta z)-f(z)}{\Delta z} = \frac{1}{2\pi i} \oint_C \frac{f(\zeta)}{(\zeta-z)^2} d\zeta$$

因此一阶导函数，即 $n=1$ 的情况下式（3.25）成立。运用数学归纳法可以证明式（3.25）对于 $n>1$ 的情形也成立，式（3.25）也称作解析函数的**高阶导数公式**。将高阶导数公式作如下变换：

$$\oint_C \frac{f(\zeta)}{(\zeta-z)^{n+1}} d\zeta = \frac{2\pi i}{n!} f^{(n)}(z) \qquad (3.26)$$

即可用来计算形如式（3.26）的积分。

如果记 $f^{(0)}(z) = f(z)$，同时注意到 $0! = 1$，将 $n=0$ 代入式（3.25）可以发现，高阶导数公式改变为柯西积分公式。

**例 3.17** 计算以下积分：

（1） $\oint_{|z|=1} \frac{e^z dz}{z^4}$；

（2） $\oint_{|z|=2} \frac{\cos z dz}{(z-i)^5}$。

**解**：（1）记 $f(z) = e^z$，可知 $f(z)$ 在复平面上处处解析；记 $z=0$，该点位于积分路径 $|z|=1$ 围成的圆内，对照式（3.26）可得：

$$\oint_{|z|=1} \frac{e^z dz}{z^4} = \frac{2\pi i}{(4-1)!} f^{(4-1)}(0) = \frac{2\pi i}{6} \cdot e^0 = \frac{\pi i}{3}$$

（2）记 $f(z) = \cos z$，可知 $f(z)$ 在 $|z|=2$ 围成的圆内处处解析；记 $z=i$，该点位于积分路径 $|z|=2$ 围成的圆内，对照式（3.26）可得：

$$\oint_{|z|=2} \frac{\cos z dz}{(z-i)^5} = \frac{2\pi i}{(5-1)!} f^{(5-1)}(i) = \frac{2\pi i}{12} \cdot \cos z \big|_{z=i} = \frac{\pi i}{12}(e + e^{-1})$$

**例 3.18** 复变函数 $f(z)$ 在以 $z_0$ 为圆心，半径为 $R$ 的圆周 $C$ 围成的闭区域内解析，记 $M$ 为 $|f(z)|$ 在圆周上的最大值，试证明形如下式的**柯西不等式**成立：

$$|f^{(n)}(z_0)| \leqslant \frac{n!M}{R^n}, \quad n=1, 2, \cdots \tag{3.27}$$

**证明：** 由高阶导数公式（3.25），并应用式（3.10）可得：

$$|f^{(n)}(z)| \leqslant \left|\frac{n!}{2\pi i}\oint_C \frac{f(\zeta)}{(\zeta-z)^{n+1}}\mathrm{d}\zeta\right| \leqslant \frac{n!}{2\pi}\frac{M}{R^{n+1}}\oint_C \mathrm{d}\zeta = \frac{n!M}{R^n}$$

因此可知柯西不等式成立。

基于柯西不等式证明下述命题成立：

如果复变函数 $f(z)$ 在复平面上解析，且是有界函数，则 $f(z)$ 必为常函数。

**证明：** 现假设 $f(z)$ 在复平面上有界，即 $|f(z)|<M$，$M>0$；对于复平面上任意一点 $z_0$，$\forall R>0$，$f(z)$ 在 $|z-z_0|<R$ 内解析，应用柯西不等式可得：

$$|f'(z_0)| \leqslant \frac{M}{R}$$

当 $R\to\infty$ 时可得 $f'(z_0)=0$，由于 $z_0$ 是任意的，故 $f(z)$ 为常函数。

上述命题也称为**刘维尔（Liuville）定理**，利用刘维尔定理可以进一步推导得到代数基本定理等一系列重要结论，这里不再赘述。

# 本章小结

本章介绍了解析函数的积分理论。首先介绍了复变函数积分的概念、性质与计算方法，在此基础上，结合解析函数的性质推导了单连通域里的柯西-古萨定理，针对多连通域，介绍了复合闭路定理与闭路变形原理。柯西-古萨定理及复合闭路定理揭示了复变函数在区域内的取值与闭围道积分之间的关系，进而演绎得到柯西积分公式。

从柯西积分公式进一步演绎得到一系列结论，其中一个非常重要的结果就是解析函数的导函数也是解析函数，从而进一步得到了解析函数的高阶导数公式。高阶导数公式采用积分的形式给出，从中也可以看出解析函数的导数与积分之间的密切关联。

在学习的过程中，要通过分析与二元实变函数的曲线积分的对比理解复积分的定义与几何意义；通过对比一般复变函数与解析函数的复积分的不同，建立解析与积分的关联；柯西-古萨定理是复积分的重要理论基础，柯西积分公式则是重要的工具，需要掌握并能灵活运用。

# 练　习

## 一、证明题

1. 设 $C$ 为圆周 $|z|=2$ 在第一象限中从 $z=2$ 到 $z=2\mathrm{i}$ 的圆弧，证明：
$$\left|\int_C \frac{z+4}{z^3-1}\mathrm{d}z\right| \leqslant \frac{6\pi}{7}$$

2. 设 $C$ 为从 $z=1$ 到 $z=\mathrm{i}$ 的线段，证明：
$$\left|\int_C \frac{\mathrm{d}z}{z^4}\right| \leqslant 4\sqrt{2}$$

提示：线段 $C$ 到原点的最近距离在中点处取到。

3. 等式 $\mathrm{Re}[\int_C f(z)\mathrm{d}z] = \int_C \mathrm{Re}[f(z)]\mathrm{d}z$ 是否成立？如果成立，给出证明；如果不成立，给出反例并予以说明。

4. $z_0$ 为单位圆上任意一点，且满足 $\mathrm{Re}(z_0)>0$，在复平面的右半平面上作任意一条曲线 $C$ 连接原点与 $z_0$，证明：
$$\mathrm{Re}\left[\int_C \frac{1}{1+z^2}\mathrm{d}z\right] = \frac{\pi}{4}$$

提示：选取从原点到 $z=1$，再经圆周 $|z|=1$ 到 $z_0$ 的分段光滑曲线作为 $C$。

5. 设简单闭曲线 $C_1$ 与 $C_2$ 相交于 $A$、$B$ 两点，它们围成的区域 $G_1$ 与 $G_2$ 的公共部分记为 $G$，如果复变函数 $f(z)$ 在 $G_1-G$ 与 $G_2-G$ 内解析，在 $C_1$ 与 $C_2$ 上也解析，证明：
$$\oint_{C_1} f(z)\mathrm{d}z = \oint_{C_2} f(z)\mathrm{d}z$$

6. 简单闭曲线 $C$ 围成区域 $G$，如果复变函数在 $G+C$ 上解析，$\forall z_0 \in G$，证明：
$$\int_C \frac{f'(z)}{z-z_0}\mathrm{d}z = \int_C \frac{f(z)}{(z-z_0)^2}\mathrm{d}z$$

7. 设复变函数 $f(z)$ 与 $g(z)$ 在区域 $G$ 内解析，在 $G$ 内有一条简单闭曲线 $C$，$C$ 围成的区域全部属于 $G$，如果在 $C$ 上有 $f(z)=g(z)$，证明在 $C$ 围成的区域内处处都有 $f(z)=g(z)$ 成立。

## 二、计算题

1. 记 $z_0=1+\mathrm{i}$，分别沿 $C_1$：从原点到 $z_0$ 的直线段；$C_2$：从原点沿实轴到 $1$，再由 $1$ 沿竖直方向到 $z_0$；沿 $C_3$：从原点沿虚轴到 $\mathrm{i}$，再由 $\mathrm{i}$ 沿水平方向到 $z_0$，共

计 3 条路径，分别计算下列积分：

(1) $\int_C (y - x - 3x^2 \mathrm{i}) \mathrm{d}z$ ；

(2) $\int_C \bar{z} \mathrm{d}z$ ；

(3) $\int_C z^2 \mathrm{d}z$ ；

(4) $\int_C (z-1)^2 \mathrm{d}z$ 。

2. 长轴为 4，短轴为 2，其中长轴与实轴重合，中心在原点的椭圆，取 $C$ 为椭圆的圆周，逆时针方向，计算：

(1) $\int_C z \cdot \mathrm{Re}(z) \mathrm{d}z$ ；

(2) $\int_C 2z \mathrm{d}z$ ；

3. 计算下列积分：

(1) $\oint_{|z|=2} \dfrac{\bar{z} \mathrm{d}z}{|z|}$ ；

(2) $\oint_{|z|=4} \dfrac{\bar{z} \mathrm{d}z}{|z|}$ 。

4. 试用观察法得出以下积分的值，并说明依据，其中 $C$ 为单位圆的圆周逆时针方向：

(1) $\oint_C \dfrac{\mathrm{d}z}{z-2}$ ；

(2) $\oint_C \dfrac{\mathrm{d}z}{z^2 + 2z + 4}$ ；

(3) $\oint_C \dfrac{\mathrm{d}z}{z - 1/2}$ ；

(4) $\oint_C \dfrac{\mathrm{d}z}{(z-2)(z-3)}$ ；

(5) $\oint_C \dfrac{z^2 \mathrm{d}z}{z-2}$ ；

(6) $\oint_C \dfrac{\mathrm{d}z}{z^2 + 2z + 2}$ ；

(7) $\oint_C \dfrac{\mathrm{d}z}{\cos z}$ ；

(8) $\oint_C z \sin z \mathrm{d}z$ ；

(9) $\oint_C \ln(z+2) \mathrm{d}z$ ；

(10) $\oint_C \sinh z \mathrm{d}z$ 。

5. 计算下列积分：

(1) $\int_0^{2\pi \mathrm{i}} \mathrm{e}^{2z} \mathrm{d}z$ ；

(2) $\int_{\pi \mathrm{i}/2}^0 \cos z \mathrm{d}z$ ；

(3) $\int_{-\pi \mathrm{i}}^{\pi \mathrm{i}} \sin^2 z \mathrm{d}z$ ；

(4) $\int_0^{\pi/2} z \sin z \mathrm{d}z$ ；

(5) $\int_0^{\mathrm{i}} (z - \mathrm{i}) \mathrm{e}^z \mathrm{d}z$ ；

(6) $\int_0^{\mathrm{i}} \dfrac{1 + \tan z}{\cos^2 z} \mathrm{d}z$ 。

6. 计算下列积分：

(1) $\oint_{|z-1|=1} \dfrac{\mathrm{e}^z \mathrm{d}z}{z-1}$ ；

(2) $\oint_{|z-a|=a} \dfrac{\mathrm{d}z}{z^2 - a^2}$ （$a > 0$）；

(3) $\oint_{|z|=2} \dfrac{\sin z \mathrm{d}z}{z-3}$ ；

(4) $\oint_{|z|=0.5} \dfrac{\mathrm{d}z}{(z^2 - 1)(z^3 + 1)}$ ；

(5) $\oint_{|z|=1} \dfrac{\sin z \mathrm{d}z}{z}$ ；

(6) $\oint_{|z|=2} \dfrac{\sin z \mathrm{d}z}{(z - \pi/2)^2}$ ；

（7）$\oint_{|z|=1} \dfrac{e^z dz}{z^{10}}$；  （8）$\oint_{|z|=2} \dfrac{e^z - 2}{(z-1)^4} dz$。

（9）$\oint_{|z|=r} \dfrac{dz}{z^2(z-1)(z-2)}$，$r$ 分别取 0.5、1.5、2.5。

7．设函数的定义如下：
$$f(z) = \oint_{|z|=2} \dfrac{3\zeta^2 - 7\zeta + 1}{\zeta - z} d\zeta$$
求 $f'(1+i)$。

8．设函数的定义如下：
$$f(z) = \oint_{|z|=3} \dfrac{2\zeta^2 - \zeta - 2}{\zeta - z} d\zeta$$
求 $f(2)$ 的函数值。

9．设函数的定义如下：
$$f(z) = \oint_{|z|=3} \dfrac{\zeta^3 + 2\zeta}{(\zeta - z)^3} d\zeta$$
求 $f(1)$、$f(2i)$ 的函数值。

10．设 $f(z)$ 在闭区域 $|z| \leqslant 1$ 上解析，且 $f(0) = 0$，计算积分：
$$\oint_{|z|=1} \left[ 2 \pm \left( z + \dfrac{1}{z} \right) \right] f(z) \dfrac{dz}{z}$$

# 第 4 章 复变函数的级数表示

## 本章导读

前面采用微分法与积分法研究解析函数的性质，本章介绍采用级数的方法研究解析函数的性质。首先介绍复数项级数，它可以视作实数项级数在复数系的推广；然后讨论了复变函数项级数。研究复变函数项级数的性质，是为了将解析函数展开为级数的形式：随后介绍了将复变函数展开为只有正幂次项的泰勒级数，以及由正、负幂次项组成的洛朗级数。解析函数只能在解析的点展开为泰勒级数，相比之下，可以在奇点处展开为洛朗级数。通过将解析函数展开为级数，为后面学习留数奠定了基础。

## 本章要点

- 复数项级数的概念
- 幂级数敛散性的判定：阿贝尔定理
- 幂级数收敛半径的计算方法
- 泰勒定理
- 洛朗定理

## 4.1 复数项级数

在学习复数项级数之前，先介绍复数列的概念。

### 4.1.1 复数列的极限

设 $\{z_n\}$（$n=1, 2, \cdots$）为一个复数列，其中 $z_n = x_n + \mathrm{i}y_n$；又设 $z_0 = x_0 + \mathrm{i}y_0$ 为一个复常数。如果 $\forall \varepsilon > 0$，存在正整数 $N$，使得当 $n > N$ 时，总有 $|z_n - z_0| < \varepsilon$ 成立，则称复数列 $\{z_n\}$ **收敛**于复数 $z_0$，或者称 $z_0$ 为**复数列的极限**，记为：

$$\lim_{n \to \infty} z_n = z_0 \tag{4.1}$$

如果复数列 $\{z_n\}$ 不收敛，则称 $\{z_n\}$ **发散**，称它为**发散数列**。可以证明：如果复数列收敛，则它的**极限是唯一的**。判断一个复数列是否收敛，可以转化为两个实数列的收敛问题：

复数列 $\{z_n\}$（$n=1, 2, \cdots$），$z_n = x_n + \mathrm{i}y_n$ 收敛于 $z_0 = x_0 + \mathrm{i}y_0$ 的**充要条件**是复数列的实部与虚部构成的数列 $\{x_n\}$、$\{y_n\}$（$n=1, 2, \cdots$）分别收敛于 $z_0$ 的实部 $x_0$ 与虚部 $y_0$。

**证明**：如果复数列 $\{z_n\}$ 收敛，则根据收敛的定义可知，$\forall \varepsilon > 0$，存在正整数 $N$，使得当 $n > N$ 时，总有 $|z_n - z_0| < \varepsilon$ 成立，即：

$$|(x_n + \mathrm{i}y_n) - (x_0 + \mathrm{i}y_0)| < \varepsilon$$

由于：

$$|x_n - x_0| \leqslant |(x_n - x_0) + \mathrm{i}(y_n - y_0)| < \varepsilon$$
$$|y_n - y_0| \leqslant |(x_n - x_0) + \mathrm{i}(y_n - y_0)| < \varepsilon$$

因此条件的必要性得证。如果实数列 $\{x_n\}$、$\{y_n\}$ 收敛，则由实数列收敛的定义可知，$\forall \varepsilon > 0$，存在正整数 $N_1$，使得当 $n > N_1$ 时，有下式成立：

$$|x_n - x_0| < \varepsilon / 2 \tag{*}$$

对于同一 $\varepsilon$ 的取值，也必存在正整数 $N_2$，使得当 $n > N_2$ 时，有下式成立：

$$|y_n - y_0| < \varepsilon / 2 \tag{**}$$

取 $N = \max\{N_1, N_2\}$，则 $n > N$ 时式（*）和式（**）同时成立，此时：

$$|(x_n + \mathrm{i}y_n) - (x_0 + \mathrm{i}y_0)| \leqslant |x_n - x_0| + |y_n - y_0| < \varepsilon$$

因此条件的充分性得证。

两个实数列对应项的和、差、乘积与商构成的新的数列的极限的性质，也可以推广到复数列。

**例 4.1** 判断下面各个复数列 $\{z_n\}$ 是否收敛，如果收敛，求出它的极限：

（1）$z_n = \dfrac{1}{n} + \mathrm{i}$；（2）$z_n = \mathrm{i}^n$；（3）$z_n = \left(\dfrac{1 + \mathrm{i}\sqrt{3}}{3}\right)^n$。

**解**：（1）$z_n = \dfrac{1}{n} + \mathrm{i}$，注意到 $x_n = \dfrac{1}{n}$，$y_n \equiv 1$，因此：

$$\lim_{n \to \infty} x_n = 0, \quad \lim_{n \to \infty} y_n = 1$$

因此复数列的极限为 $\lim\limits_{n \to \infty} z_n = \mathrm{i}$。

（2）$z_n = \mathrm{i}^n$，即 $\{z_n\} = \{\mathrm{i}^n\} = \{\mathrm{i}, -1, -\mathrm{i}, 1, \cdots\}$，所以：

$$\{x_n\} = \{0, -1, 0, 1, 0, -1, 0, 1, \cdots\}$$
$$\{y_n\} = \{1, 0, -1, 0, 1, 0, -1, 0, \cdots\}$$

可见 $\{x_n\}$、$\{y_n\}$ 不收敛，因此复数列也不收敛。

（3） $z_n = \left(\dfrac{1+i\sqrt{3}}{3}\right)^n = \left[\dfrac{2}{3}\left(\cos\dfrac{\pi}{3} + i\sin\dfrac{\pi}{3}\right)\right]^n$，根据棣莫弗公式可得：

$$x_n = \left(\dfrac{2}{3}\right)^n \cos\dfrac{n\pi}{3}, \quad y_n = \left(\dfrac{2}{3}\right)^n \sin\dfrac{n\pi}{3}$$

因此可知：

$$\lim_{n\to\infty} x_n = 0, \quad \lim_{n\to\infty} y_n = 0$$

因此复数列的极限为 $\lim\limits_{n\to\infty} z_n = 0$。

### 4.1.2 复数项级数的概念

假设 $\{z_n\}$（$n=1, 2, \cdots$）为一个复数列，则称表达式：

$$\sum_{n=1}^{\infty} z_n = z_1 + z_2 + \cdots + z_n + \cdots \tag{4.2}$$

为**复数项无穷级数**，简称为复数项级数、复级数或级数。记该级数的前 $n$ 项和为 $S_n$：

$$S_n = z_1 + z_2 + \cdots + z_n \tag{4.3}$$

部分和 $S_1$，$S_2$，$\cdots$，$S_n$，$\cdots$ 构成的数列 $\{S_n\}$ 称为该级数的**部分和数列**，如果部分和数列收敛，则称级数 $\sum\limits_{n=1}^{\infty} z_n$ **收敛**，并把极限 $\lim\limits_{n\to\infty} S_n = S$ 称为**级数的和**；如果部分和数列不收敛，则称级数 $\sum\limits_{n=1}^{\infty} z_n$ **发散**。

记 $z_n = x_n + iy_n$，则复数项级数 $\sum\limits_{n=1}^{\infty} z_n$ 收敛的**充要条件**是级数 $\sum\limits_{n=1}^{\infty} x_n$ 与 $\sum\limits_{n=1}^{\infty} y_n$ 都收敛。

**证明**：记部分和为 $S_n = \alpha_n + i\beta_n$，可知：

$$\alpha_n = \operatorname{Re} S_n = \operatorname{Re}(z_1 + z_2 + \cdots + z_n) = x_1 + x_2 + \cdots + x_n$$
$$\beta_n = \operatorname{Im} S_n = \operatorname{Im}(z_1 + z_2 + \cdots + z_n) = y_1 + y_2 + \cdots + y_n$$

部分和数列 $\{S_n\}$ 有极限的充要条件是 $\{\alpha_n\}$ 和 $\{\beta_n\}$ 有极限，这就意味着级数 $\sum\limits_{n=1}^{\infty} x_n$ 与 $\sum\limits_{n=1}^{\infty} y_n$ 都收敛，原命题得证。

如果级数 $\sum\limits_{n=1}^{\infty} |z_n|$ 收敛，则称级数 $\sum\limits_{n=1}^{\infty} z_n$ **绝对收敛**；如果级数 $\sum\limits_{n=1}^{\infty} z_n$ 收敛，但不是绝对收敛的，则称级数 $\sum\limits_{n=1}^{\infty} z_n$ **条件收敛**。与实数项级数类似：**绝对收敛级数必收**

敛；收敛级数不一定绝对收敛。

记 $z_n = x_n + \mathrm{i}y_n$，复数项级数 $\sum\limits_{n=1}^{\infty} z_n$ 绝对收敛的**充要条件**是级数 $\sum\limits_{n=1}^{\infty} x_n$ 与 $\sum\limits_{n=1}^{\infty} y_n$ 都绝对收敛。这是因为 $|x_n| \leqslant |z_n|$、$|y_n| \leqslant |z_n|$，因此有 $|\alpha_n| \leqslant |S_n|$、$|\beta_n| \leqslant |S_n|$ 成立，由正项级数的比较判别法可知 $\sum\limits_{n=1}^{\infty} z_n$ 绝对收敛，则 $\sum\limits_{n=1}^{\infty} x_n$ 与 $\sum\limits_{n=1}^{\infty} y_n$ 也必绝对收敛；同样地，$|z_n| \leqslant |x_n| + |y_n|$，因此有 $|S_n| \leqslant |\alpha_n| + |\beta_n|$，由 $\sum\limits_{n=1}^{\infty} x_n$ 与 $\sum\limits_{n=1}^{\infty} y_n$ 绝对收敛可以推导出复数项级数 $\sum\limits_{n=1}^{\infty} z_n$ 绝对收敛。

与实数项级数一样，复数项级数也有以下性质。

**性质 1**：如果复数项级数 $\sum\limits_{n=1}^{\infty} z_n$、$\sum\limits_{n=1}^{\infty} w_n$ 分别收敛于 $S$ 与 $T$，$k$ 与 $h$ 为任意复数，则复数项级数 $\sum\limits_{n=1}^{\infty} kz_n + hw_n$ 也收敛，且收敛于 $kS+hT$。

**性质 2**：在复数项级数中去掉、加上或改变有限项，不改变级数的收敛性。

**性质 3**：如果复数项级数 $\sum\limits_{n=1}^{\infty} z_n$ 收敛，则该级数的项任意加括号后的级数仍然收敛，且级数的和不变。

**性质 4**：复数项级数 $\sum\limits_{n=1}^{\infty} z_n$ 收敛的**必要条件**是：

$$\lim_{n \to \infty} z_n = 0 \tag{4.4}$$

利用复数项级数与实数项级数之间的关系，可以证明以上 4 个性质。

**例 4.2** 判断下面复数项级数是否收敛，是否绝对收敛。

（1）$\sum\limits_{n=1}^{\infty} \left( \dfrac{1}{n} + \dfrac{\mathrm{i}}{2^n} \right)$；（2）$\sum\limits_{n=1}^{\infty} \dfrac{\mathrm{i}^n}{n}$。

**解**：（1）由于 $\sum\limits_{n=1}^{\infty} \left( \dfrac{1}{n} + \dfrac{\mathrm{i}}{2^n} \right)$ 的实部是调和级数，因此 $\sum\limits_{n=1}^{\infty} \left( \dfrac{1}{n} + \dfrac{\mathrm{i}}{2^n} \right)$ 发散。

（2）注意到：

$$\sum_{n=1}^{\infty} \frac{\mathrm{i}^n}{n} = \left( -\frac{1}{2} + \frac{1}{4} - \frac{1}{6} + \frac{1}{8} - \cdots \right) + \mathrm{i}\left( 1 - \frac{1}{3} + \frac{1}{5} - \frac{1}{7} + \cdots \right)$$

因此级数的实部与虚部都收敛，原级数收敛，注意到：

$$\sum_{n=1}^{\infty}\left|\frac{i^n}{n}\right|=\sum_{n=1}^{\infty}\frac{1}{n}$$

因此，$\sum_{n=1}^{\infty}\frac{i^n}{n}$ 条件收敛。

**例 4.3** 判断复数项级数 $\sum_{n=0}^{\infty}z^n$ 在什么情况下收敛，计算此时级数的和。

**解**：先求级数的部分和：

$$S_n=\sum_{k=0}^{n-1}z^k=\frac{1-z^n}{1-z}=\frac{1}{1-z}-\frac{z^n}{1-z}$$

当 $|z|<1$ 时，有 $\lim_{n\to\infty}|z|^n=0$，可得：

$$\lim_{n\to\infty}\left|\frac{z^n}{1-z}\right|=\lim_{n\to\infty}\frac{|z|^n}{|1-z|}=0$$

因此 $\lim_{n\to\infty}\frac{z^n}{1-z}=0$，可得：

$$\lim_{n\to\infty}S_n=\lim_{n\to\infty}\left\{\frac{1}{1-z}-\frac{z^n}{1-z}\right\}=\frac{1}{1-z} \tag{4.5}$$

也就是说，当 $|z|<1$ 时，级数 $\sum_{n=0}^{\infty}z^n$ 收敛，此时级数的和为 $\frac{1}{1-z}$。$|z|\geqslant 1$ 时，级数发散。

**例 4.4** 复数项级数 $\sum_{n=1}^{\infty}z_n$ 收敛，且级数的和是 $S$，试证明 $\sum_{n=1}^{\infty}\overline{z}_n$ 也收敛，且级数的和为 $\overline{S}$。

**证明**：$\sum_{n=1}^{\infty}z_n$ 收敛，等价于它的实部 $\sum_{n=1}^{\infty}x_n$ 与虚部 $\sum_{n=1}^{\infty}y_n$ 收敛，记 $S=\alpha+i\beta$，可知 $\sum_{n=1}^{\infty}x_n=\alpha$，$\sum_{n=1}^{\infty}y_n=\beta$。

注意到，$\sum_{n=1}^{\infty}\overline{z}_n=\sum_{n=1}^{\infty}x_n-iy_n=\sum_{n=1}^{\infty}x_n-i\sum_{n=1}^{\infty}y_n=\alpha-i\beta=\overline{S}$，因此原命题成立。

## 4.2 幂 级 数

指数为整数的幂函数是单值函数，计算方便、性质简单。研究由指数为整数的幂函数构成的复变函数项级数非常重要。

### 4.2.1 幂级数的概念

首先介绍复变函数项级数的概念，设 $f_n(z)$（$n=1,2,\cdots$）为区域 $G$ 内的复变函数，称

$$\sum_{n=1}^{\infty}f_n(z) = f_1(z) + f_2(z) + \cdots + f_n(z) + \cdots \tag{4.6}$$

为区域 $G$ 内的**复变函数项级数**，该级数的部分和记为：

$$S_n(z) = f_1(z) + f_2(z) + \cdots + f_n(z)$$

如果对于区域 $G$ 内的一点 $z_0$，极限 $\lim\limits_{n\to\infty} S_n(z_0) = S(z_0)$ 存在，则称复变函数项级数在点 $z_0$ 处**收敛**；如果级数在 $G$ 内每个点 $z$ 处都收敛，则称级数**在 $G$ 内收敛**，此时级数的和就是 $z$ 的函数，记为 $S(z)$：

$$S(z) = f_1(z) + f_2(z) + \cdots + f_n(z) + \cdots \tag{4.7}$$

$S(z)$ 称为复变函数项级数 $\sum\limits_{n=1}^{\infty}f_n(z)$ 的**和函数**。

设 $f_n(z) = c_n(z-z_0)^n$，$c_n$（$n=0,1,\cdots$）与 $z_0$ 均为复常数，此时称级数 $\sum\limits_{n=1}^{\infty}f_n(z)$（$n=0,1,\cdots$）为幂级数：

$$\sum_{n=0}^{\infty}c_n(z-z_0)^n = c_0 + c_1(z-z_0) + c_2(z-z_0)^2 + \cdots + c_n(z-z_0)^n + \cdots \tag{4.8}$$

当 $z_0 = 0$ 时，幂级数改变为：

$$\sum_{n=0}^{\infty}c_n z^n = c_0 + c_1 z + c_2 z^2 + \cdots + c_n z^n + \cdots \tag{4.9}$$

在式（4.8）中令 $\zeta = z - z_0$，即可得到式（4.9）所示的级数，因此下面在介绍幂级数性质的时候基于式（4.9）展开叙述，只需作变量代换即可将性质推广到式（4.8）所示的幂级数的一般形式上来。

如果幂级数 $\sum\limits_{n=0}^{\infty}c_n z^n$ 在 $z_1$（$z_1 \neq 0$）处收敛，则级数对于任意满足 $|z|<|z_1|$ 的 $z$ 都绝对收敛；如果级数在 $z_2$ 处发散，则对于任意满足 $|z|>|z_2|$ 的复数 $z$ 都发散。这个用来判别级数敛散性的命题也被称为**阿贝尔（Abel）定理**。

**证明**：因为 $\sum\limits_{n=0}^{\infty}c_n z^n$ 在 $z = z_1$（$z_1 \neq 0$）处收敛，因此当 $n \to \infty$ 时，必有 $c_n z_1^n \to 0$，即 $\exists M > 0$，使得：

$$|c_n z_1^n| \leqslant M, \quad n = 0, 1, \cdots$$

对于任意满足 $|z|<|z_1|$ 的 $z$，如果记 $\rho = |z/z_1|$，可知 $\rho < 1$，且：

$$|c_n z^n| = |c_n z_1^n| \cdot \left|\frac{z}{z_1}\right|^n \leqslant M \cdot \rho^n$$

由于级数 $\sum_{n=0}^{\infty} M\rho^n$ 收敛，根据正项级数的比较判别法可知 $\sum_{n=0}^{\infty} |c_n z^n|$ 收敛，因此级数 $\sum_{n=0}^{\infty} c_n z^n$ 绝对收敛。

如果级数在 $z_2$ 处发散，则对于任意满足 $|z|>|z_2|$ 的复数 $z$，级数都发散；如果不发散，即意味着在 $|z|>|z_2|$ 的复数 $z$ 处，级数收敛，根据前面的推导可知，由于 $|z|>|z_2|$，则级数必在 $z_2$ 处绝对收敛，与前提相矛盾，故原命题成立。

由阿贝尔定理可知，如果幂级数 $\sum_{n=0}^{\infty} c_n z^n$ 在 $z_1$（$z_1 \neq 0$）处收敛，则 $|z|<|z_1|$ 所表示的圆内区域都是绝对收敛的，如图 4.1 所示。

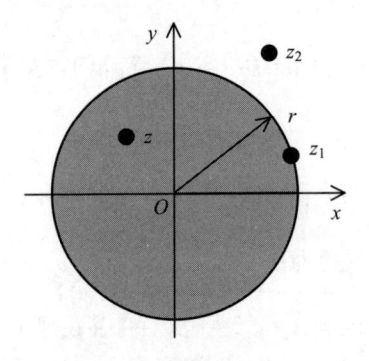

图 4.1 幂级数的收敛圆

距离原点最远的收敛点，相应形成的收敛区域是个圆盘状区域，称该区域为级数 $\sum_{n=0}^{\infty} c_n z^n$ 的**收敛圆盘**，或简称为**收敛圆**，收敛圆的半径称为**收敛半径**。收敛圆上的点，级数的敛散性需要具体分析才能确定；收敛圆内，级数的和函数是**连续的**。类似地，可以知道，如果级数 $\sum_{n=0}^{\infty} c_n (z-z_0)^n$ 收敛，则其收敛区域也是圆盘状区域，区别在于收敛圆的圆心在 $z_0$ 处。

对于幂级数 $\sum_{n=0}^{\infty} c_n z^n$，如果下面等式有一个成立：

(1) **比值法**：$\lambda = \lim\limits_{n \to \infty} \dfrac{|c_{n+1}|}{|c_n|}$；

(2) **根值法**：$\lambda = \lim\limits_{n \to \infty} \sqrt[n]{|c_n|}$；

(3) **柯西-阿达玛（Cauchy-Hadamard）方法**：$\lambda = \varlimsup\limits_{n \to \infty} \sqrt[n]{|c_n|}$，

其中，$\varlimsup\limits_{n \to \infty}$ 表示上极限，则幂级数的收敛半径 $R = 1/\lambda$；如果 $\lambda = 0$，则收敛半径 $R = +\infty$；如果 $\lambda = +\infty$，则收敛半径 $R = 0$。

**证明**：这里仅给出比值法的证明，级数 $\sum\limits_{n=0}^{\infty} c_n z^n$ 相邻两项之比的极限：

$$\lim_{n \to \infty} \frac{|c_{n+1} z^{n+1}|}{|c_n z^n|} = \lim_{n \to \infty} \frac{|c_{n+1}|}{|c_n|} \cdot |z| = \lambda \cdot |z|$$

当 $|z| < R = 1/\lambda$ 时，$\lambda \cdot |z| < 1$，此时级数绝对收敛；

如果存在一个复数 $z_1$，满足 $|z_1| > R$ 时，级数收敛，则选取 $z_2$ 满足 $R < |z_2| < |z_1|$，此时有：

$$\lim_{n \to \infty} \frac{|c_{n+1} z_2^{n+1}|}{|c_n z_2^n|} = \lim_{n \to \infty} \frac{|c_{n+1}|}{|c_n|} \cdot |z_2| = \lambda \cdot |z_2| > 1$$

与阿贝尔定理矛盾，故级数的收敛半径为 $R = 1/\lambda$。

如果 $\lambda = 0$，则：

$$\lim_{n \to \infty} \frac{|c_{n+1} z^{n+1}|}{|c_n z^n|} = \lim_{n \to \infty} \frac{|c_{n+1}|}{|c_n|} \cdot |z| = 0 < 1$$

级数对于复平面上任意的复数 $z$ 都收敛，故此时收敛半径 $R = +\infty$。

如果 $\lambda = +\infty$，则：

$$\lim_{n \to \infty} \frac{|c_{n+1} z^{n+1}|}{|c_n z^n|} = \lim_{n \to \infty} \frac{|c_{n+1}|}{|c_n|} \cdot |z| = +\infty \cdot z$$

级数在 $z = 0$ 时收敛；$z \neq 0$ 时 $\sum\limits_{n=0}^{\infty} |c_n z^n|$ 是发散的，此时可知原级数也是发散的；如果原级数 $\sum\limits_{n=0}^{\infty} c_n z^n$ 收敛，根据阿贝尔定理可知必存在 $z_1$（$|z_1| < |z|$），使得级数绝对收敛，这与 $z \neq 0$ 时级数不是绝对收敛相矛盾。因此，复平面只有原点是收敛的，原级数的收敛半径 $R = 0$。

**例 4.5** 分析复变函数项级数 $\sum\limits_{n=1}^{\infty} \dfrac{1}{n^z}$ 的收敛性质。

**解**：注意到 $n^z$ 不是幂函数，因此题目中所示复变函数项级数不是幂级数，$n^z$

是一般指数函数，且有 $n^z = e^{z \operatorname{Ln} n}$，记 $z = x + iy$，可得：
$$|n^z| = |e^{x \operatorname{Ln} n} \cdot e^{iy \operatorname{Ln} n}| = |e^{x \operatorname{Ln} n}| = n^x$$

当 $\operatorname{Re} z = x \geqslant x_0 > 1$ 时，有 $\left|\dfrac{1}{n^x}\right| \leqslant \left|\dfrac{1}{n^{x_0}}\right|$ 成立，因此原级数在 $\operatorname{Re} z > 1$ 的情况下收敛。

**例 4.6** 求下面幂级数的收敛半径。

（1）$\sum_{n=0}^{\infty} \dfrac{z^n}{n!}$；（2）$\sum_{n=0}^{\infty} \dfrac{(z-z_0)^n}{n}$。

**解**：（1）级数的系数 $c_n = 1/n!$，根据比值法可得：
$$\lambda = \lim_{n \to \infty} \frac{|c_{n+1}|}{|c_n|} = \lim_{n \to \infty} \frac{|1/(n+1)!|}{|1/n!|} = \lim_{n \to \infty} \frac{1}{n+1} = 0$$

可知级数 $\sum_{n=0}^{\infty} \dfrac{z^n}{n!}$ 的收敛半径 $R = +\infty$。

（2）记 $\zeta = z - z_0$，则原级数改变为 $\sum_{n=0}^{\infty} \dfrac{\zeta^n}{n}$，此时级数的系数 $c_n = 1/n$，根据比值法可得：
$$\lambda = \lim_{n \to \infty} \frac{|c_{n+1}|}{|c_n|} = \lim_{n \to \infty} \frac{|1/(n+1)|}{|1/n|} = \lim_{n \to \infty} \frac{n}{n+1} = 1$$

可知级数 $\sum_{n=0}^{\infty} \dfrac{\zeta^n}{n}$ 的收敛半径 $R = 1$。因此原级数的收敛圆是圆心为 $z_0$，半径为 1 的圆。

### 4.2.2 幂级数的性质

记幂级数 $\sum_{n=0}^{\infty} c_n z^n$ 的和函数为 $S(z)$，则 $S(z)$ 是收敛圆内的解析函数，并且在收敛圆范围内满足：

$$\int_C S(z) \mathrm{d}z = \int_C \sum_{n=0}^{\infty} c_n z^n \mathrm{d}z = \sum_{n=0}^{\infty} c_n \int_C z^n \mathrm{d}z = \sum_{n=0}^{\infty} \frac{c_n z^{n+1}}{n+1} \tag{4.10}$$

$$S'(z) = \left(\sum_{n=0}^{\infty} c_n z^n\right)' = \sum_{n=0}^{\infty} (c_n z^n)' = \sum_{n=0}^{\infty} n c_n z^{n-1} \tag{4.11}$$

也就是说，幂级数在收敛圆内可以<u>逐项积分</u>、<u>逐项求导</u>。这个命题这里不予证明。

如果有两个幂级数 $\sum_{n=0}^{\infty} a_n(z-z_0)^n$ 与 $\sum_{n=0}^{\infty} b_n(z-z_0)^n$，都在圆心为 $z_0$，半径为 $R$ 的圆 $|z-z_0|<R$ 内收敛，记 $S(z)$ 与 $T(z)$ 分别为这两个幂级数的和函数，则在收敛圆 $|z-z_0|<R$ 内这两个**幂级数的和与差**满足：

$$S(z) \pm T(z) = \sum_{n=0}^{\infty} a_n(z-z_0)^n \pm \sum_{n=0}^{\infty} b_n(z-z_0)^n = \sum_{n=0}^{\infty}(a_n \pm b_n)(z-z_0)^n \quad (4.12)$$

这两个**幂级数的积**满足：

$$S(z)T(z) = \sum_{n=0}^{\infty} c_n(z-z_0)^n = \sum_{n=0}^{\infty} a_n(z-z_0)^n \cdot \sum_{n=0}^{\infty} b_n(z-z_0)^n \quad (4.13)$$

式中，

$$\begin{cases} c_0 = a_0 b_0 \\ c_1 = a_0 b_1 + a_1 b_0 \\ c_2 = a_0 b_2 + a_1 b_1 + a_2 b_0 \\ \cdots \end{cases}$$

如果在收敛圆 $|z-z_0|<R$ 内 $T(z) \neq 0$，则两个**幂级数的除法**可表示为：

$$\frac{S(z)}{T(z)} = \sum_{n=0}^{\infty} d_n(z-z_0)^n = \frac{\sum_{n=0}^{\infty} a_n(z-z_0)^n}{\sum_{n=0}^{\infty} b_n(z-z_0)^n} \quad (4.14)$$

可以用长除法，计算得到式（4.14）中系数 $d_n$ 的值。

**例 4.7**　求幂级数 $1 + 2z + \cdots + nz^{n-1} + \cdots$ 的和函数 $S(z)$。

**解**：在例 4.3 中知道幂级数 $\sum_{n=0}^{\infty} z^n$ 的和函数为 $\dfrac{1}{1-z}$，收敛圆为单位圆。注意到：

$$\sum_{n=0}^{\infty} z^n = 1 + z + z^2 + \cdots$$

对它逐项求导可得：

$$\left( \sum_{n=0}^{\infty} z^n \right)' = 1 + 2z + 3z^2 + \cdots$$

可见题目的级数恰为 $\sum_{n=0}^{\infty} z^n$ 逐项求导的结果，根据式（4.11）可知和函数为：

$$S(z) = \left(\sum_{n=0}^{\infty} z^n\right)' = \left(\frac{1}{1-z}\right)' = \frac{1}{(1-z)^2}$$

且幂级数的收敛域是单位圆。

**例 4.8** 试判断和函数 $\dfrac{2z}{1-z^2}$ 对应的幂级数,并求出该幂级数的收敛半径。

**解**:注意到 $\dfrac{2z}{1-z^2} = \dfrac{1}{1-z} - \dfrac{1}{1+z}$,利用例 4.3 可知:

$$\frac{1}{1-z} = \sum_{n=0}^{\infty} z^n, \quad |z|<1 \tag{4.15}$$

在式(4.15)中用 $-z$ 取代 $z$ 可得:

$$\frac{1}{1+z} = \sum_{n=0}^{\infty} (-1)^n z^n, \quad |z|<1$$

将上两式相减可得:

$$\frac{2z}{1-z^2} = \sum_{n=0}^{\infty} z^n - \sum_{n=0}^{\infty} (-1)^n z^n = 2z + 2z^3 + 2z^5 + \cdots$$

且幂级数的收敛半径为 1。

**例 4.9** 求幂级数 $1 - \dfrac{z^2}{3!} + \dfrac{z^4}{5!} - \dfrac{z^6}{7!} + \cdots$ 的倒数幂级数,$|z|<\pi$。

**解**:利用长除法:

$$
\begin{array}{r}
1 + \dfrac{z^2}{3!} + \cdots \\
1 - \dfrac{z^2}{3!} + \dfrac{z^4}{5!} - \dfrac{z^6}{7!} + \cdots \overline{\smash{\big)}\, 1 \phantom{xxxxxxxxxxxxxxxxxxx}} \\
1 - \dfrac{z^2}{3!} + \dfrac{z^4}{5!} - \dfrac{z^6}{7!} + \cdots \\
\hline
\dfrac{z^2}{3!} - \dfrac{z^4}{5!} + \dfrac{z^6}{7!} + \cdots \\
\dfrac{z^2}{3!} - \dfrac{z^4}{(3!)^2} + \dfrac{z^6}{3!5!} + \cdots \\
\hline
\left[\dfrac{1}{(3!)^2} - \dfrac{1}{5!}\right]z^4 - \left[\dfrac{1}{3!5!} - \dfrac{1}{7!}\right]z^6 + \cdots \\
\cdots
\end{array}
$$

可以计算得到倒数幂级数为:

$$1 + \frac{z^2}{3!} + \left[\frac{1}{(3!)^2} - \frac{1}{5!}\right]z^4 + \cdots$$

## 4.3 泰勒级数

上节介绍幂级数的性质，学习到收敛的幂级数的和函数是收敛圆内的解析函数。反过来的命题是否成立？即：一个圆内的解析函数是否一定可以展开为幂级数？答案是肯定的。

如果复变函数 $f(z)$ 在 $|z-z_0|<R$（$0\leqslant R<+\infty$）内解析，则在 $|z-z_0|<R$ 内**必可展开为幂级数**：

$$f(z) = f(z_0) + \frac{f'(z_0)}{1!}(z-z_0) + \cdots + \frac{f^{(n)}(z_0)}{n!}(z-z_0)^n + \cdots \tag{4.16}$$

且展开的**幂级数是唯一的**。这个命题也称为**泰勒（Taylor）定理**，式（4.16）所示的级数称为**泰勒级数**。

**证明**：在圆 $|z-z_0|<R$ 内任意选取一点 $z$，作包含点 $z$ 的圆周 $|z-z_0|=r$，记作 $C$，并取 $C$ 的方向为正，如图 4.2 所示。

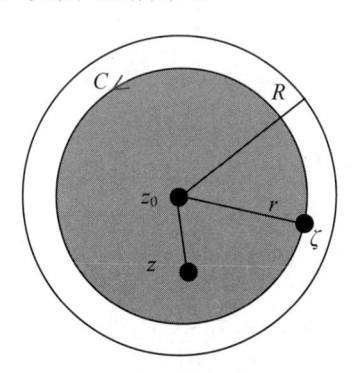

图 4.2 泰勒定理图示

根据柯西积分公式可知：

$$f(z) = \frac{1}{2\pi i}\oint_C \frac{f(\zeta)}{\zeta-z}\mathrm{d}\zeta$$

注意到积分变量 $\zeta$ 在圆周 $C$ 上，因此有 $|z-z_0|/|\zeta-z_0|<1$，则：

$$\frac{1}{\zeta-z} = \frac{1}{\zeta-z_0}\cdot\frac{1}{1-\dfrac{z-z_0}{\zeta-z_0}} = \sum_{n=0}^{+\infty}\frac{(z-z_0)^n}{(\zeta-z_0)^{n+1}} \tag{4.17}$$

将上式代入柯西积分公式可得：

$$f(z) = \frac{1}{2\pi i}\oint_C \sum_{n=0}^{\infty} \frac{(z-z_0)^n}{(\zeta-z_0)^{n+1}} f(\zeta)\mathrm{d}\zeta$$

$$= \sum_{n=0}^{\infty}\left[\frac{1}{2\pi i}\oint_C \frac{f(\zeta)\mathrm{d}\zeta}{(\zeta-z_0)^{n+1}}\right](z-z_0)^n$$

$$= \sum_{n=0}^{\infty}\left[\frac{f^{(n)}(z_0)}{n!}\right](z-z_0)^n$$

在推导过程中应用了解析函数的高阶导数公式。下面证明泰勒级数的唯一性，假设 $f(z)$ 还可以展开为另外一个幂级数，记为：

$$f(z) = \sum_{n=0}^{\infty} c_n(z-z_0)^n \qquad (4.18)$$

则根据幂级数的性质可知，幂级数是逐项可导的，即：

$$f^{(n)}(z) = n!c_n + \frac{(n+1)!}{1!}c_{n+1}(z-z_0) + \frac{(n+2)!}{2!}c_{n+2}(z-z_0)^2 + \cdots$$

在上式中令 $z = z_0$，可得 $c_n = \dfrac{f^{(n)}(z_0)}{n!}$，对比式（4.16）和式（4.18），可以发现展开式是唯一的，这就证明了泰勒定理。须知，这里的证明不是严谨的，严格证明可参见相关参考文献。

一般地，如果复变函数 $f(z)$ 在区域 $G$ 内解析，则展开的泰勒级数的收敛半径 $R$ 等于展开的位置 $z_0$ 到 $G$ 的边界上点的最近距离；如果复变函数 $f(z)$ 在区域 $G$ 内有奇点，则 $R$ 等于到最近一个奇点的距离。举例来说，复变函数 $f(z) = \dfrac{1}{1-z}$ 在复平面上除了 1 之外处处解析，在 $z_0 = 0$，即原点处展开的泰勒级数，其收敛半径为原点到奇点 1 的距离，即 1，这与例 2.3 的结论是一致的。复变函数在原点处展开的泰勒级数也称为**麦克劳林（Maclaurin）级数**：

$$f(z) = f(0) + \frac{f'(0)}{1!}z + \cdots + \frac{f^{(n)}(0)}{n!}z^n + \cdots \qquad (4.19)$$

从泰勒定理中可以看出，复变函数 $f(z)$ 解析是它展开为泰勒级数的条件，实际上，这个条件是充要条件，也就是说：复变函数 $f(z)$ 在点 $z_0$ 处解析的**充要条件**是 $f(z)$ 在 $z_0$ 的某个邻域内可展开为幂级数；复变函数 $f(z)$ 在**区域** $G$ 内解析的**充要条件**是 $f(z)$ 在区域 $G$ 内任意一点可展开为幂级数。回顾前面学习的内容可知，复变函数在区域 $G$ 内解析的充要条件有三个，或者说，以下四个命题是等价的：

（1）复变函数 $f(z)$ 在区域 $G$ 内处处可导；

（2）复变函数 $f(z) = u(x,y) + iv(x,y)$ 的实部 $u$ 和虚部 $v$ 在区域 $G$ 内的偏导数

连续，且满足柯西-黎曼方程；

（3）复变函数 $f(z)$ 沿着区域 $G$ 内任意一条简单闭围道的积分等于 0；

（4）复变函数 $f(z)$ 在区域 $G$ 内任意一点可展开为泰勒级数。

复变函数 $f(z)$ 展开为泰勒级数有两种方法：**直接法**，即利用泰勒定理直接展开为泰勒级数；**间接法**，利用复变函数之间的关系展开为泰勒级数，包括代换法、微分方程法、待定系数法、逐项微分或逐项积分法、幂级数的乘法或除法，以及部分分式法等。

**例 4.10** 利用泰勒定理，将下列解析函数展开为麦克劳林级数：

（1） $f(z) = \mathrm{e}^z$ ；（2） $f(z) = \ln(1+z)$ 。

**解**：采用直接法展开为泰勒级数，需要计算解析函数的各阶导数。

（1） $f(z) = \mathrm{e}^z$ ，注意到复变函数 $f(z)$ 的各阶导数都有：

$$f^{(n)}(z) = \mathrm{e}^z \Rightarrow f^{(n)}(0) = \mathrm{e}^0 = 1$$

根据泰勒定理可知级数的系数 $c_n = \dfrac{f^{(n)}(z_0)}{n!} = \dfrac{1}{n!}$ ，因此麦克劳林级数为：

$$f(z) = \mathrm{e}^z = \sum_{n=0}^{+\infty} c_n z^n = 1 + z + \frac{z^2}{2!} + \frac{z^3}{3!} + \cdots \tag{4.20}$$

注意到复指数函数在复平面上处处解析，故展开的麦克劳林级数的收敛半径为 $\infty$ 。

（2） $f(z) = \ln(1+z)$ ，是复对数函数的主值，$z = -1$ 是它的奇点，因此展开的幂级数的收敛圆为单位圆，在单位圆内 $f(z)$ 处处解析，且有：

$$[\ln(1+z)]^{(n)} = (-1)^{n-1} \frac{(n-1)!}{(1+z)^n} \Rightarrow [\ln(1+z)]^{(n)}\Big|_{z=0} = (-1)^{n-1}(n-1)!$$

根据泰勒定理可知麦克劳林级数为：

$$f(z) = \ln(1+z) = \sum_{n=0}^{\infty} c_n z^n = z - \frac{z^2}{2} + \frac{z^3}{3} - \cdots + (-1)^{n-1}\frac{z^n}{n} + \cdots$$

在此基础上可以得知复对数函数 $\mathrm{Ln}(1+z)$ 的麦克劳林级数为：

$$\mathrm{Ln}(1+z) = 2k\pi \mathrm{i} + z - \frac{z^2}{2} + \frac{z^3}{3} - \cdots + (-1)^{n-1}\frac{z^n}{n} + \cdots$$

**例 4.11** 将下列解析函数展开为麦克劳林级数：

（1） $f(z) = \sin z$ ；（2） $f(z) = z \cdot \csc z$ 。

**解**：（1）正弦函数的定义：

$$\sin z = \frac{\mathrm{e}^{\mathrm{i}z} - \mathrm{e}^{-\mathrm{i}z}}{2\mathrm{i}}$$

例 4.10 已经计算得到复指数函数的麦克劳林级数，故：

$$e^{iz} = 1 + iz + \frac{i^2 z^2}{2!} + \frac{i^3 z^3}{3!} + \cdots$$

$$e^{-iz} = 1 - iz + \frac{(-i)^2 z^2}{2!} + \frac{(-i)^3 z^3}{3!} + \cdots$$

因此有：

$$e^{iz} - e^{-iz} = 2iz - 2i\frac{z^3}{3!} + 2i\frac{z^5}{5!} - \cdots$$

于是：

$$\sin z = \sum_{n=0}^{\infty} \frac{(-1)^n z^{2n+1}}{(2n+1)!} = z - \frac{z^3}{3!} + \frac{z^5}{5!} - \frac{z^7}{7!} + \cdots \quad (4.21)$$

类似地，可以得到余弦函数的麦克劳林级数为：

$$\cos z = \sum_{n=0}^{\infty} \frac{(-1)^n z^{2n}}{(2n)!} = 1 - \frac{z^2}{2!} + \frac{z^4}{4!} - \frac{z^6}{6!} + \cdots \quad (4.22)$$

它们的收敛半径均为∞。

（2）$f(z) = z \cdot \csc z = \dfrac{z}{\sin z}$，$z=0$ 是它的奇点，但注意到 $z=0$ 时复变函数存在极限 1，如果定义 $f(0)=1$，则复变函数在 $z=0$ 处解析，此时可以展开为麦克劳林级数，注意到 $z = \pm \pi$ 是最近的奇点，故展开的幂级数的收敛半径为 $\pi$，且有：

$$f(z) = z \cdot \csc z = \frac{z}{\sin z} = \frac{z}{z - \frac{z^3}{3!} + \frac{z^5}{5!} - \frac{z^7}{7!} + \cdots}$$

$$= \frac{1}{1 - \frac{z^2}{3!} + \frac{z^4}{5!} - \frac{z^6}{7!} + \cdots}$$

可以采用长除法计算上式，利用例 4.9 可知：

$$f(z) = z \cdot \csc z = 1 + \frac{z^2}{3!} + \left[ \frac{1}{(3!)^2} - \frac{1}{5!} \right] z^4 + \cdots$$

**例 4.12** 将复变函数 $f(z) = \dfrac{1}{1-z}$ 分别在 $z=0$ 与 $z=0.5$ 处展开为泰勒级数。

**解**：复变函数 $f(z)$ 在复平面上有奇点 $z=1$，除这个奇点之外在复平面上处处解析。当在原点处展开为泰勒级数时，收敛域为单位圆；当在 $z=0.5$ 处展开为泰勒级数时，收敛域为圆心在 0.5 处，半径为 0.5 的圆，如图 4.3 所示。

通过例 4.3 可知 $f(z) = \dfrac{1}{1-z}$ 的麦克劳林级数展开为：

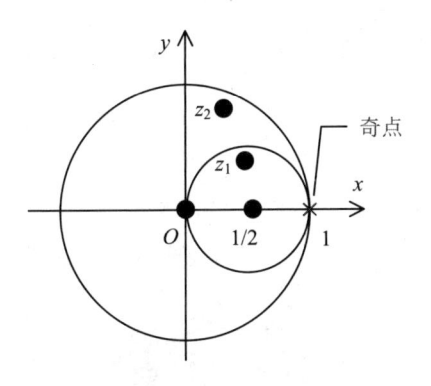

图 4.3　例 4.12 图示

$$f(z) = \frac{1}{1-z} = \sum_{n=0}^{\infty} z^n = 1 + z + z^2 + \cdots, \quad |z| < 1 \qquad (*)$$

另一方面，$f(z) = \dfrac{1}{1-z} = \dfrac{1}{0.5-(z-0.5)} = 2 \cdot \dfrac{1}{1-2(z-0.5)}$，因此有：

$$f(z) = \frac{1}{1-z} = \sum_{n=0}^{\infty} 2^{n+1}(z-0.5)^n, \quad |z-0.5| < 0.5 \qquad (**)$$

式（*）与式（**）分别为复变函数在原点与 0.5 处展开的泰勒级数。

观察图 4.3 可以发现，复平面上的点 $z_1$ 可以用式（*）与式（**）所示的泰勒级数来表示；点 $z_2$ 可以用式（*）所示的泰勒级数来表示，由于点 $z_2$ 在式（**）所示的泰勒级数的收敛圆范围之外，所以不能用式（**）所示的泰勒级数来表示。

对点 $z_2$ 来说，有时需要用在 0.5 处展开的幂级数来表示，此时泰勒级数无法满足要求，因此提出了**洛朗（Laurent）级数**的概念。

## 4.4　洛朗级数

泰勒级数只包含指数为非负整数的幂函数的复变函数项级数；洛朗级数则包含指数为整数，包括正、负整数和 0 的幂函数的复变函数项级数。用洛朗级数可以表示圆环上的解析函数。

如果复变函数 $f(z)$ 在圆环状区域 $R_1 < |z-z_0| < R_2$（$0 \leqslant R_1 < R_2 \leqslant +\infty$）内解析，则 $f(z)$ 在该圆环状区域内必可**展开为幂级数**：

$$f(z) = \sum_{n=-\infty}^{+\infty} c_n (z-z_0)^n \qquad (4.23)$$

式中，$c_n = \dfrac{1}{2\pi i} \oint_C \dfrac{f(\zeta)}{(\zeta - z_0)^{n+1}} \mathrm{d}\zeta$，$C$ 为圆环区域内绕 $z_0$ 的任何一条正向简单闭曲线。展开的**幂级数是唯一的**。这个命题也称为**洛朗（Laurent）定理**，式（4.23）所示的级数称为**洛朗级数**。

**证明**：在圆环 $R_1 < |z - z_0| < R_2$ 内任意选取一点 $z$，作包含点 $z$ 的两个圆 $C_1$ 与 $C_2$，其中 $C_2$：$|z - z_0| = R$ 与 $C_1$：$|z - z_0| = r$，它们的方向如图 4.4 所示：

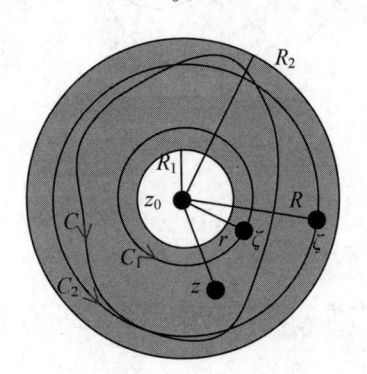

图 4.4 洛朗定理图示

根据多连通域的柯西积分公式可知：

$$f(z) = \dfrac{1}{2\pi i} \oint_{C_2} \dfrac{f(\zeta)}{\zeta - z} \mathrm{d}\zeta - \dfrac{1}{2\pi i} \oint_{C_1} \dfrac{f(\zeta)}{\zeta - z} \mathrm{d}\zeta \qquad (4.24)$$

先计算第一个积分，注意到积分变量 $\zeta$ 在圆周 $C_2$ 上，有 $|z - z_0|/|\zeta - z_0| < 1$，因此有：

$$\dfrac{1}{\zeta - z} = \dfrac{1}{\zeta - z_0} \cdot \dfrac{1}{1 - \dfrac{z - z_0}{\zeta - z_0}} = \sum_{n=0}^{\infty} \dfrac{(z - z_0)^n}{(\zeta - z_0)^{n+1}} \qquad (4.25)$$

将上式代入柯西积分公式可得：

$$\begin{aligned}
\dfrac{1}{2\pi i} \oint_{C_2} \dfrac{f(\zeta)}{\zeta - z} \mathrm{d}\zeta &= \dfrac{1}{2\pi i} \oint_{C_2} \sum_{n=0}^{\infty} \dfrac{(z - z_0)^n}{(\zeta - z_0)^{n+1}} f(\zeta) \mathrm{d}\zeta \\
&= \sum_{n=0}^{\infty} \left[ \dfrac{1}{2\pi i} \oint_{C_2} \dfrac{f(\zeta) \mathrm{d}\zeta}{(\zeta - z_0)^{n+1}} \right] (z - z_0)^n \qquad (4.26)\\
&= \sum_{n=0}^{\infty} \left[ \dfrac{f^{(n)}(z_0)}{n!} \right] (z - z_0)^n = \sum_{n=0}^{\infty} c_n (z - z_0)^n
\end{aligned}$$

在推导过程中应用了解析函数的高阶导数公式，可见第一个积分的推导过程与泰勒定理是一样的。下面看式（4.24）中的第二个积分，当积分变量 $\zeta$ 在圆周

$C_1$ 上时，有 $|\zeta-z_0|/|z-z_0|<1$，因此有：

$$\frac{1}{\zeta-z} = \frac{1}{z-z_0} \cdot \frac{-1}{1-\dfrac{\zeta-z_0}{z-z_0}} = -\sum_{n=1}^{\infty} \frac{(\zeta-z_0)^{n-1}}{(z-z_0)^n} \tag{4.27}$$

将上式代入积分可得：

$$-\frac{1}{2\pi i}\oint_{C_1}\frac{f(\zeta)}{\zeta-z}d\zeta = \frac{1}{2\pi i}\oint_{C_1}\sum_{n=1}^{\infty}\frac{(z-z_0)^{-n}}{(\zeta-z_0)^{-n+1}}f(\zeta)d\zeta$$

$$= \sum_{n=1}^{\infty}\left[\frac{1}{2\pi i}\oint_{C_1}\frac{f(\zeta)d\zeta}{(\zeta-z_0)^{-n+1}}\right](z-z_0)^{-n} \tag{4.28}$$

$$= \sum_{n=1}^{\infty}c_{-n}(z-z_0)^{-n}$$

综合式（4.26）与式（4.28），可得式（4.23），并可以将幂级数的系数 $c_n$ 统一写为：

$$c_n = \frac{1}{2\pi i}\oint_C \frac{f(\zeta)}{(\zeta-z_0)^{n+1}}d\zeta \tag{4.29}$$

式中，$C$ 是方向与 $C_1$、$C_2$ 一致的闭围道，且围成的区域内不解析的点也是相同的。下面证明洛朗级数的唯一性，假设 $f(z)$ 还可以展开为另外一个幂级数，记为：

$$f(z) = \sum_{n=-\infty}^{+\infty}d_n(z-z_0)^n \tag{4.30}$$

则可知：

$$f(z) = \sum_{n=-\infty}^{+\infty}c_n(z-z_0)^n = \sum_{n=-\infty}^{+\infty}d_n(z-z_0)^n$$

两端同时乘以 $1/(z-z_0)^{m+1}$，并沿着 $C$ 逐项积分，可得：

$$\sum_{n=-\infty}^{+\infty}c_n\oint_C(z-z_0)^{n-m-1}dz = \sum_{n=-\infty}^{+\infty}d_n\oint_C(z-z_0)^{n-m-1}dz$$

利用公式 $\oint_C\dfrac{1}{(z-z_0)^{n-1}}dz = \begin{cases}0, & n\neq 0 \\ 2\pi i, & n=0\end{cases}$，可得：

$$2\pi i \cdot c_m = 2\pi i \cdot d_m$$

由于 $m$ 是任意的，故洛朗级数的系数是唯一的，这就证明了洛朗定理。须知，这里的证明不是严谨的，严格证明可参见相关文献。

复变函数 $f(z)$ 展开为洛朗级数有两种方法：**直接法**，即利用洛朗定理直接展开为洛朗级数，但直接计算洛朗级数的系数比较麻烦；故一般采用**间接法**，利用复变函数之间的关系展开洛朗级数。

**例 4.13** 将下列复变函数在原点处展开为洛朗级数：

（1） $f(z) = e^{1/z}$ ；（2） $f(z) = \dfrac{\sin z}{z^6}$ 。

**解**：采用间接法展开为洛朗级数，利用解析函数在原点处的泰勒级数展开式。

（1） $f(z) = e^{1/z}$ ，注意到复指数函数在原点处可展开为泰勒级数：

$$e^z = \sum_{n=0}^{\infty} c_n z^n = 1 + z + \frac{z^2}{2!} + \frac{z^3}{3!} + \cdots$$

将 $1/z$ 代入上式可得：

$$f(z) = e^{1/z} = 1 + z^{-1} + \frac{z^{-2}}{2!} + \frac{z^{-3}}{3!} + \cdots$$

注意，上式表示的洛朗级数在 $\infty$ 处收敛，故在扩展复平面上的收敛域为：$0 < |z| \leqslant +\infty$ 。

（2） $f(z) = \dfrac{\sin z}{z^6}$ ，注意到复正弦函数在原点处可展开为泰勒级数：

$$\sin z = \sum_{n=0}^{\infty} \frac{(-1)^n z^{2n+1}}{(2n+1)!} = z - \frac{z^3}{3!} + \frac{z^5}{5!} - \frac{z^7}{7!} + \cdots$$

故原复变函数在原点处展开成洛朗级数为：

$$f(z) = \frac{\sin z}{z^6} = \sum_{n=0}^{\infty} \frac{(-1)^n z^{2n-5}}{(2n+1)!} = z^{-5} - \frac{z^{-3}}{3!} + \frac{z^{-1}}{5!} - \frac{z}{7!} + \cdots$$

由于在扩展复平面上，上式表示的洛朗级数在 0 和 $\infty$ 处都不收敛，因此在扩展复平面上的收敛域为：$0 < |z| < +\infty$ 。

**例 4.14** 将复变函数 $f(z) = \dfrac{1}{(z-1)(z-2)}$ 在以下区域内分别展开为原点处的洛朗级数：

（1） $|z| < 1$ ；（2） $1 < |z| < 2$ ；（3） $|z| > 2$ 。

**解**：复变函数 $f(z) = \dfrac{1}{(z-1)(z-2)}$ 可改写为：

$$f(z) = \frac{1}{(z-1)(z-2)} = \frac{1}{z-2} - \frac{1}{z-1}$$

该复变函数在复平面上有两个奇点，1 和 2，除此之外处处解析，如图 4.5 所示。以原点为圆心，这两个奇点将复平面划分为三个区域，即圆内区域 $|z|<1$、圆环状区域 $1<|z|<2$ 和圆外区域 $|z|>2$。在圆内区域 $|z|<1$，复变函数处处解析，可以展开为泰勒级数，此处将泰勒级数视作没有负幂次项的洛朗级数。针对这三个区域，下面分别进行计算。

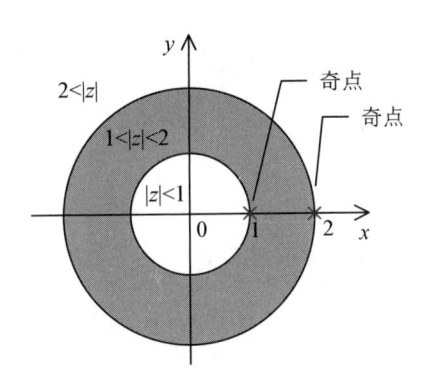

图 4.5　例 4.15 图示

（1）在圆内区域 $|z|<1$，注意到有 $|z|<1<2$，因此有：

$$-\frac{1}{z-1}=\frac{1}{1-z}=\sum_{n=0}^{\infty}z^n$$

$$\frac{1}{z-2}=\frac{1}{2}\cdot\frac{-1}{1-z/2}=-\sum_{n=0}^{\infty}\frac{z^n}{2^{n+1}}$$

故原函数在原点处的幂级数展开为：

$$f(z)=\frac{1}{(z-1)(z-2)}=\sum_{n=0}^{+\infty}\left(1-\frac{1}{2^{n+1}}\right)z^n,\ |z|<1$$

（2）在圆环状区域 $1<|z|<2$，注意到有 $|z|<2$，因此：

$$\frac{1}{z-2}=\frac{1}{2}\cdot\frac{-1}{1-z/2}=-\sum_{n=0}^{\infty}\frac{z^n}{2^{n+1}}$$

在该区域内有 $1<|z|$，因此

$$-\frac{1}{z-1}=-\frac{1}{z}\cdot\frac{1}{1-1/z}=-\sum_{n=1}^{\infty}z^{-n}$$

故在圆环状区域内原函数在原点处的幂级数展开为：

$$f(z)=\frac{1}{(z-1)(z-2)}=-\sum_{n=0}^{+\infty}\frac{z^n}{2^{n+1}}-\sum_{n=1}^{\infty}z^{-n},\ 1<|z|<2$$

（3）在圆外区域 $|z|>2$，注意到有 $|z|>2>1$，因此有：

$$-\frac{1}{z-1}=-\frac{1}{z}\cdot\frac{1}{1-1/z}=-\sum_{n=1}^{\infty}z^{-n}$$

$$\frac{1}{z-2}=\frac{1}{z}\cdot\frac{1}{1-2/z}=\sum_{n=1}^{\infty}\frac{2^{n-1}}{z^n}$$

故原函数在原点处的幂级数展开为：

$$f(z)=\frac{1}{(z-1)(z-2)}=\sum_{n=1}^{\infty}(2^{n-1}-1)z^{-n}, \quad |z|>2$$

**例 4.15** 将复变函数 $f(z)=\dfrac{1}{z(z-1)}$ 在区域 $0<|z|<1$ 内分别展开为原点处的洛朗级数。

**解**：复变函数 $f(z)=\dfrac{1}{z(z-1)}$ 可改写为：

$$f(z)=\frac{1}{z(z-1)}=\frac{1}{z-1}-\frac{1}{z}$$

该复变函数在复平面上有两个奇点，0 和 1，除此之外处处解析，如图 4.6 所示。

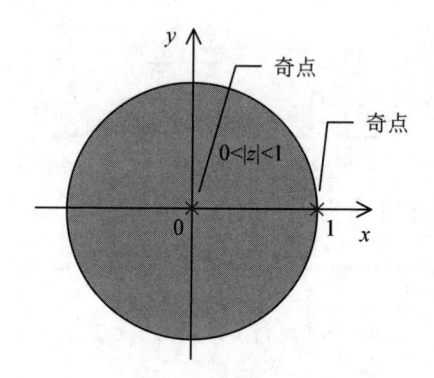

图 4.6　例 4.16 图示

在圆环状区域 $0<|z|<1$ 内 $\dfrac{1}{z-1}$ 处处解析，故可以展开为泰勒级数：

$$\frac{1}{z-1}=\frac{-1}{1-z}=-\sum_{n=0}^{\infty}z^n$$

因此，复变函数的洛朗级数为：

$$f(z)=\frac{1}{z(z-1)}=-\sum_{n=-1}^{+\infty}z^n=-\frac{1}{z}-1-z-z^2-\cdots, \quad 0<|z|<1$$

通过例 4.15 可以看出，洛朗级数可以在复变函数的奇点处展开。

# 本 章 小 结

本章在引入复数项级数的基础上，介绍了复变函数项级数，特别是幂级数，讨论了幂级数的敛散性，注意到幂级数在它收敛的范围（即收敛圆）内具有和函数，且和函数是解析的。其次，解析函数可以展开为幂级数，在它解析的点上可以展开为泰勒级数，且泰勒级数的收敛半径为展开点到最近的奇点的距离；泰勒级数不能在解析函数的奇点处展开，同时在收敛圆之外泰勒级数是发散的。为此，介绍了洛朗级数，解析函数可以在奇点处展开为洛朗级数，这是后面学习留数的基础；同时，在泰勒级数的收敛圆之外也可以展开为洛朗级数，因此复平面上处处都可以通过展开为洛朗级数来进行研究。

在学习的过程中，注意与实级数对照比较，注意两者的异同。实际上，许多实级数的问题可以通过扩展到复数系中加以解决。

## 练　　习

### 一、证明题

1. 如果复数列 $\{z_n\}$ 存在极限：$\lim\limits_{n \to \infty} z_n = z_0$，证明：
$$\lim_{n \to \infty} |z_n| = |z_0|$$

2. 对于复数项级数，如果每一项都满足 $\mathrm{Re}(z_n) \geqslant 0$，$n = 1, 2, \cdots$，并且级数 $\sum\limits_{n=1}^{\infty} z_n$ 与 $\sum\limits_{n=1}^{\infty} z_n^2$ 都收敛，证明 $\sum\limits_{n=1}^{\infty} |z_n|^2$ 收敛。

3. 如果幂级数 $\sum\limits_{n=0}^{\infty} c_n z^n$ 的收敛半径为 $R$，证明幂级数 $\sum\limits_{n=0}^{\infty} \mathrm{Re}(c_n) z^n$ 的收敛半径不小于 $R$。

提示：$|\mathrm{Re}(c_n) z^n| \leqslant |c_n| \cdot |z|^n$。

4. 如果 $\lim\limits_{n \to \infty} \dfrac{c_{n+1}}{c_n} \neq \infty$ 存在，证明以下三个幂级数具有相同的收敛半径：

（1）$\sum\limits_{n=0}^{\infty} c_n z^n$；　　（2）$\sum\limits_{n=0}^{\infty} \dfrac{c_n}{n+1} z^n$；　　（3）$\sum\limits_{n=0}^{\infty} n c_n z^n$。

5. 如果复数项级数 $\sum\limits_{n=0}^{\infty} c_n$ 收敛，而 $\sum\limits_{n=0}^{\infty} |c_n|$ 发散，证明幂级数 $\sum\limits_{n=0}^{\infty} c_n z^n$ 的收敛半径等于 1。

6. 如果幂级数 $\sum\limits_{n=0}^{\infty} c_n z^n$ 在它收敛圆的圆周上一点 $z_0$ 处绝对收敛，证明它在收敛圆围成的闭区域上绝对收敛。

7. 证明 $\dfrac{1}{1-z}$ 可展开为如下的泰勒级数，且收敛域为 $|z-i|<\sqrt{2}$：

$$\frac{1}{1-z}=\sum_{n=0}^{\infty}\frac{(z-i)^n}{(1-i)^{n+1}}$$

## 二、计算题

1. 判断下列复数列 $\{z_n\}$ 是否收敛，如果收敛，求出相应的极限。

（1）$z_n = 2 + i\left(\dfrac{-1}{n^2}\right)^n$；

（2）$z_n = \dfrac{1+ni}{1-ni}$；

（3）$z_n = (-1)^n + \dfrac{i}{n+1}$；

（4）$z_n = \left(1+\dfrac{i}{2}\right)^{-n}$；

（5）$z_n = \dfrac{e^{-n\pi i/2}}{n}$；

（6）$z_n = e^{-n\pi i/2}$。

2. 判断下列级数是否收敛，是否绝对收敛。

（1）$\sum\limits_{n=0}^{\infty} \dfrac{i^n}{n}$；

（2）$\sum\limits_{n=1}^{\infty} \dfrac{i^n}{\ln(n+1)}$；

（3）$\sum\limits_{n=1}^{\infty} \dfrac{1}{i^n}\ln\left(1+\dfrac{1}{n}\right)$；

（4）$\sum\limits_{n=0}^{\infty} \dfrac{\cos in}{2^n}$；

（5）$\sum\limits_{n=0}^{\infty} \dfrac{(3+4i)^n}{6^n}$；

（6）$\sum\limits_{n=0}^{\infty} \dfrac{(3+4i)^n}{n!}$。

3. 求下列幂级数的收敛半径：

（1）$\sum\limits_{n=0}^{\infty} \dfrac{z^n}{n^p}$（$p$ 为正整数）；

（2）$\sum\limits_{n=0}^{\infty} \dfrac{n}{3^n} z^n$；

（3）$\sum\limits_{n=0}^{\infty} \dfrac{n!}{n^n} z^n$；

（4）$\sum\limits_{n=0}^{\infty} \dfrac{z^{2n+1}}{2n+1}$；

（5）$\sum\limits_{n=1}^{\infty} \dfrac{(z+1)^n}{\sqrt{n}}$；

（6）$\sum\limits_{n=0}^{\infty} (1-i)^n z^n$；

（7）$\sum\limits_{n=0}^{\infty} e^{i\pi/n} z^n$；

（8）$\sum\limits_{n=1}^{\infty} \left(\dfrac{z}{\ln in}\right)^n$。

4. 求下列幂级数的和函数，并注明收敛域。

（1）$\sum\limits_{n=0}^{\infty} (n+1)z^n$；

（2）$\sum\limits_{n=0}^{\infty} \dfrac{(z-1)^n}{n!}$；

（3）$\dfrac{1}{z^2} - \dfrac{1}{3!} + \dfrac{z^2}{5!} - \dfrac{z^4}{7!} + \cdots$。

5．下列说明是否正确，为什么？

（1）每一个幂级数在它的收敛圆周上处处收敛；

（2）每一个幂级数的和函数在收敛域内可能有奇点；

（3）每一个在点 $z_0$ 处连续的函数可以在点 $z_0$ 处展开为泰勒级数。

6．将下列函数展开为麦克劳林级数，并说明它们的收敛半径：

（1）$\dfrac{1}{1+z^2}$；

（2）$\dfrac{1}{(1+z^2)^2}$；

（3）$\dfrac{z}{(1-z)^2}$；

（4）$\cos z^2$；

（5）$\sin^2 z$；

（6）$\sinh z$；

（7）$\mathrm{e}^{z^2} \cdot \dfrac{1}{1-z}$；

（8）$\displaystyle\int_0^z \dfrac{\sin \zeta}{\zeta} \mathrm{d}\zeta$。

7．将下列各个函数在指定的点 $z_0$ 处展开为泰勒级数，并指出它们的收敛半径：

（1）$\dfrac{1}{(1+z)^2}$，$z_0 = 1$；

（2）$\dfrac{\sinh z}{z}$，$z_0 = 0$；

（3）$\dfrac{1}{z^2}$，$z_0 = -1$；

（4）$\ln z$，$z_0 = 1$；

（5）$\dfrac{1}{(z+1)(z+2)}$，$z_0 = 2$；

（6）$\dfrac{1}{4-3z}$，$z_0 = 1+\mathrm{i}$；

（7）$\dfrac{z}{(z+1)(z-3)}$，$z_0 = 1$；

（8）$\tan z$，$z_0 = \dfrac{\pi}{4}$。

8．将下列各个函数在指定的圆环内展开为洛朗级数：

（1）$\dfrac{1}{z(z-1)}$，$0 < |z| < 1$，$1 < |z| < \infty$；

（2）$\dfrac{1}{(z^2+1)(z-2)}$，$1 < |z| < 2$；

（3）$\dfrac{1}{z(z-1)^2}$，$0 < |z| < 1$，$0 < |z-1| < 1$；

（4）$\dfrac{1}{z^2(z-\mathrm{i})}$，$1 < |z-\mathrm{i}| < +\infty$；

(5) $ze^{i/z}$, $0 \leq |z| < \infty$；

(6) $\sin \dfrac{i}{1-z}$, $0 < |z-1| < +\infty$。

9. 将 $\dfrac{1}{z^2+5z+6}$ 在 $z=1$ 处展开为泰勒级数与洛朗级数。

10. 计算积分 $\oint_{|z|=0.5} \left( \sum\limits_{n=-1}^{+\infty} z^n \right) \mathrm{d}z$ 的值。

# 第 5 章　留数及其应用

## 本章导读

留数是运用复级数理论解决复积分问题的理论工具。在介绍留数理论之前，首先对解析函数的孤立奇点进行分类，利用洛朗级数对孤立奇点邻域内的性质进行研究。如果无穷远点是孤立奇点，则采用相同的方法对它分类与研究。在此基础上引入留数的概念，介绍留数的计算方法以及留数定理。利用留数定理可以把计算沿闭曲线的积分转化为计算在孤立奇点处的留数。应用留数定理还可以计算一些类型的定积分与广义积分，从而用复变函数的理论解决实变函数中难以解决的定积分计算问题。

## 本章要点

- 孤立奇点的定义与分类
- 留数的概念
- 计算留数的四个规则
- 留数定理

## 5.1　解析函数的孤立奇点

第 2 章学习了解析函数奇点的概念，这里介绍孤立奇点的概念。

### 5.1.1　孤立奇点的定义与分类

设 $z_0$ 是复变函数 $f(z)$ 的奇点，如果 $f(z)$ 在 $z_0$ 的某个去心邻域 $0<|z-z_0|<r$ 内解析，则称 $z_0$ 是 $f(z)$ 的**孤立奇点**。显然，$f(z)$ 在 $0<|z-z_0|<r$ 内解析，就可以在点 $z_0$ 处展开为洛朗级数的形式，采用幂级数对 $f(z)$ 在点 $z_0$ 处的性质进行研究：

$$f(z) = \sum_{n=-\infty}^{+\infty} c_n (z-z_0)^n \tag{5.1}$$

例如 $z=0$ 是 $\dfrac{\sin z}{z}$、$e^{1/z}$、$\dfrac{1}{z(z-1)}$ 的孤立奇点；但不是 $\ln z$ 的孤立奇点，这是因为 $\ln z$ 在负实轴上不连续，因此不解析，原点不是孤立的不解析点。实际上，如果复变函数 $f(z)$ 只有有限个奇点，则它们必然都是孤立奇点。

孤立奇点分三种类型，下面通过对复变函数在孤立奇点 $z_0$ 的去心邻域内展开为洛朗级数的方式，介绍孤立奇点的分类。

1. 可去奇点

如果在孤立奇点 $z_0$ 的去心邻域 $0<|z-z_0|<r$ 内，复变函数 $f(z)$ 展开的洛朗级数，不含 $z-z_0$ 的负幂项，则称孤立奇点 $z_0$ 为 $f(z)$ 的**可去奇点**，即：

$$f(z)=\sum_{n=0}^{\infty}c_n(z-z_0)^n=c_0+c_1(z-z_0)+c_2(z-z_0)^2+\cdots \quad (5.2)$$

在 $z\to z_0$ 的情况下，式（5.2）两边取极限，可得：

$$\lim_{z\to z_0}f(z)=c_0 \quad (5.3)$$

可见，在可去奇点处复变函数**有极限**，且**极限为常数**。如果定义：

$$g(z)=\begin{cases}c_0, & z=z_0 \\ f(z), & z\ne z_0\end{cases} \quad (5.4)$$

则 $g(z)$ 也是式（5.2）右边幂级数的和函数，且在 $|z-z_0|<r$ 内处处解析，也就是说只要在 $z_0$ 处补上 $f(z)$ 的定义，则 $f(z)$ 就是 $|z-z_0|<r$ 内的解析函数，这就是可去奇点定义的由来。

例如：$z=0$ 是复变函数 $f(z)=\dfrac{\sin z}{z}$ 的可去奇点：

$$\frac{\sin z}{z}=\frac{1}{z}\cdot\sum_{n=0}^{\infty}\frac{(-1)^n z^{2n+1}}{(2n+1)!}=1-\frac{z^2}{3!}+\frac{z^4}{5!}-\frac{z^6}{7!}+\cdots$$

注意到，复变函数在原点处有极限：

$$\lim_{z\to 0}\frac{\sin z}{z}=1$$

又如 $f(z)=\dfrac{e^z-1}{z}$ 在原点处的幂级数展开为：

$$f(z)=\frac{e^z-1}{z}=1+\frac{z}{2!}+\frac{z^2}{3!}+\cdots$$

可见原点是 $f(z)=\dfrac{e^z-1}{z}$ 的可去奇点，该函数在原点处也存在极限：

$$\lim_{z\to 0}\frac{e^z-1}{z}=1$$

可见，判断孤立奇点是可去奇点，有两种方法：一种方法是按照定义，将复变函数在奇点处展开为洛朗级数，通过级数有无负幂项加以判断；另外一种方法，判断复变函数在奇点处有无极限，如果有极限，则为可去奇点。

2. 本性奇点

如果在孤立奇点 $z_0$ 的去心邻域 $0 < |z - z_0| < r$ 内，复变函数 $f(z)$ 展开的洛朗级数，有无限多个 $z - z_0$ 的负幂项，则称孤立奇点 $z_0$ 为 $f(z)$ 的**本性奇点**，即：

$$f(z) = \sum_{n=-\infty}^{\infty} c_n (z - z_0)^n = \cdots + c_{-n}(z - z_0)^{-n} + \cdots + c_0 + \cdots + c_n(z - z_0)^n + \cdots \quad (5.5)$$

在 $z \to z_0$ 的情况下，复变函数在点 $z_0$ 处**极限不存在，且不为**$\infty$。

例如：$z = 0$ 是复变函数 $f(z) = e^{1/z}$ 的孤立奇点，且在原点处可展开为：

$$f(z) = e^{1/z} = \sum_{n=0}^{\infty} \frac{1}{n! z^n} = 1 + \frac{1}{z} + \frac{1}{2! z^2} + \frac{1}{3! z^3} + \cdots$$

可见洛朗级数有无限多个负幂项，因此 $z = 0$ 是复变函数 $f(z) = e^{1/z}$ 的本性奇点。注意到，当 $z$ 沿 $x$ 轴正向趋于 $0$ 时，$\lim\limits_{\substack{y=0 \\ x \to 0+}} e^{1/z} = \infty$；当 $z$ 沿 $x$ 轴负向趋于 $0$ 时，$\lim\limits_{\substack{y=0 \\ x \to 0-}} e^{1/z} = 0$，可见，沿不同方向趋于 $0$ 的情况下具有不同的极限值，故在原点处复变函数 $e^{1/z}$ 的极限不存在，且不为$\infty$。

3. 极点

如果在孤立奇点 $z_0$ 的去心邻域 $0 < |z - z_0| < r$ 内，复变函数 $f(z)$ 展开的洛朗级数，只有有限多个 $z - z_0$ 的负幂项，且负幂项的最高次幂为 $(z - z_0)^{-m}$，则称孤立奇点 $z_0$ 为 $f(z)$ 的 **$m$ 阶极点**，即：

$$f(z) = \sum_{n=-m}^{\infty} c_n (z - z_0)^n = c_{-m}(z - z_0)^{-m} + \cdots + c_0 + \cdots + c_n (z - z_0)^n + \cdots \quad (5.6)$$

在 $z \to z_0$ 的情况下，复变函数在点 $z_0$ 处**极限存在，且为**$\infty$。

例如：$z = 0$ 是复变函数 $f(z) = \dfrac{1 - \cos z}{z^3}$ 的孤立奇点，且在原点处可展开为：

$$f(z) = \frac{1 - \cos z}{z^3} = \frac{1}{2! z} - \frac{z}{4!} + \frac{z^3}{6!} + \cdots$$

也就是说，$z = 0$ 展开的洛朗级数只有一个 $z - z_0$ 的负幂项，且最高次幂为 $-1$，因此原点是复变函数的一阶极点。

又例如：复变函数 $f(z) = \dfrac{1}{z^2(z-1)}$，由极点的定义可知：$z=0$ 与 $z=1$ 分别是复变函数的二阶极点与一阶极点。对于复变函数 $f(z) = \dfrac{1}{z^2(z-1)}$，可以在孤立奇点处展开为洛朗级数，依据定义判断其孤立奇点的类型。也可以利用洛朗级数的性质，快速判断孤立奇点的类型，这是因为如果 $z_0$ 为复变函数 $f(z)$ 的 $m$ 阶极点，在区域 $0 < |z - z_0| < r$ 内必可以展开为形如式（5.6）的幂级数，则：

$$f(z) = \sum_{n=-m}^{\infty} c_n(z-z_0)^n = c_{-m}(z-z_0)^{-m} + \cdots + c_0 + \cdots + c_n(z-z_0)^n + \cdots$$

$$= (z-z_0)^{-m}[c_{-m} + c_{-m+1}(z-z_0) + c_{-m+2}(z-z_0)^2 + \cdots]$$

$$= (z-z_0)^{-m}\varphi(z)$$

其中 $\varphi(z)$ 在区域 $|z - z_0| < r$ 内处处解析，且 $\lim\limits_{z \to z_0} \varphi(z) = c_{-m} \neq 0$。由此可知，如果复变函数在区域 $G$（$z_0 \in G$）内可表示为：

$$f(z) = \frac{\varphi(z)}{(z-z_0)^m} \tag{5.7}$$

且 $\varphi(z)$ 在区域 $|z - z_0| < r$ 内处处解析，$\varphi(z_0) \neq 0$，则可知 $z_0$ 为 $f(z)$ 的 $m$ 阶极点。由式（5.7）可知，$z_0$ 为 $f(z)$ 的 $m$ 阶极点的**充要条件**是：

$$\lim_{z \to z_0}(z-z_0)^m f(z) = c_{-m} \neq 0 \tag{5.8}$$

**例 5.1** 判定 $f(z) = \dfrac{\sin z}{z^6}$ 的孤立奇点的类型。

**解**：可知 $z=0$ 是复变函数 $f(z) = \dfrac{\sin z}{z^6}$ 的孤立奇点，根据式（5.8）可得：

$$\lim_{z \to 0}(z-0)^5 \frac{\sin z}{z^6} = \lim_{z \to 0} \frac{\sin z}{z} = 1 \neq 0$$

可见，$z=0$ 是复变函数 $f(z)$ 的五阶极点。

### 5.1.2 复变函数的零点

如果复变函数 $f(z)$ 在区域 $G$ 内解析，存在 $z_0 \in G$，使得 $f(z_0) = 0$，则称 $z_0$ 为 $f(z)$ 的**零点**。观察 $f(z)$ 在点 $z_0$ 处的泰勒级数展开，若：

$$f(z) = \sum_{n=m}^{\infty} c_n(z-z_0)^m \tag{5.9}$$

即泰勒级数的前 $m-1$ 次幂项系数等于 0，第 $m$ 次幂项系数 $c_m \neq 0$，则称 $z_0$ 为 $f(z)$ 的 **$m$ 阶零点**。

例如，$f(z)=1-\cos z$ 在原点处可展开为泰勒级数：
$$f(z)=1-\cos z=\frac{z^2}{2!}-\frac{z^4}{4!}+\frac{z^6}{6!}-\cdots$$
根据零点的定义可知原点是 $f(z)$ 的二阶零点。

注意到，在零点处复变函数 $f(z)$ 是展开的泰勒级数式（5.9）的和函数，根据幂级数的性质可知，幂级数是逐项可导的，由此可以得出判定 $z_0$ 为 $f(z)$ 的 $m$ 阶零点的**充要条件**是：
$$f^{(m)}(z_0)\neq 0,\quad f^{(n)}(z_0)=0,\quad n=0,1,\cdots,m-1 \quad (5.10)$$

**证明**：先证必要性，即若 $z_0$ 为 $f(z)$ 的 $m$ 阶零点，则根据式（5.9）可知：
$$f(z)=\sum_{n=m}^{\infty}c_n(z-z_0)^m$$

对上式求 $n$ 阶导数可得：
$$c_n=\frac{f^{(n)}(z_0)}{n!}$$

注意到 $c_0=c_1=\cdots=c_{m-1}=0$，$c_m\neq 0$ 可知，必要性成立。

再证充分性，由于 $f(z)$ 在 $z_0$ 的邻域内可展开为泰勒级数：
$$f(z)=\sum_{n=0}^{\infty}\frac{f^{(n)}(z_0)}{n!}(z-z_0)^m$$

将 $f^{(n)}(z_0)=0$（$n=0,1,\cdots,m-1$）；$f^{(m)}(z_0)\neq 0$ 代入上式可得：
$$f(z)=\sum_{n=m}^{\infty}\frac{f^{(n)}(z_0)}{n!}(z-z_0)^m$$

根据定义可知，$z_0$ 为 $f(z)$ 的 $m$ 阶零点。

现分析极点与零点之间的关系，假设 $z_0$ 为 $f(z)$ 的 $m$ 阶极点，根据式（5.7）可知 $f(z)=\dfrac{\varphi(z)}{(z-z_0)^m}$，其中 $\varphi(z)$ 在区域 $|z-z_0|<r$ 内处处解析，且 $\varphi(z_0)\neq 0$。现考察 $f(z)$ 的倒函数 $g(z)=1/f(z)$，可知：
$$g(z)=\frac{1}{\varphi(z)}(z-z_0)^m$$

注意到 $\varphi(z_0)\neq 0$，由于 $\varphi(z)$ 在区域 $|z-z_0|<r$ 内处处解析，则在该区域内必连续，因此存在 $z_0$ 的邻域 $|z-z_0|<\rho$，使得在该区域内 $\varphi(z)\neq 0$，此时可知 $\psi(z)=1/\varphi(z)$ 在区域 $|z-z_0|<\rho$ 内处处解析，且 $\psi(z)\neq 0$，根据式（5.9）可知，$z_0$ 是 $g(z)$ 的 $m$ 阶零点。通过类似的方法可知：如果 $z_0$ 是 $f(z)$ 的 $m$ 阶零点，则必是 $1/f(z)$ 的 $m$ 阶极点。

需要补充说明的是，$g(z) = \psi(z)(z-z_0)^m$，$\psi(z)$ 在区域 $|z-z_0| < \rho$ 内处处解析，且 $\psi(z) \neq 0$，则 $g(z)$ 在去心邻域 $0 < |z-z_0| < \rho$ 内不等于 0，仅在点 $z_0$ 处等于 0。换言之，可以表示成 $g(z) = \psi(z)(z-z_0)^m$ 形式的复变函数 $g(z)$，$z_0$ 是它的**孤立零点**，因此也是 $f(z) = 1/g(z)$ 的孤立奇点。

**例 5.2** 判定 $f(z) = \dfrac{1}{z \sin z}$ 的奇点的类型。

**解**：分析复变函数 $f(z)$ 的倒函数 $g(z) = z \sin z$ 零点的情况，注意到 $z = k\pi$（$k$ 为整数）是 $g(z)$ 的零点，当 $k = 0$，即 $z = 0$ 时，$g(z)$ 可展开为泰勒级数：

$$g(z) = z \sin z = z^2 - \frac{z^4}{3!} + \frac{z^6}{5!} - \cdots$$

根据零点的定义可知 $z = 0$ 是 $g(z)$ 的二阶零点，故是 $f(z)$ 的二阶极点。

当 $k \neq 0$ 时，此时 $g(k\pi) = 0$，$g'(k\pi) \neq 0$，因此 $z = k\pi$ 是 $g(z)$ 的一阶零点，故是 $f(z)$ 的一阶极点。

**例 5.3** 判定 $f(z) = \dfrac{1}{\sin 1/z}$ 的奇点的类型。

**解**：注意到 $z = k\pi$（$k$ 为整数）是 $\sin z$ 的零点，而 $\sin' k\pi = \cos k\pi \neq 0$，根据式（5.10）可知 $z = k\pi$ 是 $\sin z$ 的一阶零点；由此可知 $1/k\pi$ 是 $\sin 1/z$ 的一阶零点，因此 $1/k\pi$ 是复变函数 $f(z) = \dfrac{1}{\sin 1/z}$ 的一阶极点。

$z = 0$ 也是复变函数 $f(z) = \dfrac{1}{\sin 1/z}$ 的奇点，但由于任意它的去心邻域中都有无限多个奇点，因此 $z = 0$ 不是孤立奇点。

### 5.1.3 复变函数在无穷远点的性态

如果复变函数 $f(z)$ 在无穷远点的去心邻域 $R < |z| < \infty$ 内解析，则称 $\infty$ 为 $f(z)$ 的**孤立奇点**。无穷远点并不总是复变函数的孤立奇点，例如 $\infty$ 不是 $f(z) = \tan z$ 的孤立奇点，这是因为 $\forall R > 0$，总存在无限多的整数 $k$，使得 $k\pi > R$，$k\pi$ 是正切函数的奇点。

对于无穷远点 $\infty$ 作为 $f(z)$ 孤立奇点的性态的研究，可以借助变换 $w = 1/z$ 来实现。在扩展复平面 $z$ 平面与 $w$ 平面建立一一对应关系后，变换 $w = 1/z$ 将 $z$ 平面上的无穷远点 $\infty$ 变换为 $w$ 平面的原点；将 $z$ 平面上的无穷远点的去心邻域 $R < |z| < \infty$ 变换为 $w$ 平面上原点的去心邻域 $0 < |w| < 1/R$，相应地，复变函数 $f(z)$ 变换为：

$$f(z) = f\left(\frac{1}{w}\right) = \varphi(w) \tag{5.11}$$

因此，如果 $w=0$ 是 $\varphi(w)$ 的可去奇点，则称无穷远点 $\infty$ 为 $f(z)$ 的**可去奇点**；类似地，$w=0$ 是 $\varphi(w)$ 的本性奇点，则称无穷远点 $\infty$ 为 $f(z)$ 的**本性奇点**；$w=0$ 是 $\varphi(w)$ 的 $m$ 阶极点，则称无穷远点 $\infty$ 为 $f(z)$ 的 **$m$ 阶极点**。

如果 $\varphi(w)$ 在去心邻域 $0<|w|<1/R$ 内展开的洛朗级数为：

$$\varphi(w) = \sum_{n=0}^{\infty} c_n w^n + \sum_{n=1}^{\infty} c_{-n} w^{-n}$$

变量替换为 $z$，可得 $f(z)$ 在无穷远点的去心邻域 $R<|z|<\infty$ 内展开的洛朗级数为：

$$f(z) = \sum_{n=0}^{\infty} c_n z^{-n} + \sum_{n=1}^{\infty} c_{-n} z^n \tag{5.12}$$

对比复变函数 $f(z)$ 在复平面上点 $z_0$ 处孤立奇点的类型，可知：

（1）如果式（5.12）所示的洛朗级数不含正幂项，则称无穷远点 $\infty$ 为 $f(z)$ 的**可去奇点**；

（2）如果式（5.12）所示的洛朗级数含有限个正幂项，且最高正幂次为 $m$，称无穷远点 $\infty$ 为 $f(z)$ 的 **$m$ 阶极点**；

（3）如果式（5.12）所示的洛朗级数含无限个正幂项，则称无穷远点 $\infty$ 为 $f(z)$ 的**本性奇点**。

类似地，可以通过 $z \to \infty$ 时 $f(z)$ 极限的情况判定无穷远点 $\infty$ 处孤立奇点的类型，可知：

（1）如果 $\lim\limits_{z\to\infty} f(z)$ 存在，则无穷远点 $\infty$ 为 $f(z)$ 的**可去奇点**；

（2）如果 $\lim\limits_{z\to\infty} f(z)$ 为 $\infty$，则无穷远点 $\infty$ 为 $f(z)$ 的**极点**；

（3）如果 $\lim\limits_{z\to\infty} f(z)$ 不存在，且不为 $\infty$，则无穷远点 $\infty$ 为 $f(z)$ 的**本性极点**。

**例 5.4** 判定下面复变函数在无穷远点 $\infty$ 处奇点的类型。

（1）$\sin z$；（2）$z + \dfrac{1}{z}$；（3）$z \sin \dfrac{1}{z}$。

**解**：（1）正弦函数可在复平面展开为泰勒级数：

$$f(z) = \sum_{n=0}^{\infty} \frac{(-1)^n z^{2n+1}}{(2n+1)!} = z - \frac{z^3}{3!} + \frac{z^5}{5!} - \frac{z^7}{7!} + \cdots$$

对比式（5.12）可以发现，有无限个正幂项，因此无穷远点 $\infty$ 是正弦函数的本性奇点。

（2）注意到 $f(z) = z + \dfrac{1}{z}$ 就是形如式（5.12）表示的幂级数，仅有一个正幂项，且最高正幂次为 1，因此无穷远点 ∞ 是 $f(z)$ 的一阶极点。

（3）作变量替换 $w = 1/z$，可知：
$$f(z) = z\sin\frac{1}{z} = \frac{\sin w}{w} = \varphi(w)$$

可知 $w = 0$ 是 $\varphi(w)$ 的可去奇点；因此无穷远点 ∞ 是正弦函数的可去奇点。

## 5.2 留　　数

第 4 章学习了将复变函数展开为幂级数：如果 $f(z)$ 在点 $z_0$ 处解析，则可在 $z_0$ 的邻域内展开为泰勒级数；如果在点 $z_0$ 处不解析，但 $z_0$ 是孤立奇点，则可在 $z_0$ 的去心邻域内展开为洛朗级数。利用幂级数展开的形式，可以计算 $f(z)$ 在点 $z_0$ 处的围道积分。

### 5.2.1　留数的概念

如图 5.1 所示，子图（1）描述了 $f(z)$ 在点 $z_0$ 处解析的情形，此时 $f(z)$ 在邻域 $|z - z_0| < r$ 内可展开为泰勒级数：
$$f(z) = \sum_{n=0}^{+\infty} c_n (z - z_0)^n$$

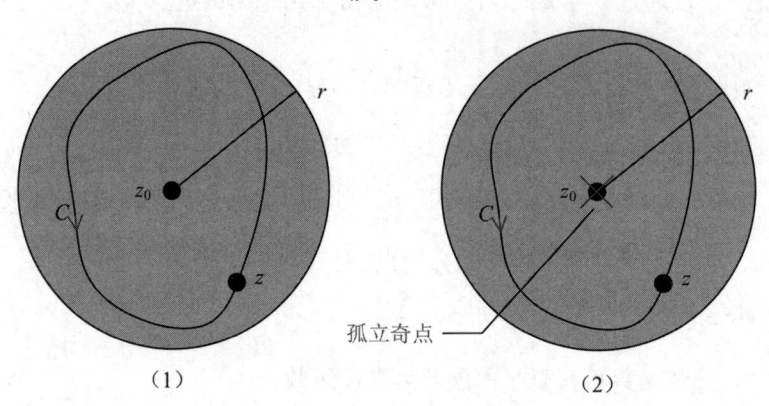

图 5.1　留数的定义图示

沿着区域 $|z - z_0| < r$ 内一条闭曲线 $C$ 的围道积分，有：
$$\oint_C f(z)\mathrm{d}z = \oint_C \sum_{n=0}^{\infty} c_n (z - z_0)^n \mathrm{d}z = 0$$

与柯西-古萨定理的结论是一致的。

子图（2）描述了 $f(z)$ 在点 $z_0$ 处不解析的情形，若 $z_0$ 为 $f(z)$ 的孤立奇点，此时 $f(z)$ 在去心邻域 $0<|z-z_0|<r$ 内可展开为洛朗级数：

$$f(z) = \sum_{n=-\infty}^{+\infty} c_n(z-z_0)^n$$

沿着多连通域 $0<|z-z_0|<r$ 内一条闭曲线 $C$ 的围道积分，有：

$$\oint_C f(z)\mathrm{d}z = \oint_C \sum_{n=-\infty}^{+\infty} c_n(z-z_0)^n \mathrm{d}z = 2\pi\mathrm{i} \cdot c_{-1} \tag{5.13}$$

在式（5.13）的积分中，只有 $-1$ 次幂前面的系数"留下"了。

一般地，设 $z_0$ 为 $f(z)$ 的孤立奇点，$f(z)$ 在去心邻域 $0<|z-z_0|<r$ 内解析，$C$ 为去心邻域内包围 $z_0$ 的简单闭曲线，则称 $\dfrac{1}{2\pi\mathrm{i}}\oint_C f(z)\mathrm{d}z$ 的值为复变函数 $f(z)$ 在 $z=z_0$ 处的**留数**，记作：

$$\mathrm{Res}[f(z), z_0] = \frac{1}{2\pi\mathrm{i}}\oint_C f(z)\mathrm{d}z \tag{5.14}$$

由式（5.13）可知，$f(z)$ 在 $z=z_0$ 处的**留数也等于**：

$$\mathrm{Res}[f(z), z_0] = c_{-1} \tag{5.15}$$

式中，$c_{-1}$ 为 $f(z)$ 在去心邻域 $0<|z-z_0|<r$ 内展开的洛朗级数中 $-1$ 次幂的系数。

若复变函数 $f(z)$ 在以简单闭曲线 $C$ 为边界的区域 $G$ 内除有限个孤立奇点 $z_1$，$z_2$，$\cdots$，$z_n$ 外处处解析，且在 $G+C$ 上除孤立奇点外处处连续，则：

$$\oint_C f(z)\mathrm{d}z = 2\pi\mathrm{i}\sum_{k=1}^{n} \mathrm{Res}[f(z), z_k] \tag{5.16}$$

这个命题也称为**留数定理**。

**证明**：把简单闭曲线 $C$ 内的孤立奇点 $z_k$（$k$=1，2，$\cdots$，$n$）用互不包含的正向简单闭曲线 $C_k$ 包围起来，如图 5.2 所示。

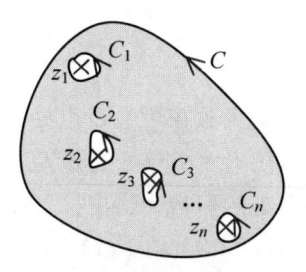

图 5.2　留数定理图示

根据符合闭路定理可知：

$$\oint_C f(z)dz = \sum_{k=1}^{n} \oint_{C_k} f(z)\mathrm{d}z \qquad (*)$$

根据留数的定义可知：

$$\oint_{C_k} f(z)\mathrm{d}z = 2\pi\mathrm{i} \cdot \mathrm{Res}[f(z), z_k] \qquad (**)$$

将式（**）代入式（*），原命题得证。

**例 5.5** 利用留数的概念求以下积分。

（1）$\oint_{|z|=1} \dfrac{\sin z}{z^2}\mathrm{d}z$；（2）$\oint_{|z|=2} \dfrac{\mathrm{d}z}{z(z^2-1)}$。

**解**：（1）正弦函数可在复平面展开为泰勒级数：

$$\sin z = \sum_{n=0}^{\infty} \frac{(-1)^n z^{2n+1}}{(2n+1)!} = z - \frac{z^3}{3!} + \frac{z^5}{5!} - \frac{z^7}{7!} + \cdots$$

因此被积函数在原点处展开的洛朗级数为：

$$f(z) = \frac{\sin z}{z^2} = \frac{1}{z} - \frac{z}{3!} + \frac{z^3}{5!} - \frac{z^5}{7!} + \cdots$$

可见 $c_{-1} = 1$，根据式（5.13）可知：$\oint_{|z|=1} \dfrac{\sin z}{z^2}\mathrm{d}z = 2\pi\mathrm{i}$。

（2）将被积函数 $f(z) = \dfrac{1}{z(z^2-1)}$ 分解为：

$$f(z) = \frac{1}{z(z^2-1)} = \frac{A}{z} + \frac{B}{z-1} + \frac{C}{z+1}$$

利用待定系数法可得：$A = -1$，$B = C = 0.5$，利用留数定理可知：

$$\oint_{|z|=2} \frac{\mathrm{d}z}{z(z^2-1)} = A \cdot \oint_{|z|=2} \frac{\mathrm{d}z}{z} + B \cdot \left(\oint_{|z|=2} \frac{\mathrm{d}z}{z+1} + \oint_{|z|=2} \frac{\mathrm{d}z}{z-1}\right) = (A + 2B) \cdot 2\pi\mathrm{i}$$

故原积分 $\oint_{|z|=2} \dfrac{\mathrm{d}z}{z(z^2-1)} = 0$。

### 5.2.2 函数在极点处的留数

根据留数的定义可知，复变函数在**可去奇点处的留数**等于 **0**；如果是本性奇点，则需要按照留数的定义，在本性奇点处展开为洛朗级数，留数为–1 次幂的系数。下面分析复变函数在极点处的留数，给出计算的规则。

**规则 1**：如果 $z_0$ 是复变函数 $f(z)$ 的一阶极点，则：

$$\mathrm{Res}[f(z), z_0] = \lim_{z \to z_0}(z - z_0)f(z) \qquad (5.17)$$

**证明**：由于 $z_0$ 是复变函数 $f(z)$ 的一阶极点，可知：

$$f(z) = \frac{c_{-1}}{z-z_0} + c_0 + c_1(z-z_0) + \cdots$$

因此：

$$(z-z_0)f(z) = c_{-1} + c_0(z-z_0) + c_1(z-z_0)^2 + \cdots$$

方程两边取极限，可得：

$$c_{-1} = \lim_{z \to z_0}(z-z_0)f(z)$$

原命题得证。

**规则2**：如果复变函数 $f(z) = \dfrac{P(z)}{Q(z)}$，$P(z)$、$Q(z)$ 在点 $z_0$ 处解析，且有 $P(z_0) \neq 0$，$z_0$ 是 $Q(z)$ 的一阶零点，则 $z_0$ 是 $f(z)$ 的一阶极点，且：

$$\operatorname{Res}[f(z), z_0] = \frac{P(z_0)}{Q'(z_0)} \tag{5.18}$$

**证明**：由于 $z_0$ 是 $Q(z)$ 的一阶零点，因此 $z_0$ 是 $1/Q(z)$ 的一阶极点，则：

$$\frac{1}{Q(z)} = \frac{q(z)}{z-z_0}$$

式中，$q(z)$ 在点 $z_0$ 处解析，且有 $q(z_0) \neq 0$。因此：

$$f(z) = \frac{1}{z-z_0}\varphi(z)$$

式中，$\varphi(z) = q(z)P(z)$ 在 $z_0$ 处解析，且有 $\varphi(z_0) = q(z_0)P(z_0) \neq 0$。因此 $z_0$ 是 $f(z)$ 的一阶极点，根据规则1可知 $\operatorname{Res}[f(z), z_0] = \lim\limits_{z \to z_0}(z-z_0)f(z)$，注意到 $Q(z_0) = 0$，因此有：

$$(z-z_0)f(z) = \frac{P(z)}{\dfrac{Q(z)-Q(z_0)}{z-z_0}}$$

上式两端取极限，可得式（5.18），原命题得证。

**规则3**：如果 $z_0$ 是复变函数 $f(z)$ 的 $m$ 阶极点，则：

$$\operatorname{Res}[f(z), z_0] = \frac{1}{(m-1)!}\lim_{z \to z_0}\frac{d^{m-1}}{dz^{m-1}}[(z-z_0)^m f(z)] \tag{5.19}$$

**证明**：由于 $z_0$ 是复变函数 $f(z)$ 的 $m$ 阶极点，可知：

$$f(z) = \frac{c_{-m}}{(z-z_0)^m} + \cdots + \frac{c_{-1}}{z-z_0} + \cdots + c_0 + c_1(z-z_0) + \cdots$$

上式两端同时乘上 $(z-z_0)^m$ 可得：

$$(z-z_0)^m f(z) = c_{-m} + \cdots + c_{-1}(z-z_0)^{m-1} + c_0(z-z_0)^m + \cdots$$

上式两端求 $m-1$ 阶导数可得：

$$\frac{d^{m-1}}{dz^{m-1}}[(z-z_0)^m f(z)] = (m-1)!c_{-1} + \frac{m!}{1!}c_0(z-z_0) + \cdots$$

上式两端求极限，则式（5.19）得证。

在利用规则 3 求留数的时候，复变函数 $f(z)$ 乘以 $(z-z_0)^M$，再求 $M-1$ 阶导数，也是可行的，其中 $M > m$，即：

$$\text{Res}[f(z),z_0] = \frac{1}{(M-1)!}\lim_{z \to z_0}\frac{d^{M-1}}{dz^{M-1}}[(z-z_0)^M f(z)] \qquad （5.20）$$

上式的证明过程，请参考规则 3 自行完成。

**例 5.6** 复变函数 $f(z) = \dfrac{1}{z(z^2-1)}$，求它在孤立奇点处的留数。

**解**：复变函数有三个孤立奇点 $z = 0$ 与 $z = \pm 1$，且均为一阶极点，利用规则 1 可得：

孤立奇点 $z_0 = 0$ 处：$\text{Res}[f(z),z_0] = \lim\limits_{z \to 0} zf(z) = -1$；

孤立奇点 $z_0 = 1$ 处：$\text{Res}[f(z),z_0] = \lim\limits_{z \to 1}(z-1)f(z) = \dfrac{1}{2}$；

孤立奇点 $z_0 = -1$ 处：$\text{Res}[f(z),z_0] = \lim\limits_{z \to -1}(z+1)f(z) = \dfrac{1}{2}$。

对比例 5.5 与例 5.6 可以发现，利用规则 1 计算留数方便很多。

**例 5.7** 复变函数 $f(z) = \dfrac{\sin z}{z^2-1}$，求它在孤立奇点处的留数。

**解**：复变函数有两个孤立奇点 $z = \pm 1$，且均为一阶极点，记 $P(z) = \sin z$，$Q(z) = z^2 - 1$，故 $Q'(z) = 2z$，利用规则 2 可得：

孤立奇点 $z_0 = 1$ 处：$\text{Res}[f(z),z_0] = \left.\dfrac{\sin z}{2z}\right|_{z=1} = \dfrac{\sin 1}{2}$；

孤立奇点 $z_0 = -1$ 处：$\text{Res}[f(z),z_0] = \left.\dfrac{\sin z}{2z}\right|_{z=-1} = \dfrac{\sin 1}{2}$。

**例 5.8** 复变函数 $f(z) = \dfrac{1-\cos z}{z^7}$，利用规则 3 求它在奇点处的留数。

**解**：复变函数有孤立奇点 $z = 0$，注意到它是分子的二阶零点，分母的七阶零点，故 $z = 0$ 是复变函数 $f(z)$ 的五阶极点，若直接应用规则 3 可得：

$$(z-0)^5 f(z) = \frac{1-\cos z}{z^2} \qquad (*)$$

须求式（*）的四阶导数，注意到式（*）是分式结构，四阶导数的表达式复杂，不利于计算。为此，采用式（5.20）并选择 $M = 7$，可得：

$$\text{Res}[f(z),0] = \frac{1}{6!}\lim_{z\to 0}\frac{\mathrm{d}^6}{\mathrm{d}z^6}[z^7 f(z)]$$

由于 $z^7 f(z) = 1 - \cos z$，因此 $\frac{\mathrm{d}^6}{\mathrm{d}z^6}[z^7 f(z)] = \cos z$，可得：

$$\text{Res}[f(z),0] = \frac{1}{6!}\lim_{z\to 0}\cos z = \frac{1}{6!}$$

在应用规则 3 计算留数的时候，具体采用式（5.19）还是式（5.20）要视实际的情况来定。

### 5.2.3 无穷远点的留数

若无穷远点∞是复变函数 $f(z)$ 的孤立奇点，$f(z)$ 在∞的去心邻域 $R < |z| < +\infty$（$R > 0$）内解析，则称：

$$\frac{1}{2\pi\mathrm{i}}\oint_{C^-} f(z)\mathrm{d}z \tag{5.21}$$

为 $f(z)$ 在**无穷远点∞处的留数**，记为 $\text{Res}[f(z),\infty]$，其中 $C$ 为半径大于 $R$ 的圆周，方向取负向。

需要注意的是：若无穷远点∞是复变函数 $f(z)$ 的可去奇点，$f(z)$ 在**无穷远点∞处的留数不一定为 0**，这是无穷远点区别于复平面上其他位置的可去奇点的地方。例如 $f(z) = 1/z$，注意到无穷远点∞是该函数的可去奇点，但该函数在无穷远点∞处的留数等于 $-1$。

根据 $f(z)$ 在无穷远点∞处留数的定义，可以得出以下结论：

如果 $f(z)$ 在扩展复平面上只有有限个孤立奇点，则 $f(z)$ 在全部奇点（包括无穷远点∞）的**留数之和等于零**。

**证明**：作示意图如图 5.3 所示，设 $f(z)$ 在复平面上有 $z_1$，$z_2$，$\cdots$，$z_n$ 共 $n$ 个孤立奇点，作绕原点的正向简单闭曲线 $C$，将 $n$ 个孤立奇点包围起来。

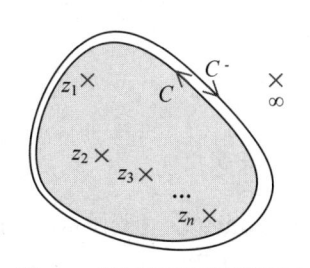

图 5.3 扩展复平面留数图示

根据留数定理可知：

$$\oint_C f(z)\mathrm{d}z = 2\pi\mathrm{i}\sum_{k=1}^{n}\text{Res}[f(z),z_k] \tag{*}$$

根据 $f(z)$ 在无穷远点 $\infty$ 处留数的定义可知：

$$\oint_{C^-} f(z)\mathrm{d}z = 2\pi\mathrm{i} \cdot \mathrm{Res}[f(z),\infty] \qquad (**)$$

由积分的性质可知 $\oint_C f(z)\mathrm{d}z = -\oint_{C^-} f(z)\mathrm{d}z$，综合式（*）和式（**）可得：

$$\sum_{k=1}^{n} \mathrm{Res}[f(z),z_k] + \mathrm{Res}[f(z),\infty] = 0 \qquad (5.22)$$

原命题得证。

利用变量代换 $w = 1/z$，可以得到复变函数在无穷远点处留数的一个计算规则。

**规则 4**：如果无穷远点 $\infty$ 是复变函数 $f(z)$ 的孤立奇点，则：

$$\mathrm{Res}[f(z),\infty] = -\mathrm{Res}\left[\frac{1}{z^2} f\left(\frac{1}{z}\right), 0\right] \qquad (5.23)$$

**证明**：取正向简单闭曲线 $C$ 为半径足够大的正向圆周 $|z|=\rho$。若记：$z = \dfrac{1}{\zeta}$、$z = \rho\mathrm{e}^{\mathrm{i}\theta}$、$\zeta = r\mathrm{e}^{\mathrm{i}\varphi}$，则可知：

$$\rho = \frac{1}{r}, \quad \theta = -\varphi$$

于是有：

$$\begin{aligned}
\mathrm{Res}[f(z),\infty] &= \frac{1}{2\pi\mathrm{i}} \oint_{C^-} f(z)\mathrm{d}z = \frac{1}{2\pi\mathrm{i}} \int_0^{-2\pi} f(\rho\mathrm{e}^{\mathrm{i}\theta})\rho\mathrm{i}\mathrm{e}^{\mathrm{i}\theta}\mathrm{d}\theta \\
&= -\frac{1}{2\pi\mathrm{i}} \int_0^{2\pi} f\left(\frac{1}{r\mathrm{e}^{\mathrm{i}\varphi}}\right) \frac{i}{r\mathrm{e}^{\mathrm{i}\varphi}} \mathrm{d}\varphi \\
&= -\frac{1}{2\pi\mathrm{i}} \int_0^{2\pi} f\left(\frac{1}{r\mathrm{e}^{\mathrm{i}\varphi}}\right) \frac{i}{(r\mathrm{e}^{\mathrm{i}\varphi})^2} \mathrm{d}(r\mathrm{e}^{\mathrm{i}\varphi}) \\
&= -\frac{1}{2\pi\mathrm{i}} \oint_{|\zeta|=\frac{1}{\rho}} f\left(\frac{1}{\zeta}\right) \frac{1}{\zeta^2} \mathrm{d}\zeta \\
&= -\mathrm{Res}\left[ f\left(\frac{1}{z}\right) \cdot \frac{1}{z^2}, 0 \right]
\end{aligned}$$

原命题得证。

**例 5.9** 求复变函数 $f(z) = \dfrac{\mathrm{e}^z}{z^2-1}$ 在无穷远点 $\infty$ 处的留数。

**解**：复变函数在扩展复平面上有三个孤立奇点：$z = \pm 1$ 与 $z = \infty$，由于 $z = \pm 1$ 是 $f(z)$ 的一阶极点，利用规则 1 可得：

孤立奇点 $z_0 = 1$ 处：$\mathrm{Res}[f(z),z_0] = \lim\limits_{z \to 1}(z-1)f(z) = \dfrac{\mathrm{e}}{2}$；

孤立奇点 $z_0 = -1$ 处：$\text{Res}[f(z), z_0] = \lim_{z \to -1}(z+1)f(z) = \dfrac{-e^{-1}}{2}$。

利用式（5.22）可得：孤立奇点 $z_0 = \infty$ 处的留数为：

$$\text{Res}[f(z), \infty] = -\sum_{k=1}^{n} \text{Res}[f(z), z_k] = \dfrac{e^{-1} - e}{2}$$

**例 5.10** 计算积分 $\oint_{|z|=2} \dfrac{z\text{d}z}{z^4 - 1}$。

**解**：复变函数在复平面上有四个孤立奇点 $z = \pm 1$ 与 $z = \pm i$，均为一阶极点，围道积分可利用这四个孤立奇点的留数来求，利用式（5.22），这四个孤立奇点处的留数之和，恰为 $f(z)$ 在无穷远点的留数的相反数，利用规则 4 可得：在孤立奇点 $z_0 = \infty$ 处，$\text{Res}[f(z), \infty] = -\text{Res}\left[\dfrac{1}{z^2} f\left(\dfrac{1}{z}\right), 0\right]$。注意到：

$$g(z) = \dfrac{1}{z^2} f\left(\dfrac{1}{z}\right) = \dfrac{z}{1 - z^4}$$

可知在 $z = 0$ 处 $g(z)$ 是解析的，故可以展开为泰勒级数，因此：

$$\text{Res}[f(z), \infty] = -\text{Res}\left[\dfrac{1}{z^2} f\left(\dfrac{1}{z}\right), 0\right] = 0$$

故 $\oint_{|z|=2} \dfrac{z\text{d}z}{z^4 - 1} = 0$。

**例 5.11** 计算积分 $\oint_{|z|=2} \dfrac{\text{d}z}{z(z+1)^{10}}$。

**解**：在简单闭曲线 $|z| = 2$ 围成的区域内，被积函数有两个孤立奇点 $z = -1$ 与原点，在 $|z| = 2$ 围成的区域外无穷远点 $\infty$ 也是被积函数的孤立奇点。由于 $z = -1$ 是十阶极点，利用规则 3 计算留数比较繁琐，故利用式（5.22）计算积分，注意到：

$$g(z) = \dfrac{1}{z^2} f\left(\dfrac{1}{z}\right) = \dfrac{z^9}{(1+z)^{10}}$$

可知在 $z = 0$ 处 $g(z)$ 是解析的，故可以展开为泰勒级数，因此：

$$\text{Res}[f(z), \infty] = -\text{Res}\left[\dfrac{1}{z^2} f\left(\dfrac{1}{z}\right), 0\right] = 0$$

故 $\oint_{|z|=2} \dfrac{\text{d}z}{z(z+1)^{10}} = 0$。

## 5.3 留数在定积分计算中的应用

留数定理为一些特定类型的定积分计算提供了有效的手段。将这些定积分问题转化为围道积分，再利用留数定理求出定积分的值。

### 5.3.1 形如 $\int_0^{2\pi} R(\cos\theta, \sin\theta)d\theta$ 的积分

定积分 $\int_0^{2\pi} R(\cos\theta, \sin\theta)d\theta$ 中被积函数 $R(\cos\theta, \sin\theta)$ 是 $\cos\theta$ 与 $\sin\theta$ 的有理函数，作为 $\theta$ 的函数，$R(\cos\theta, \sin\theta)$ 在 $0 \leqslant \theta \leqslant 2\pi$ 的范围内连续。令 $z = e^{i\theta}$，可得 $dz = ie^{i\theta}d\theta$，因此有：

$$\begin{cases} d\theta = \dfrac{dz}{iz} \\ \sin\theta = \dfrac{e^{i\theta} - e^{-i\theta}}{2i} = \dfrac{z^2 - 1}{2iz} \\ \cos\theta = \dfrac{e^{i\theta} + e^{-i\theta}}{2} = \dfrac{z^2 + 1}{2z} \end{cases} \quad (5.24)$$

当积分变量 $\theta$ 从 0 变化到 $2\pi$ 时，对应的 $z$ 恰好沿着单位圆 $|z| = 1$ 沿正向绕行一周。如果 $f(z) = R\left(\dfrac{z^2+1}{2z}, \dfrac{z^2-1}{2iz}\right)$ 在单位圆上没有奇点，则：

$$\int_0^{2\pi} R(\cos\theta, \sin\theta)d\theta = \oint_{|z|=1} R\left(\dfrac{z^2+1}{2z}, \dfrac{z^2-1}{2iz}\right) \dfrac{dz}{iz}$$

转换为闭围道积分后，即可应用留数定理求解积分。

**例 5.12** 计算积分 $I = \int_0^{2\pi} \dfrac{d\theta}{2 + \cos\theta}$。

**解**：由于 $2 + \cos\theta \geqslant 1$，因此积分有意义，作变量代换 $z = e^{i\theta}$，可得：

$$I = -2i \oint_{|z|=1} \dfrac{dz}{z^2 + 4z + 1}$$

被积函数 $f(z) = \dfrac{1}{z^2 + 4z + 1}$ 有两个一阶极点 $z_{1,2} = -2 \pm \sqrt{3}$，单位圆内只有 $z_1 = -2 + \sqrt{3}$，利用规则 1 可以求出它的留数：

$$\text{Res}[f(z), z_1] = \lim_{z \to z_1}(z - z_1)f(z) = \dfrac{\sqrt{3}}{6}$$

因此原积分 $I = -2i \cdot 2\pi i \cdot \text{Res}[f(z), z_1] = \dfrac{2\sqrt{3}}{3}\pi$。

## 5.3.2 形如 $\int_{-\infty}^{+\infty} R(x)\mathrm{d}x$ 的积分

定积分 $I = \int_{-\infty}^{+\infty} R(x)\mathrm{d}x$ 的被积函数 $R(x)$ 是有理函数：

$$R(x) = \frac{P(x)}{Q(x)}$$

式中，多项式 $Q(x)$ 比 $P(x)$ 至少高两阶，且 $Q(z)=0$ 没有实根。则定积分 $I$ 是存在的，且：

$$I = \int_{-\infty}^{+\infty} R(x)\mathrm{d}x = 2\pi\mathrm{i} \cdot \sum_{k=1}^{n} \mathrm{Res}[R(z), z_k] \tag{5.25}$$

式中，$z_k$（$k=1,2,\cdots,n$）为 $R(z)$ 在上半平面所有的奇点。

下面对式（5.25）进行简要的说明，将有理函数 $R(x)$ 的定义域扩展到复数系，得到 $R(z)$，闭曲线选取实轴上从 $-r$ 到 $+r$ 的线段，以及以原点为圆心，半径为 $r$ 的半圆，如图 5.4 所示。根据留数定理可知：

$$\int_{-r}^{+r} R(z)\mathrm{d}z + \int_{\Gamma} R(z)\mathrm{d}z = 2\pi\mathrm{i} \cdot \sum_{k=1}^{n} \mathrm{Res}[R(z), z_k]$$

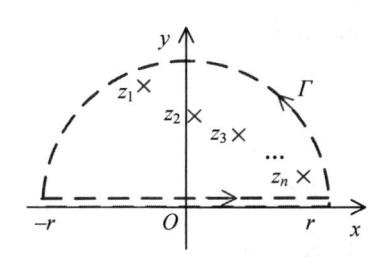

图 5.4　形如 $\int_{-\infty}^{-\infty} R(x)\mathrm{d}x$ 的积分推导过程图示

注意到，在实轴上有 $R(z) = R(x)$，因此定积分 $I$ 满足：

$$I = \int_{-\infty}^{+\infty} R(x)\mathrm{d}x = \lim_{r \to +\infty} \int_{-r}^{+r} R(z)\mathrm{d}z \tag{5.26}$$

下面讨论 $\int_{\Gamma} R(z)\mathrm{d}z$ 的情况。

参考例 3.5 可知，当 $r \to +\infty$ 时，$\int_{\Gamma} R(z)\mathrm{d}z = 0$，因此式（5.25）成立。论证式（5.25）要求 $R(z)$ 在实轴上没有孤立奇点，如果有孤立奇点，则式（5.25）改变为：

$$I = \int_{-\infty}^{+\infty} R(x)\mathrm{d}x = 2\pi\mathrm{i} \cdot \sum_{k=1}^{n} \mathrm{Res}[R(z), z_k] + \pi\mathrm{i} \cdot \sum_{k=1}^{n} \mathrm{Res}[R(z), x_k] \tag{5.27}$$

式中，$z_k$（$k=1, 2, \cdots, n$）为 $R(z)$ 在上半平面所有的奇点；$x_k$（$k=1, 2, \cdots, n$）为 $R(z)$ 在实轴上的所有奇点。

**例 5.13** 计算积分 $I = \int_{-\infty}^{+\infty} \dfrac{x^2 \mathrm{d}x}{x^4+1}$。

**解**：将被积函数扩展到复数系，可得 $f(z) = \dfrac{z^2}{z^4+1}$，$f(z)$ 有四个一阶极点，其中位于上半平面的有两个：$z_1 = \dfrac{\sqrt{2}}{2} + \mathrm{i}\dfrac{\sqrt{2}}{2}$ 与 $z_2 = -\dfrac{\sqrt{2}}{2} + \mathrm{i}\dfrac{\sqrt{2}}{2}$，利用规则 1 可以求出它的留数：

$$\mathrm{Res}[f(z), z_1] = \lim_{z \to z_1}(z-z_1)f(z) = \dfrac{\sqrt{2}}{8}(1-\mathrm{i})$$

$$\mathrm{Res}[f(z), z_2] = \lim_{z \to z_2}(z-z_2)f(z) = \dfrac{\sqrt{2}}{8}(-1-\mathrm{i})$$

因此原积分 $I = 2\pi\mathrm{i} \cdot \{\mathrm{Res}[f(z), z_1] + \mathrm{Res}[f(z), z_2]\} = \dfrac{\sqrt{2}}{2}\pi$。

### 5.3.3 形如 $\int_{-\infty}^{+\infty} R(x)\mathrm{e}^{\mathrm{i}ax}\mathrm{d}x\ (a>0)$ 的积分

首先介绍**约当（Jordan）引理**：如果复变函数 $f(z)$ 在 $R_0 \leqslant |z| < +\infty$，$\mathrm{Im}\,z \geqslant 0$ 上连续，且 $\lim\limits_{z \to \infty, \mathrm{Im}\,z \geqslant 0} f(z) = 0$，$a$ 是正的常数，选取积分路径 $\varGamma$ 满足：$\varGamma: z = R\mathrm{e}^{\mathrm{i}\theta}$，$R > R_0$，$0 \leqslant \theta \leqslant \pi$，则：

$$\lim_{R \to +\infty} \int_{\varGamma} f(z)\mathrm{e}^{\mathrm{i}az}\mathrm{d}z = 0 \tag{5.28}$$

证明过程参见相关文献。基于约当引理，可以讨论形如 $\int_{-\infty}^{+\infty} R(x)\mathrm{e}^{\mathrm{i}ax}\mathrm{d}x$（$a>0$）的积分问题，其中 $R(x) = P(x)/Q(x)$ 是有理函数，其中分母 $Q(x)$ 至少比分子 $P(x)$ 高一阶，且 $R(z)$ 在实轴上没有奇点时，积分是存在的，且：

$$\int_{-\infty}^{+\infty} R(x)\mathrm{e}^{\mathrm{i}ax}\mathrm{d}x = 2\pi\mathrm{i} \cdot \sum_{k=1}^{n} \mathrm{Res}[R(z)\mathrm{e}^{\mathrm{i}az}, z_k] \tag{5.29}$$

式中，$z_k$（$k=1, 2, \cdots, n$）为 $R(z)\mathrm{e}^{\mathrm{i}az}$ 在上半平面所有的奇点。

下面对式（5.29）进行简要的说明，将有理函数 $R(x)$ 的定义域扩展到复数系，得到 $R(z)$，闭曲线选取实轴上从 $-r$ 到 $+r$ 的线段，以及以原点为圆心，半径为 $r$ 的半圆，如图 5.4 所示。根据留数定理可知：

$$\int_{-r}^{+r} R(z)\mathrm{e}^{\mathrm{i}az}\mathrm{d}z + \int_{\varGamma} R(z)\mathrm{e}^{\mathrm{i}az}\mathrm{d}z = 2\pi\mathrm{i} \cdot \sum_{k=1}^{n} \mathrm{Res}[R(z)\mathrm{e}^{\mathrm{i}az}, z_k]$$

由于 $R(z)$ 满足约当引理的条件,通过约当引理可知,$\int_\Gamma R(z)\mathrm{e}^{\mathrm{i}az}\mathrm{d}z = 0$。另一方面注意到,在实轴上有 $R(z) = R(x)$,因此定积分 $I$ 满足:

$$I = \int_{-\infty}^{+\infty} R(x)\mathrm{e}^{\mathrm{i}ax}\mathrm{d}x = \lim_{r\to+\infty}\int_{-r}^{+r} R(z)\mathrm{e}^{\mathrm{i}az}\mathrm{d}z$$

因此式(5.29)成立。论证式(5.29)要求被积函数 $R(z)\mathrm{e}^{\mathrm{i}az}$ 在实轴上没有孤立奇点,如果有孤立奇点,则式(5.29)改变为:

$$\int_{-\infty}^{+\infty} R(x)\mathrm{e}^{\mathrm{i}az}\mathrm{d}x = 2\pi\mathrm{i}\cdot\sum_{k=1}^{n}\mathrm{Res}[R(z)\mathrm{e}^{\mathrm{i}az}, z_k] + \pi\mathrm{i}\cdot\sum_{k=1}^{n}\mathrm{Res}[R(z)\mathrm{e}^{\mathrm{i}az}, x_k] \quad (5.30)$$

式中,$z_k$($k = 1, 2, \cdots, n$)为 $R(z)\mathrm{e}^{\mathrm{i}az}$ 在上半平面所有的奇点;$x_k$($k = 1, 2, \cdots, n$)为 $R(z)\mathrm{e}^{\mathrm{i}az}$ 在实轴上的奇点。

**例 5.14** 计算积分 $I = \int_{-\infty}^{+\infty}\dfrac{\cos x\mathrm{d}x}{x^2+a^2}$,$a > 0$。

**解**:可知被积函数满足式(5.29)的条件,且 $\dfrac{\cos x}{x^2+a^2} = \mathrm{Re}\left(\dfrac{\mathrm{e}^{\mathrm{i}x}}{x^2+a^2}\right)$,将后者推广到复数系,可得:

$$f(z) = \dfrac{\mathrm{e}^{\mathrm{i}z}}{z^2+a^2}$$

复变函数 $f(z)$ 有两个一阶极点,其中只有 $z_1 = a\mathrm{i}$ 位于上半平面,根据式(5.29),有:

$$\int_{-\infty}^{+\infty}\dfrac{\mathrm{e}^{\mathrm{i}x}\mathrm{d}x}{x^2+a^2} = 2\pi\mathrm{i}\cdot\mathrm{Res}[f(z), a\mathrm{i}] = 2\pi\mathrm{i}\cdot\lim_{z\to a\mathrm{i}}(z-a\mathrm{i})f(z) = \dfrac{\mathrm{e}^{-a}}{a}\pi$$

因此,原积分 $I = \int_{-\infty}^{+\infty}\dfrac{\cos x\mathrm{d}x}{x^2+a^2} = \mathrm{Re}\left\{\dfrac{\mathrm{e}^{-a}}{a}\pi\right\} = \dfrac{\mathrm{e}^{-a}}{a}\pi$。

**例 5.15** 计算积分 $I = \int_0^{+\infty}\dfrac{\sin x\mathrm{d}x}{x}$。

**解**:注意到被积函数是偶函数,同时应用欧拉公式可得:

$$I = \int_0^{+\infty}\dfrac{\sin x\mathrm{d}x}{x} = \dfrac{1}{2}\int_{-\infty}^{+\infty}\dfrac{\sin x\mathrm{d}x}{x} = \dfrac{1}{2}\mathrm{Im}\int_{-\infty}^{+\infty}\dfrac{\mathrm{e}^{\mathrm{i}x}\mathrm{d}x}{x}$$

现分析复变函数 $\dfrac{\mathrm{e}^{\mathrm{i}z}}{z}$,它仅在原点处有一阶极点,利用式(5.30)可得:

$$\int_{-\infty}^{+\infty}\dfrac{\mathrm{e}^{\mathrm{i}z}\mathrm{d}z}{z} = \pi\mathrm{i}\cdot\mathrm{Res}\left[\dfrac{\mathrm{e}^{\mathrm{i}z}}{z}, 0\right] = \pi\mathrm{i}\cdot\lim_{z\to 0}z\cdot\dfrac{\mathrm{e}^{\mathrm{i}z}}{z} = \pi\mathrm{i}$$

因此原积分 $I = \int_0^{+\infty}\dfrac{\sin x\mathrm{d}x}{x} = \dfrac{\pi}{2}$。

# 本 章 小 结

本章首先对解析函数的孤立奇点进行了分类：可去奇点、本性奇点与极点。利用解析函数在孤立奇点处展开为洛朗级数这个理论基础，将解析函数围绕孤立奇点的闭围道积分转化为对它的洛朗级数的闭围道积分，从而引入留数的概念。利用复合闭路定理，解析函数沿着闭围道的积分就可以转化为计算闭围道内的留数。

利用洛朗级数的性质，提炼与归纳得到计算留数的四个规则，把计算闭围道积分的问题转化为求取极限与微分的操作，这种方法既简化了闭围道积分的计算，也揭示了解析函数积分与微分之间的联系。

最后还介绍了运用留数理论解决实变函数中三类定积分的求解方法，实际上，在学习复变函数理论之后，回过头思考已学的实变函数知识是有意义的。

# 练 习

### 一、证明题

1. 若 $z_0$ 是 $f(z)$ 的 $m$（$m>1$）阶极点，证明 $z_0$ 是 $f'(z)$ 的 $m-1$ 阶极点。

2. 若 $f(z)$ 在点 $z_0$ 处解析，记 $g(z) = f(z)/(z-z_0)$，证明：

（1）如果 $f(z_0) \neq 0$，则 $z_0$ 是 $g(z)$ 的一阶极点，且在极点处的留数为 $f(z_0)$；

（2）如果 $f(z_0) = 0$，则 $z_0$ 是 $g(z)$ 的可去奇点。

3. 如果复变函数 $f(z) = 1/q^2(z)$，$q(z)$ 在点 $z_0$ 处解析，$z_0$ 是 $q(z)$ 的一阶零点，即 $q(z_0) = 0$、$q'(z_0) \neq 0$，证明 $z_0$ 是 $f(z)$ 的二阶极点。

4. 利用留数再次证明例 3.5，即如果 $Q(z)$ 与 $P(z)$ 是多项式，且 $Q(z)$ 至少比 $P(z)$ 高两次，有以下极限成立：

$$\lim_{R \to +\infty} \oint_{|z|=R} \frac{P(z)}{Q(z)} dz = 0$$

### 二、计算题

1. 找出下列函数的孤立奇点并加以分类；如果是极点，确定它的阶数。

（1）$\dfrac{1}{z(z^2+1)}$；

（2）$\dfrac{1}{z^3 - z^2 - z + 1}$；

(3) $\dfrac{z^4-1}{z^2(z+1)^2}$;

(4) $\dfrac{1}{z^3(\mathrm{e}^z-1)}$;

(5) $\dfrac{1}{1+\mathrm{e}^{\pi z}}$;

(6) $\dfrac{1}{\sin z+\sinh z-2z}$;

(7) $\dfrac{\ln(z+1)}{z}$;

(8) $\dfrac{1}{\sin(z^2)}$;

(9) $z\cos\dfrac{1}{z}$;

(10) $\dfrac{1}{\sin(\pi/z)}$。

2. 找出下列函数的零点，并判断它们的阶数。

(1) $z^3(z-1)^2$;

(2) $z^2(1-\cos z)$;

(3) $\tan z$;

(4) $1-2\mathrm{e}^z+\mathrm{e}^{2z}$。

3. 分析以下函数在无穷远点的性态，如果无穷远点是极点，指出它的阶数。

(1) $\dfrac{1}{1-z}$;

(2) $\dfrac{z^2}{1-z}$;

(3) $1-\mathrm{e}^{1/z}$;

(4) $\sec z$。

4. 求下列函数在复平面上孤立奇点处的留数：

(1) $\dfrac{1}{z^2+1}$;

(2) $\dfrac{z}{(z-\mathrm{i})^3}$;

(3) $\dfrac{1-\mathrm{e}^z}{z^6}$;

(4) $\dfrac{1+z^4}{(z^2+1)^3}$;

(5) $z^2\sin\dfrac{1}{z}$;

(6) $\cos\dfrac{1}{1-z}$;

(7) $\dfrac{1}{z\sin z}$;

(8) $\dfrac{\sin^2 z}{z^3}$;

(9) $\dfrac{z^2+z-1}{z^2(z+1)}$;

(10) $\dfrac{\cosh z}{\sinh z}$。

5. 求下列函数在无穷远点的留数：

(1) $\dfrac{\mathrm{e}^z}{1-z}$;

(2) $\dfrac{1}{z(z-1)^2}$。

6. 利用留数计算下列积分：

(1) $\oint_{|z|=2}\dfrac{\mathrm{d}z}{z^2-z^4}$;

(2) $\oint_{|z|=2}\dfrac{\sin\pi z\,\mathrm{d}z}{z^2-1}$;

(3) $\oint_{|z|=2}\dfrac{z^3\mathrm{d}z}{1+z}$;

(4) $\oint_{|z|=2}\dfrac{\mathrm{d}z}{1+z^4}$;

(5) $\oint_{|z|=1} \dfrac{\sin z \, dz}{1-e^z}$;

(6) $\oint_{|z|=1} \sin\left(\dfrac{1}{z}\right) dz$。

7. 函数 $f(z) = \dfrac{1}{z(z-1)^2}$ 在 $z=1$ 处有二阶极点，可以用规则 3 计算它在该点的留数。但注意到该函数可以在 $z=1$ 处展开为如下的洛朗级数：

$$f(z) = \cdots + \dfrac{1}{(z-1)^5} - \dfrac{1}{(z-1)^4} + \dfrac{1}{(z-1)^3}, \quad |z-1|>1$$

可以发现，该洛朗级数只有 $(z-1)$ 的负幂次项，且最高次幂为–3，那么可不可以认为 "$z=1$ 是该函数的本性奇点"？且通过上式认为在 $z=1$ 处的留数为 0 呢？如果不能这么理解，请说出理由。

8. 计算下列定积分：

(1) $\displaystyle\int_0^{2\pi} \dfrac{d\theta}{2-\sin\theta}$;

(2) $\displaystyle\int_0^{2\pi} \dfrac{d\theta}{1-b\sin\theta}$ ($|b|<1$);

(3) $\displaystyle\int_{-\infty}^{+\infty} \dfrac{dx}{(1+x^2)^2}$;

(4) $\displaystyle\int_{-\infty}^{+\infty} \dfrac{x^2 dx}{1+x^4}$;

(5) $\displaystyle\int_0^{+\infty} \dfrac{\cos x \, dx}{x^2+2}$;

(6) $\displaystyle\int_{-\infty}^{+\infty} \dfrac{x \sin x}{1+x^2} dx$。

# 第6章 保形映射

**本章导读**

前面几章主要采用分析的方法（如微分、积分、级数展开等）来研究复变函数的性质。从几何的观点来看，复变函数 $w = f(z)$ 给出了 $z$ 平面上点集到 $w$ 平面上点集的映射。研究这种映射关系，对于解决流体力学、电磁学等实际问题有重要的作用。本章主要讨论由解析函数构成的保形映射，并以分式线性函数为重点介绍映射的性质与特点。

**本章要点**

- 复变函数导数的几何意义
- 保角映射与保形映射的概念
- 分式线性映射的概念与性质

## 6.1 保形映射简介

复变函数是复平面到复平面的映射，先从复平面上的一点出发，再扩展到区域，最终扩展到整个复平面，通过这种循序渐进的方式，对理解复变函数的几何性质是有利的。

### 6.1.1 保形映射的概念

先研究复变函数在一点的导函数的几何意义。

**1. 导数的几何意义**

若复变函数 $w = f(z)$ 在点 $z_0$ 处有定义，过 $z_0$ 作简单曲线 $C$，如图 6.1 所示，则映射 $f(\cdot)$ 将 $z$ 平面映射为 $w$ 平面，将 $z_0$ 映射为 $w_0$，将 $C$ 映射为 $w$ 平面上的曲线 $\Gamma$。

记 $\Delta z = |\Delta z| e^{i\theta}$、$\Delta w = |\Delta w| e^{i\varphi}$，可知当 $|\Delta z|$ 较小的时候，$|\Delta w|$ 与 $|\Delta z|$ 的比值近似反映了在点 $z_0$ 处曲线 $C$ 经 $f(\cdot)$ 映射之后被拉伸或被压缩的倍数。当 $z$ 沿着曲

线 $C$ 趋近于 $z_0$ 时，如果极限 $\lim\limits_{C: z \to z_0} \dfrac{|w-w_0|}{|z-z_0|}$ 存在，则称该极限值为曲线 $C$ 经 $f(\cdot)$ 映射后在点 $z_0$ 处的**伸缩率**。另一方面如图 6.1 所示，如果记曲线 $C$ 在点 $z_0$ 处的切线倾角为 $\theta_0$，曲线 $\Gamma$ 在点 $w_0$ 处的切线倾角为 $\varphi_0$，则称 $\varphi_0 - \theta_0$ 为曲线 $C$ 经 $f(\cdot)$ 映射后在点 $z_0$ 处的**旋转角**。

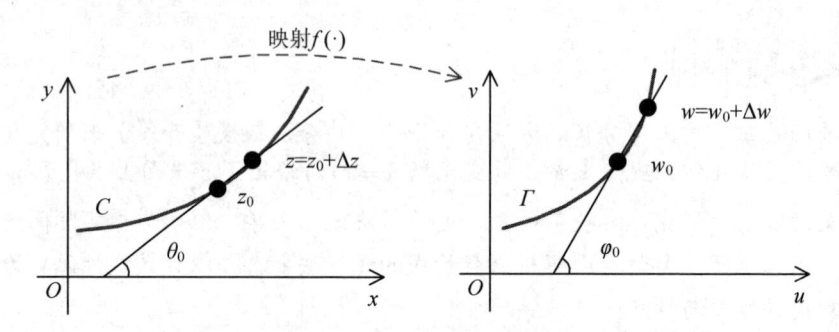

图 6.1　复变函数对应的映射

可见，伸缩率与旋转角反映了在映射 $f(\cdot)$ 作用下曲线 $\Gamma$ 相对于曲线 $C$ 的变化特征。显然，如果经过 $z_0$ 的任意曲线 $C$ 都有相同的伸缩率与旋转角，则研究起来就会简单方便，此时映射 $f(\cdot)$ 应具有什么样的特点？实际上，只要 $f(\cdot)$ 在点 $z_0$ 处可导即可满足这样的条件。为方便起见，假设 $w=f(z)$ 在点 $z_0$ 处解析，则根据导数的定义可知以下极限存在：

$$f'(z_0) = \lim_{C:\Delta z \to 0} \frac{\Delta w}{\Delta z} = \lim_{\Delta z \to 0} \frac{|\Delta w|\,\mathrm{e}^{\mathrm{i}\varphi}}{|\Delta z|\,\mathrm{e}^{\mathrm{i}\theta}} = \lim_{\Delta z \to 0} \frac{|\Delta w|}{|\Delta z|} \mathrm{e}^{\mathrm{i}(\varphi-\theta)} \qquad (6.1)$$

由上式可得：

$$\lim_{\Delta z \to 0} \frac{|\Delta w|}{|\Delta z|} = |f'(z_0)| \qquad (6.2)$$

可知，对在点 $z_0$ 处解析的复变函数 $f(z)$ 来说，它在点 $z_0$ 处的伸缩率就是复变函数在该点的导数的模，根据导数存在的条件可知，沿任意方向趋近于 $z_0$，式（6.1）的极限都一致，因此经过 $z_0$ 的任意曲线 $C$ 都有相同的伸缩率，此时称映射具有**伸缩率不变性**。

由式（6.1）还可以得到：

$$\lim_{\Delta z \to 0} (\varphi - \theta) = \varphi_0 - \theta_0 = \arg f'(z_0) \qquad (6.3)$$

亦可知，在点 $z_0$ 处的旋转角就是复变函数 $f(z)$ 在该点的导数的辐角，根据导数存在的条件可知，沿任意方向趋近于 $z_0$，式（6.1）的极限都一致，因此经过 $z_0$ 的任意曲线 $C$ 都有相同的旋转角，此时称映射具有**旋转角不变性**。

如图 6.2 所示，若还存在经过 $z_0$ 的曲线 $C_1$，记 $C_1$ 在点 $z_0$ 处切线的倾角为 $\theta_1$；它经 $f(\cdot)$ 映射到 $w$ 平面后对应的曲线为 $\Gamma_1$，记 $\Gamma_1$ 在点 $w_0$ 处切线的倾角为 $\varphi_1$，则根据式（6.3）可知：

$$\varphi_1 - \theta_1 = \arg f'(z_0) \tag{6.4}$$

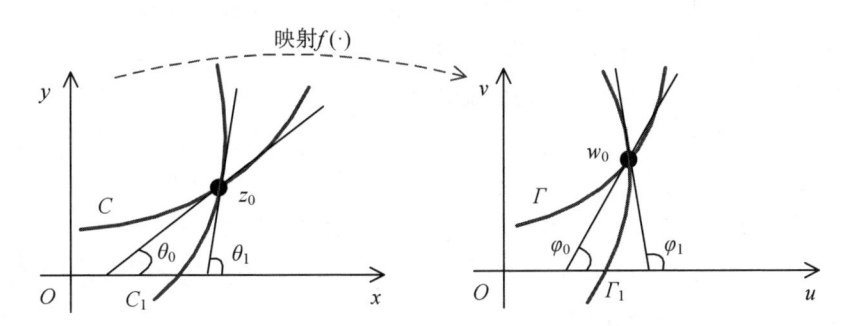

图 6.2 映射的旋转角不变性

综合式（6.3）与式（6.4）可得：

$$\varphi_0 - \theta_0 = \varphi_1 - \theta_1 \Rightarrow \varphi_0 - \varphi_1 = \theta_0 - \theta_1 \tag{6.5}$$

也就是说，过 $z_0$ 的两条曲线的夹角的大小与方向经 $f(\cdot)$ 映射后保持不变，此性质称为**保角性**。需要说明的是，保角性成立的**必要条件**是 $f'(z_0) \neq 0$。

**例 6.1** 试分析复变函数 $f(z) = z^2$ 在 $z = 1$、$z = 2i$ 与原点处的几何性质。

**解**：复变函数 $f(z) = z^2$ 在复平面上处处解析，且导函数为 $f'(z) = 2z$。

当 $z = 1$ 时，$f'(1) = 2$，因此在 $z = 1$ 处伸缩率为 2，旋转角为 0。

当 $z = 2i$ 时，$f'(i) = 4i$，因此在 $z = 2i$ 处伸缩率为 4，旋转角为 90°。

当 $z = 0$ 时，$f'(0) = 0$。图 6.3 给出了一个例子，可以看出在原点处 $f(z) = z^2$ 不具备保角性。

可见，当 $f'(0) \neq 0$ 时解析函数在它解析的点上具有伸缩率不变性与保角性，但伸缩率与旋转角与点的位置有关。

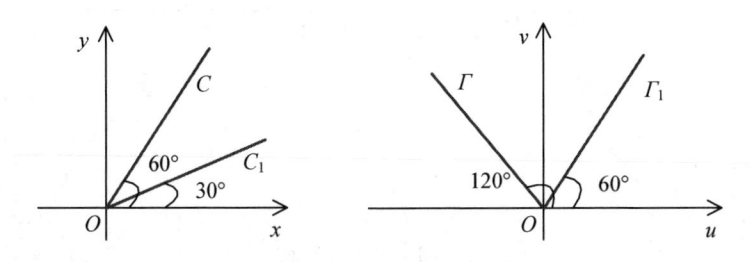

图 6.3 例 6.1 图示

## 2. 保形映射的概念

设 $f(z)$ 是定义在区域 $G$ 内的复变函数，如果它在 $G$ 内任意一点都具有伸缩率不变性与保角性，则称 $w = f(z)$ 是**第一类保角映射**（isogonal mapping），其中**保角映射**也称为**共形映射**。如果 $w = f(z)$ 在 $G$ 内任意一点都具有伸缩率不变性，且保持曲线夹角的大小不变但方向相反，则称 $w = f(z)$ 是**第二类保角映射**。

由前面的讨论可知以下**命题**成立：如果 $f(z)$ 是区域 $G$ 上的解析函数，且 $f'(0) \neq 0$，则它所构成的映射为第一类保角映射。该命题的逆命题也是成立的，即：如果映射 $w = f(z)$ 是 $z$ 平面上区域 $G$ 到 $w$ 平面上区域 $D$ 的第一类保角映射，则 $f(z)$ 是区域 $G$ 上的单值且解析的函数，并且有 $f'(0) \neq 0$。

当 $w = f(z)$ 是区域 $G$ 内的第一类保角映射，而且是单叶映射时，称 $w = f(z)$ 是**保形映射**（conformal mapping）。

**例 6.2** 分析复变函数 $f(z) = 2z$ 是否为保角映射，是否为保形映射。

**解：** 复变函数 $f(z) = 2z$ 在复平面上处处解析，且导函数为 $f'(z) = 2$。可见 $f(z) = 2z$ 在复平面上为第一类保角映射，由于复变函数是单叶的，因此它在复平面上为保形映射。

**例 6.3** 分析复变函数 $f(z) = \bar{z}$ 是否为保角映射，是否为保形映射。

**解：** 复变函数 $f(z) = \bar{z}$ 在复平面上有定义，对于任意一点 $z_0$，有：

$$\lim_{z \to z_0} \frac{|w - w_0|}{|z - z_0|} = \lim_{z \to z_0} \frac{|\bar{z} - \bar{z}_0|}{|z - z_0|} = 1$$

可见 $f(z) = \bar{z}$ 具有伸缩率不变性。下面分析映射的旋转角，画出示意图如图 6.4 所示，可见 $\varphi_0 = -\theta_0$、$\varphi_1 = -\theta_1$，因此有：

$$\varphi_0 - \varphi_1 = -(\theta_0 - \theta_1)$$

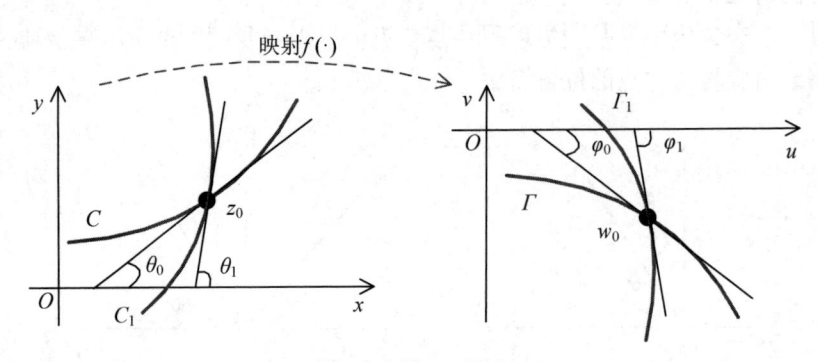

图 6.4 例 6.3 图示

可见映射 $f(z) = \bar{z}$ 可保持任意两条曲线夹角的大小不变但方向相反,因此是第二类保角映射。

由于映射 $f(z) = \bar{z}$ 不是第一类保角映射,故它不是保形映射。

**例 6.4**　分析复变函数 $f(z) = e^z$ 是否为保角映射,是否为保形映射。

**解**：复变函数 $f(z) = e^z$ 在复平面上处处解析,且导函数为 $f'(z) = e^z \neq 0$。可见 $f(z) = e^z$ 在复平面上为第一类保角映射,由于复指数函数是周期的,因此它不是保形映射；但在一个周期,比如 $0 < \text{Im}(z) < 2\pi$ 或 $\pi < \text{Im}(z) < 3\pi$ 范围内皆为保形映射。

### 6.1.2　保形映射的基本问题

如图 6.5 所示,如果复变函数 $w = f(z)$ 在 $z$ 平面上的区域 $G$ 上有定义,关于保形映射,有以下正反两个问题。

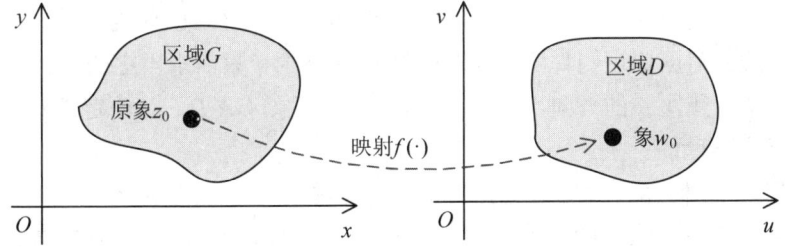

图 6.5　保形映射的基本问题的图示

**问题一**：区域 $G$ 上的复变函数 $w = f(z)$ 是否可以保形地将 $z$ 平面上的区域 $G$ 映射为 $w$ 平面上的区域 $D$？换言之,保形映射的象集合 $D = f(G)$ 是否为区域？或者,若要求象集合 $D$ 为区域,保形映射需要满足什么样的条件？

**问题二**：给定 $z$ 平面上的区域 $G$ 与 $w$ 平面上的区域 $D$,是否存在解析函数 $w = f(z)$,使得 $D = f(G)$ 是保形映射。

其中问题二更困难一些,也更有价值。针对问题二,可以先研究如何把区域映射成单位圆内部,如图 6.6 所示,如果得到从 $z$ 平面上的区域 $G$ 到单位圆内部的保形映射 $f_1(\cdot)$,同时得到 $w$ 平面上的区域 $D$ 到单位圆内部的保形映射 $g(\cdot)$,记 $f_2(\cdot) = g^{-1}(\cdot)$,则复合映射 $f(\cdot) = f_1[f_2(\cdot)]$ 即为从区域 $G$ 到区域 $D$ 的保形映射。

针对上述两个问题,下面不加证明地介绍相关的定理。

**1. 保域性定理与边界对应原理**

针对问题一,有以下两个定理。

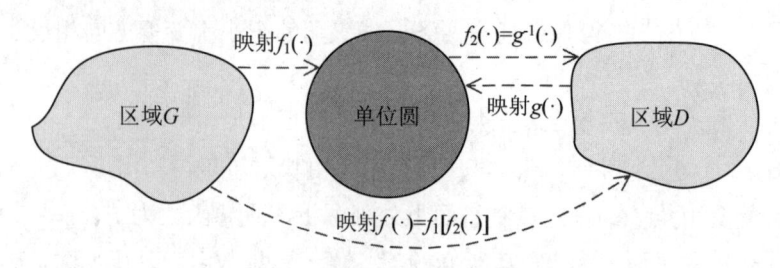

图 6.6　给定区域求取保形映射的方法

**保域性定理**：如果 $f(z)$ 是 $z$ 平面的区域 $G$ 上的解析函数，且不恒为常数，则 $G$ 的象集合 $D = f(G)$ 是 $w$ 平面上的区域。

**边界对应原理**：设区域 $G$ 的边界为简单闭曲线 $C$，复变函数 $w = f(z)$ 在 $G+C$ 上解析，且将 $C$ 一一对应地映射成简单闭曲线 $\Gamma$；当 $z$ 沿着 $C$ 的正向绕行时，对应的函数值 $w$ 的绕行方向记为 $\Gamma$ 的正向，记 $D$ 是以 $\Gamma$ 为边界的区域，则 $w = f(z)$ 将 $G$ 保形地映射成 $D$。

在这两个定理中，保域性定理说明了解析函数把区域映射为区域，解答了问题一；而边界对应原理则说明，针对区域 $G$ 的映射，只需求出它的边界 $C$ 映射而成的曲线 $\Gamma$，获知 $\Gamma$ 的方向，即可获得区域 $G$ 的象区域 $D$，这个定理对于解答问题二也是有帮助的。

应用边界对应原理时，确定 $\Gamma$ 的正向是非常重要的。当区域 $G$ 在 $C$ 的内部时，在 $C$ 上沿逆时针方向，也就是 $C$ 的正向选取三个点 $z_1$、$z_2$、$z_3$，计算得到它们的象 $w_1$、$w_2$、$w_3$，则 $\Gamma$ 的正向就是从 $w_1$ 经 $w_2$ 到 $w_3$ 的方向，如果是逆时针方向，则 $D$ 在 $\Gamma$ 的内部；如果是顺时针方向，则 $D$ 在 $\Gamma$ 的外部。当区域 $G$ 在 $C$ 的外部时，做法是一样的。

**例6.5**　区域 $G = \left\{ z \mid 0 < |z| < 1, 0 < \arg z < \dfrac{\pi}{2} \right\}$，求 $G$ 在映射 $w = z^2$ 下的象区域 $D$。

**解**：画出区域 $G$ 的图像，如图 6.7 所示。

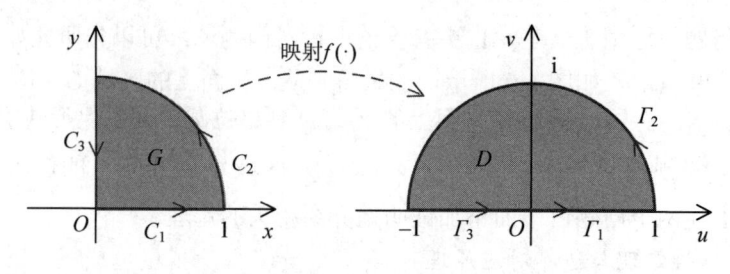

图 6.7　例 6.5 图示

将区域 $G$ 的边界分为光滑的 3 段 $C_1 + C_2 + C_3$，其中 $C_1$ 的方程为 $z = x$，$x$ 从 0 到 1，在映射 $w = z^2$ 下，得到 $\Gamma_1$ 的方程：
$$w = x^2 = u \quad (u \text{ 从 } 0 \text{ 到 } 1)$$
$C_2$ 的方程为 $z = e^{i\theta}$，$\theta$ 从 0 到 $\pi/2$，在映射 $w = z^2$ 下，得到 $\Gamma_2$ 的方程：
$$w = z^2 = e^{i2\theta} = e^{i\varphi} \quad (\varphi \text{ 从 } 0 \text{ 到 } \pi)$$
$C_3$ 的方程为 $z = iy$，$y$ 从 1 到 0，在映射 $w = z^2$ 下，得到 $\Gamma_3$ 的方程：
$$w = (iy)^2 = -y^2 = u \quad (u \text{ 从 } -1 \text{ 到 } 0)$$
根据应用边界对应原理可知，象区域 $D = \{z \mid 0 < \mid z \mid < 1, 0 < \arg z < \pi\}$。

### 2. 黎曼存在唯一性定理

记 $z$ 平面上的区域 $G$ 与 $w$ 平面上的区域 $D$，是否存在解析函数 $w = f(z)$ 构成从 $G$ 到 $D$ 的保形映射？如果存在的话，是否是唯一的？

需要指出的是，如果区域 $G$ 是扩展复平面，或者扩展复平面上去除一点的，则不存在解析函数 $f(z)$ 是从 $G$ 到 $D$ 的保形映射。下面以扩展复平面上去除一点的情况为例进行说明，不妨假设去除的一点为 $\infty$，因为如果去除的点不是 $\infty$，若记为 $z_0$，则作映射 $\zeta = \dfrac{1}{z - z_0}$ 即可将 $z$ 平面上去除的点 $z_0$ 转化为 $\zeta$ 平面上的点 $\infty$。

下面用反证法说明这两种情况不存在从 $G$ 到 $D$ 的保形映射，根据图 6.6，不妨假设 $D$ 是 $w$ 平面的单位圆 $|w| < 1$，假设存在解析函数 $w = f(z)$ 是 $G$ 到 $D$ 的保形映射，则可知 $|f(z)| < 1$，根据刘维尔定理可知 $f(z)$ 必为常数，这与 $w = f(z)$ 是保形映射相矛盾，故在这两种情况下不存在从 $G$ 到 $D$ 的保形映射。

一般来说，从 $z$ 平面上的区域 $G$ 到 $w$ 平面上的区域 $D$ 的保形映射也不是唯一的，这是因为给定任意常数 $\theta_0$，映射 $w = e^{i\theta_0} \cdot z$ 都将 $z$ 平面上的单位圆映射为 $w$ 平面上的单位圆。

那么在什么条件下，从 $z$ 平面上的区域 $G$ 到 $w$ 平面上的区域 $D$ 的保形映射存在且唯一呢？黎曼（Riemann）于 1851 年在他的博士论文中给出以下定理。

**黎曼存在唯一性定理**：$G$ 与 $D$ 是任意给定的两个边界由至少包含两个点构成的单连通域，任意指定 $G$ 内一点 $z_0$ 与 $D$ 内一点 $w_0$，任意给定一个实数 $\theta_0$，总存在唯一一个从 $z$ 平面上的区域 $G$ 到 $w$ 平面上的区域 $D$ 的保形映射 $w = f(z)$，使得：
$$f(z_0) = w_0, \quad \arg f'(z_0) = \theta_0 \tag{6.6}$$

黎曼存在唯一性定理虽然没有给出找到保形映射的方法，但它肯定了这种函数是存在的，事实上，如果单连通域 $G$ 与 $D$ 是任意的，则求解具体的映射 $w = f(z)$ 是很困难的。下面，针对几种初等函数以及分式线性函数所构成的映射进行分析：

一方面分析这些函数构成的映射的特点；与此同时，通过归纳映射的特点提供求解保形映射 $w = f(z)$ 的思路与方法。

## 6.2 分式线性映射

由分式线性函数

$$w = \frac{az+b}{cz+d} \quad (a、b、c、d \text{ 为复常数}，ad-bc \neq 0) \tag{6.7}$$

构成的映射称为**分式线性映射**，又称作**双线性映射**，它是德国数学家莫比乌斯（Möbius）首先研究的，所以也称为**莫比乌斯映射**。由于：

$$\frac{dw}{dz} = \frac{ad-bc}{(cz+d)^2} \tag{6.8}$$

如果 $ad-bc = 0$，则 $w$ 恒为常数，它将整个 $z$ 平面映射为 $w$ 平面上的一个点，故要求 $ad-bc \neq 0$。另一方面，如果 $c = 0$，则式（6.7）蜕变为：

$$w = \frac{a}{d}z + \frac{b}{d} \tag{6.9}$$

变成了**整式线性映射**，它是分式线性映射的简单特例。

用 $cz+d$ 乘式（6.7）两端可得：

$$cwz + dw - az - b = 0 \tag{6.10}$$

对于每个固定的 $z$，上式关于 $w$ 是线性的；同样的，对于每个固定的 $w$，上式关于 $z$ 也是线性的，这也是称之为双线性映射的原因。由式（6.7）可得：

$$z = \frac{-dw+b}{cw-a} \tag{6.11}$$

可见分式线性映射的逆映射也是一个分式线性映射。容易知道，两个分式线性映射的复合映射仍是分式线性映射，如果：

$$w = \frac{\alpha_1 \zeta + \beta_1}{\gamma_1 \zeta + \delta_1} \quad (\alpha_1、\beta_1、\gamma_1、\delta_1 \text{ 为复常数}，\alpha_1\delta_1 - \beta_1\gamma_1 \neq 0)$$

$$\zeta = \frac{\alpha_2 z + \beta_2}{\gamma_2 z + \delta_2} \quad (\alpha_2、\beta_2、\gamma_2、\delta_2 \text{ 为复常数}，\alpha_2\delta_2 - \beta_2\gamma_2 \neq 0)$$

可知它们的复合映射为：

$$w = \frac{(\alpha_1\alpha_2 + \beta_1\gamma_2)z + (\alpha_1\beta_2 + \beta_1\delta_2)}{(\alpha_2\gamma_1 + \delta_1\gamma_2)z + (\gamma_1\beta_2 + \delta_1\delta_2)} \triangleq \frac{az+b}{cz+d}$$

则可知 $ad - bc = (\alpha_1\delta_1 - \beta_1\gamma_1) \cdot (\alpha_2\delta_2 - \beta_2\gamma_2) \neq 0$。

分式线性映射在理论与实际应用中都是非常重要的，下面对它展开分析。

### 6.2.1 分式线性映射的分解

可以把式（6.7）定义的分式线性映射分解成一些简单映射的组合：

（1）**平移变换**：$w = z + b$（$b$ 为复常数）；

（2）**旋转变换**：$w = z \cdot e^{i\theta_0}$（$\theta_0$ 为实常数）；

（3）**相似变换**：$w = \gamma \cdot z$（$\gamma > 0$）；

（4）**倒数变换**：$w = \dfrac{1}{z}$。

整式线性映射式（6.9）可以视作平移变换、旋转变换与相似变换的组合，若记 $a/d = r \cdot e^{i\theta_0}$，则式（6.9）可分解为：

$$w = \frac{a}{d}z + \frac{b}{d} = r \cdot e^{i\theta_0} \cdot \left(z + \frac{b}{a}\right)$$

因此，平移变换、旋转变换与相似变换也被合称为**线性映射**。对于分式线性映射式（6.7），可得：

$$w = \frac{az+b}{cz+d} = \frac{a}{c} + \frac{bc-ad}{c(cz+d)} \qquad (6.12)$$

可见，分式线性映射也可以分解为平移变换、旋转变换、相似变换与倒数变换的组合。

**例 6.6** 将分式线性映射 $w = \dfrac{3z-2-i}{z-1}$ 分解成四种变换的组合。

**解**：在分式线性映射 $w = \dfrac{3z-2-i}{z-1}$ 中 $a=3$、$b=-2-i$、$c=1$、$d=-1$，将它们代入式（6.12）可得：

$$w = 3 + \frac{1-i}{z-1} = 3 + \sqrt{2}e^{-i\frac{\pi}{4}}\frac{1}{z-1}$$

复合过程为：

$$z \underset{(1)}{\overset{z-1}{\to}} \eta \underset{(4)}{\overset{1/\eta}{\to}} \xi \underset{(2)}{\overset{\xi \cdot e^{-i\frac{\pi}{4}}}{\to}} \zeta \underset{(3)}{\overset{\zeta \cdot \sqrt{2}}{\to}} \psi \underset{(1)}{\overset{\psi+3}{\to}} w$$

复合过程中，引入 $\eta$、$\xi$、$\zeta$、$\psi$ 四个中间变量，箭头下方标注的是变换的标号，其中（1）表示平移变换，以此类推。

下面分别介绍这四种变换，为方便起见，后面的插图中将 $w$ 平面看作与 $z$ 平面重合。

## 1. 线性映射

记 $z = x+\mathrm{i}y$、$b = \sigma+\mathrm{i}\tau$、$w = u+\mathrm{i}v$，则平移变换可表示为：

$$w = z+b \Rightarrow \begin{cases} u = x+\sigma \\ v = y+\tau \end{cases} \tag{6.13}$$

图 6.8（1）给出了平移变换的示意图，图中用从原点到 2+2i 的线段 $C$ 来演示变换的效果，变换后的曲线记为 $\Gamma$。

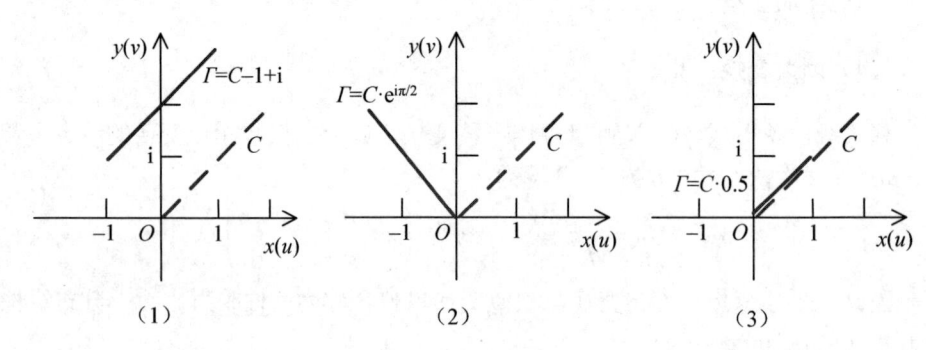

图 6.8 线性映射

记 $z = r\mathrm{e}^{\mathrm{i}\theta}$，$w = \rho\mathrm{e}^{\mathrm{i}\varphi}$，则旋转变换 $w = z \cdot \mathrm{e}^{\mathrm{i}\theta_0}$（$\theta_0$ 为实的常数）可表示为：

$$w = z \cdot \mathrm{e}^{\mathrm{i}\theta_0} \Rightarrow \begin{cases} \rho = r \\ \varphi = \theta+\theta_0 \end{cases} \tag{6.14}$$

如图 6.8（2）所示，旋转变换是将曲线 $C$ 绕原点旋转角度 $\theta_0$ 得到 $\Gamma$。当 $\theta_0 > 0$ 时，$C$ 逆时针旋转；当 $\theta_0 < 0$ 时，$C$ 顺时针旋转。

相似变换 $w = \gamma \cdot z$（$\gamma > 0$）可表示为：

$$w = \gamma \cdot z \Rightarrow \begin{cases} \rho = \gamma \cdot r \\ \varphi = \theta \end{cases} \tag{6.15}$$

如图 6.8（3）所示，相似变换是将曲线 $C$ 放大或缩小到 $\Gamma$。当 $\gamma > 1$ 时，模是放大的；当 $\gamma < 1$ 时，模是缩小的。

可以将平移变换、旋转变换、相似变换三种变换合写在一起：

$$w = a \cdot z + b \quad (a = \gamma\mathrm{e}^{\mathrm{i}\theta_0} \neq 0) \tag{6.16}$$

可见它是典型的整式线性映射，因此也简称为线性映射。

**例 6.7** 区域 $G = \{z \mid 0 < x < 1, 0 < y < 2\}$，求线性映射 $w = (1+\mathrm{i}) \cdot z + 2$ 的结果 $D$。

**解：** 注意到线性映射是保形的，根据边界对应原理只需求出在线性映射的作用下区域边界的映射结果即可，如图 6.9 所示。

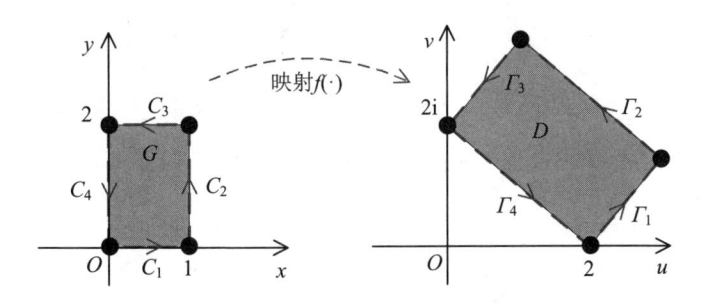

图6.9 例6.7图示

由于线性映射将直线映射成直线，因此选取区域 $G$ 的四个端点 $z_1$、$z_2$、$z_3$、$z_4$，映射到 $w$ 平面得到 $w_1$、$w_2$、$w_3$、$w_4$：

$$z_1 = 0 \Rightarrow w_1 = (1+i) \cdot z_1 + 2 = 2$$
$$z_2 = 1 \Rightarrow w_2 = (1+i) \cdot z_2 + 2 = 3+i$$
$$z_3 = 1+2i \Rightarrow w_1 = (1+i) \cdot z_3 + 2 = 1+3i$$
$$z_4 = 2i \Rightarrow w_4 = (1+i) \cdot z_4 + 2 = 2i$$

依次用线段连接起来，围成的区域即为 $D$。如图6.9所示。

2. 倒数变换

记 $z = re^{i\theta}$，$w = \rho e^{i\varphi}$，则倒数变换 $w = 1/z$ 可表示为：

$$w = 1/z \Rightarrow \begin{cases} \rho = 1/r \\ \varphi = -\theta \end{cases} \tag{6.17}$$

为方便以后的讨论，对倒数变换作以下约定与说明。

（1）规定倒数变换 $w = 1/z$ 将原点 $z = 0$ 映射成 $w = \infty$，将 $z = \infty$ 映射成 $w = 0$。

（2）记函数 $h(\zeta) = h\left(\dfrac{1}{z}\right) = f(z)$。规定复变函数 $f(z)$ 在 $\infty$ 点及其邻域的性质可以用 $h(\zeta)$ 在 $\zeta = 0$ 及其邻域的性质确定。例如，若 $h(\zeta)$ 在 $\zeta = 0$ 处解析，且有极限 $\lim\limits_{\zeta \to 0} h(\zeta) = h(0) = A$，则认为 $f(z)$ 在 $\infty$ 点解析，且有 $\lim\limits_{z \to \infty} f(z) = f(\infty) = A$。需要说明的是，前文讨论了复变函数 $f(z)$ 不可能在扩展复平面上具有保形性，这里通过引入 $h(\zeta)$ 使得可以研究 $f(z)$ 在 $\infty$ 点的性质，如保形性。换言之，通过规定复变函数 $f(z)$ 在 $\infty$ 点及其邻域的性质，使得可以研究在扩展复平面上具有保形性的复变函数。

观察式（6.17）可以发现，倒数变换可以看作对模与相角的转变，其中相角取相反数；模取倒数，即如果 $|z| < 1$，则 $|w| > 1$，反之亦然，如图6.10所示。

从图6.10中可以看出，倒数变换可以分解为两步：

$$\zeta = \frac{z}{|z|^2}, \quad w = \overline{\zeta} \tag{6.18}$$

为说明 $z_0$、$\zeta_0$ 与 $w_0$ 的几何关系，引入圆周对称的定义：记圆的半径为 $R$，$A$ 与 $B$ 两点在从圆心 $O$ 出发的射线上，且 $OA \cdot OB = R^2$，则称 $A$ 与 $B$ 是**圆周对称**的，如图 6.11 所示。

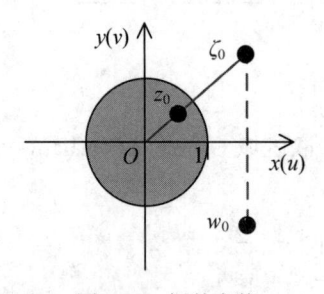

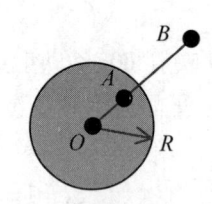

图 6.10　倒数变换　　　　　图 6.11　圆周对称示意图

根据圆周对称的定义可知，图 6.10 中 $z_0$ 与 $\zeta_0$ 是关于单位圆周对称的；$\zeta_0$ 与 $w_0$ 则关于实轴对称的，换言之，倒数变换是由关于单位圆周对称的映射 $\zeta = \dfrac{z}{|z|^2}$ 与关于实轴对称的映射 $w = \overline{\zeta}$ 复合而来。

### 6.2.2　分式线性映射的保形性

由于分式线性映射可以看作式（6.16）所表示的线性映射，与式（6.17）所表示的倒数变换的组合，下面分别分析它们的保形性。

以下先分析倒数变换 $w = 1/z$ 的保形性。

（1）倒数变换是一一对应的映射。

（2）当 $z \neq 0$ 且 $z \neq \infty$ 时，$w = 1/z$ 解析，且导数 $\dfrac{\mathrm{d}w}{\mathrm{d}z} = -\dfrac{1}{z^2} \neq 0$，因此是保形的。

（3）当 $z = \infty$ 时，令 $\zeta = 1/z$，则 $w = h(\zeta) = \zeta$，显然 $h(\zeta)$ 在 $\zeta = 0$ 处解析，且有 $h'(0) = 1 \neq 0$，因此 $h(\zeta)$ 在 $\zeta = 0$ 处是保形的，因此 $w = 1/z$ 在无穷远点是保形的。

（4）当 $z = 0$ 时，令 $\zeta = 1/z$，则 $w = h(\zeta) = \zeta$，根据第（3）点可知 $h(\zeta)$ 在 $\zeta = \infty$ 处是保形的，因此 $w = 1/z$ 在原点处也是保形的。

综合（1）～（4）可知，倒数变换是扩展复平面上的保形映射。

再分析线性映射 $w = a \cdot z + b$，$a \neq 0$ 的保形性。

（1）线性映射是一一对应的映射。

（2）当 $z \neq \infty$ 时，$w = a \cdot z + b$ 解析，且 $\dfrac{dw}{dz} = a \neq 0$，因此线性映射在复平面上是保形映射。

（3）当 $z = \infty$ 时，令 $\zeta = 1/z$、$\mu = 1/w$，则 $\mu = h(\zeta) = \dfrac{\zeta}{b\zeta + a}$，显然 $h(\zeta)$ 在 $\zeta = 0$ 处解析，且有 $h'(0) = 1/a \neq 0$，因此 $h(\zeta)$ 在 $\zeta = 0$ 处是保形的，由于倒数变换在原点处是保形的，故 $w = 1/\mu = a \cdot z + b$ 在无穷远点是保形的。

综合（1）～（3）可知，线性映射是扩展复平面上的保形映射。

因此可知，**分式线性映射在扩展复平面上是保形映射**。

### 6.2.3 分式线性映射的保圆性

线性映射与倒数变换都具有将圆周映射成圆周的性质，这里对圆的概念进行推广，认定复平面上的直线是圆的特例，即将直线看作半径为无穷大的圆。由于线性映射 $w = a \cdot z + b$，$a \neq 0$ 是将 $z$ 平面上的一点经过平移、旋转与伸缩而得到象点 $w$ 的，因此 $z$ 平面上的一个圆周或者一条直线，经线性映射仍然是一个圆周或者一条直线。故线性映射在扩展复平面上将圆周映射成圆周，称这种性质为**保圆性**。下面证明倒数变换也具有保圆性。

令 $z = x + \mathrm{i}y$、$w = u + \mathrm{i}v$，则由 $w = 1/z$ 可得：

$$\begin{cases} u = \dfrac{x}{x^2 + y^2} \\ v = \dfrac{-y}{x^2 + y^2} \end{cases} \text{与} \begin{cases} x = \dfrac{u}{u^2 + v^2} \\ y = \dfrac{-v}{u^2 + v^2} \end{cases} \qquad (6.19)$$

因此，映射 $w = 1/z$ 将方程

$$A(x^2 + y^2) + Bx + Cy + D = 0 \qquad (6.20)$$

映射成：

$$D(u^2 + v^2) + Bu - Cv + A = 0 \qquad (6.21)$$

在式（6.20）中若 $A \neq 0$ 则为圆方程；$A = 0$ 则为直线方程，由于式（6.21）具有相同的形式，故可知也为广义的圆方程。在上两式中，若 $A \neq 0$、$D \neq 0$，则倒数变换是将圆映射成圆；若 $A = 0$、$D \neq 0$，则倒数变换是将直线映射成圆；若 $A \neq 0$、$D = 0$，则倒数变换是将圆映射成直线；若 $A = 0$、$D = 0$，则倒数变换是将直线映射成直线。

综合以上分析可知：**分式线性映射在扩展复平面上具有保圆性**。根据直线与圆的特点，容易知道在分式线性映射下，给定 $z$ 平面上的直线或圆周，若没有点映射成无穷远点，则它映射成半径有限的圆周；若有一个点映射成无穷远点，则它映射成 $w$ 平面上的直线。

由于三点可以确定一个圆，因此在求解分式线性映射下圆周或者圆形区域的象的时候，只需在圆周上取三个点，分别求出它们的象，即可得到相应在 $w$ 平面上的圆周或圆形区域。如果求解线段或圆弧的象，则其中两个点必须是端点。

**例 6.8** 求解虚轴在分式线性映射 $w=\dfrac{3z-2}{z-1}$ 下的象曲线。

**解**：分式线性映射具有保圆性，在虚轴上选取原点、$z=\mathrm{i}$ 与无穷远点三个点，计算得到它们的象：

$$z_1 = 0 \Rightarrow w_1 = \frac{3z_1 - 2}{z_1 - 1} = 2$$

$$z_2 = \mathrm{i} \Rightarrow w_2 = \frac{3z_2 - 2}{z_2 - 1} = \frac{5}{2} - \frac{1}{2}\mathrm{i}$$

$$z_3 = \infty \Rightarrow w_3 = \lim_{z \to \infty} \frac{3z - 2}{z - 1} = 3$$

由于这三点不在一条直线上，因此可知将虚轴映射成圆，如图 6.12 所示。

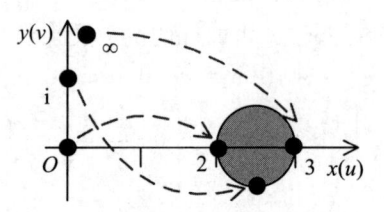

图 6.12 例 6.8 图示

可见象曲线是 $w$ 平面上圆心在 2.5 处、半径为 0.5 的圆。

### 6.2.4 分式线性映射的保对称性

在介绍分式线性映射的保对称性之前，先介绍**正交圆引理**：扩展复平面上 $z_1$ 与 $z_2$ 关于圆周 $C$ 对称的充要条件是，任意经过 $z_1$ 与 $z_2$ 的圆都与 $C$ 正交。

**证明**：记经过 $z_1$ 与 $z_2$ 的任意圆周为 $\Gamma$。第一种情况：如果 $C$ 为半径无穷大的圆，也就是直线，$\Gamma$ 是半径有限的圆，则引理是成立的。第二种情况：若 $z_1$ 与 $z_2$ 中有一点是无穷远点，即 $\Gamma$ 是直线，$C$ 是半径有限的圆，引理显然也是成立的。第三种情况：$C$ 和 $\Gamma$ 都是直线，引理也是成立的。下面仅需证明第四种情况，如图 6.13 所示，$C$ 与 $\Gamma$ 都是半径有限的圆的情况下引理也成立。

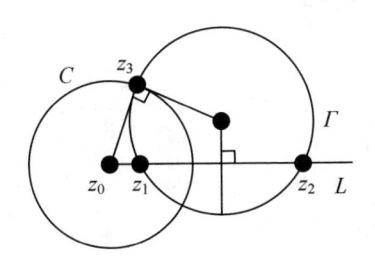

图 6.13 正交圆引理

如图 6.13 所示，记 $L$ 为连接 $z_1$ 与 $z_2$ 的直线，由于 $z_1$ 与 $z_2$ 关于 $C$ 对称，故 $C$ 的圆心 $z_0$ 在直线 $L$ 上，记 $C$ 与 $\Gamma$ 的交点为 $z_3$，连接 $z_0$ 与 $z_3$。

先证必要性，由于 $z_1$ 与 $z_2$ 关于圆周 $C$ 对称，根据对称的定义可知：

$$|z_1 - z_0| \cdot |z_2 - z_0| = R^2 = |z_3 - z_0|^2$$

根据切割线定理可知连接 $z_0$ 与 $z_3$ 的直线是圆周 $\Gamma$ 的切线，因此 $\Gamma$ 与 $C$ 正交。

再证充分性，$z_0$ 是圆周 $\Gamma$ 外的一点，由于 $\Gamma$ 与 $C$ 正交，可知连接 $z_0$ 与 $z_3$ 的直线是圆周 $\Gamma$ 的切线，由切割线定理可知：

$$|z_1 - z_0| \cdot |z_2 - z_0| = |z_3 - z_0|^2 = R^2$$

根据点关于圆周对称的定义可知，$z_1$ 与 $z_2$ 关于圆周 $C$ 对称，原引理得证。利用正交圆引理可以证明以下命题：

**保对称点定理**：设 $z_1$ 与 $z_2$ 关于圆周 $C$ 对称，则在分式线性映射下，它们的象点 $w_1$ 与 $w_2$ 关于圆周 $C$ 的象曲线 $\Gamma$ 对称。

**证明**：设 $\Gamma'$ 是经过 $w_1$ 与 $w_2$ 的任意一个圆，它的原象 $C'$ 是经过 $z_1$ 与 $z_2$ 的圆。由 $z_1$ 与 $z_2$ 关于圆周 $C$ 对称，根据正交圆引理可知 $C'$ 与 $C$ 正交，由于分式线性映射是保角的，故可知 $\Gamma'$ 与 $\Gamma$ 正交，也就是说：经过 $w_1$ 与 $w_2$ 的任意一个圆 $\Gamma'$ 与 $\Gamma$ 正交，根据正交圆引理可知，$w_1$ 与 $w_2$ 关于圆周 $\Gamma$ 对称，定理得证。

**例 6.9** 求一个分式线性映射 $w = \dfrac{az + b}{cz + d}$，它将单位圆内部映射为上半平面。

**解**：画出示意图如图 6.14 所示，根据边界对应原理可知，该分式线性映射只要能把单位圆的正向 $C$ 映射为 $w$ 平面实轴的正向 $\Gamma$，就可以把单位圆内部区域映射为上半平面。

设该分式线性映射将 $z$ 平面的原点映射成 $w$ 平面的 $w = \mathrm{i}$，由于在 $z$ 平面上原点与无穷远点 $\infty$ 是关于单位圆周对称的，根据保对称性可知，$z = \infty$ 将映射为 $w$ 平

面上的 $w=-\mathrm{i}$，将这两点代入分式线性映射的定义可得：

$$\frac{a\cdot 0+b}{c\cdot 0+d}=\mathrm{i}, \quad \lim_{z\to\infty}\frac{a\cdot z+b}{c\cdot z+d}=-\mathrm{i}$$

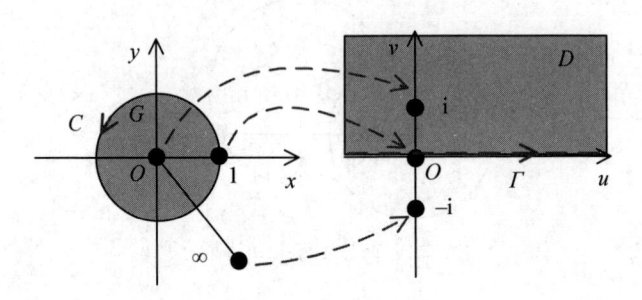

图 6.14　例 6.9 图示

联立以上两个方程可得：

$$b=\mathrm{i}d, \quad a=-\mathrm{i}c \tag{*}$$

还需再找一点，在 $C$ 上取 $z=1$，假设它被映射为 $w$ 平面上的原点，则可知：

$$\frac{a+b}{c+d}=0 \Rightarrow a=-b \tag{**}$$

综合式（*）与式（**）可得：$a=-\mathrm{i}d$、$b=\mathrm{i}d$、$c=d$，代入分式线性映射可得：

$$w=\frac{az+b}{cz+d}=\frac{-\mathrm{i}dz+\mathrm{i}d}{dz+d}=\mathrm{i}\frac{1-z}{1+z}$$

上式就是求得的分式线性映射。

通过例 6.9 可以看到，满足要求的映射不是唯一的，只要改变点的取法，就会得到不同的函数。另一方面也可以看到，确定了三个点对应的映射，则分式线性映射就会唯一地确定下来，那么是不是任意选取三个不同的点都能唯一确定分式线性映射呢？下面就讨论这个问题。

### 6.2.5　唯一决定分式线性映射的条件

分式线性函数中有四个系数 $a$、$b$、$c$、$d$，由于存在比例关系，故只有三个是独立的，因此通过三个条件就可以完全确定，严格地，有以下定理。

**唯一决定分式线性映射的条件**：在 $z$ 平面上任意给定三个不同的点 $z_1$、$z_2$、$z_3$，在 $w$ 平面上也任意给定三个不同的点 $w_1$、$w_2$、$w_3$，则存在唯一的分式线性映射，把 $z_1$、$z_2$、$z_3$ 依次映射成 $w_1$、$w_2$、$w_3$。

**证明**：设 $w = \dfrac{az+b}{cz+d}$（$ad-bc \neq 0$）将 $z_1$、$z_2$、$z_3$ 依次映射成 $w_1$、$w_2$、$w_3$，即：

$$w_k = \frac{az_k+b}{cz_k+d} \quad (k=1, 2, 3)$$

因此有：

$$w - w_k = \frac{(z-z_k)(ad-bc)}{(cz+d)(cz_k+d)} \quad (k=1, 2)$$

$$w_3 - w_k = \frac{(z_3-z_k)(ad-bc)}{(cz_3+d)(cz_k+d)} \quad (k=1, 2)$$

由此可得：

$$\frac{w-w_1}{w-w_2} \cdot \frac{w_3-w_2}{w_3-w_1} = \frac{z-z_1}{z-z_2} \cdot \frac{z_3-z_2}{z_3-z_1} \tag{6.22}$$

式（6.22）整理后即可得到形如 $w = \dfrac{az+b}{cz+d}$ 的分式线性映射，它满足条件且不含未知参数，从而证明了存在性。

另外，如果存在另一个分式线性映射 $w = \dfrac{\alpha z + \beta}{\gamma z + \delta}$ 也把 $z_1$、$z_2$、$z_3$ 依次映射成 $w_1$、$w_2$、$w_3$，那么重复以上的步骤，消去参数 $\alpha$、$\beta$、$\gamma$、$\delta$ 之后仍然得到式（6.22），因此式（6.22）是唯一的，定理证毕。

式（6.22）也称为**对应点公式**。在式（6.22）中可以看到，当 $z = z_1$、$z_2$、$z_3$ 时依次有 $w = w_1$、$w_2$、$w_3$，并且在这个次序下，等式两边依次等于 0、$\infty$、1，因此在实际应用的时候，会选取 $w = 0$、$w = \infty$ 等特殊的点简化公式，以简化运算。定理有以下推论：

**推论 1**：如果 $z_1$、$z_2$、$z_3$ 或 $w_1$、$w_2$、$w_3$ 有某个点是 $\infty$，则只需将对应点的因子换为 1 即可。例如 $w_1 = \infty$，则式（6.22）更改为：

$$\frac{w_3-w_2}{w-w_2} = \frac{z-z_1}{z-z_2} \cdot \frac{z_3-z_2}{z_3-z_1}$$

**推论 2**：设 $w = f(z)$ 是分式线性映射，且有 $w_1 = f(z_1)$、$w_2 = f(z_2)$，则分式线性映射可表示为：

$$\frac{w-w_1}{w-w_2} = k \frac{z-z_1}{z-z_2} \quad (k \text{ 为复常数}) \tag{6.23}$$

特别地，当 $w_1 = 0$、$w_2 = \infty$ 时，有：

$$w = k\frac{z-z_1}{z-z_2} \quad (k \text{ 为复常数}) \tag{6.24}$$

式（6.24）在构造区域间的保形映射时非常有用，特别是应用在把以 $z_1$、$z_2$ 为端点的弧段映射成过原点的直线的过程中。注意到，由于推论 2 只给定了两个点，因此式（6.24）的 $k$ 是未定的常数，需要再确定一个点的映射才能计算得到它的值。

**例 6.10** 求一个分式线性映射，将单位圆的上半部分映射为 $w$ 平面的第三象限。

**解**：画出示意图如图 6.15 所示，单位圆的上半部分区域的边界分为光滑的两段曲线 $C_1$ 与 $C_2$，它们的端点分别为 $z_1 = -1$ 与 $z_2 = 1$，其中 $C_1$ 是从 $z_1$ 到 $z_2$ 的线段，$C_2$ 是从 $z_2$ 到 $z_1$ 的圆弧。

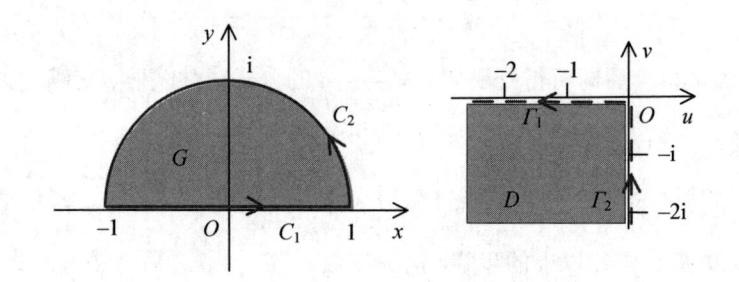

图 6.15 例 6.10 图示

将 $z_1 = -1$ 映射到 0；$z_2 = 1$ 映射到 $\infty$，代入式（6.24）可得：

$$w = k\frac{z+1}{z-1} \quad (k \text{ 为复常数})$$

任取 $C_1$ 上一点与它的象曲线 $\Gamma_1$ 上一点，比如第三点选择 $z$ 平面上的原点映射到 $w$ 平面上的 $w = -1$ 点，代入上式可得 $k = 1$，因此分式线性映射为：

$$w = \frac{z+1}{z-1}$$

当第三个点另有选择的时候，上式会有 $r$（$r > 0$）倍的系数。

### 6.2.6 分式线性映射应用举例

下面给出四个例子。前两个例子是已知分式线性映射的情况下，求取象区域；后两个例子，是在给定原象区域与象区域的条件下，求取分式线性映射。

**例 6.11** 分式线性映射 $w = \dfrac{2z+1}{z-1}$，求在它的映射下单位圆内区域与复平面上半平面的象区域。

**解**：（1）单位圆内区域，即 $|z|<1$，根据边界对应原理，只需求出边界，即单位圆在该映射下的象曲线，确定象曲线的方向，即可求得象区域。画出示意图如图 6.16 所示。

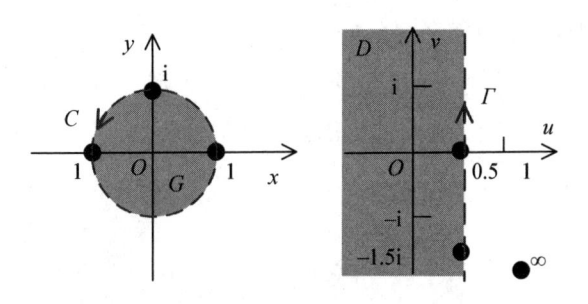

图 6.16　例 6.11 图示（1）

在单位圆上选取 $z_1 = 1$、$z_2 = \mathrm{i}$、$z_3 = -1$，代入分式线性映射可得：

$$z_1 = 1 \Rightarrow w_1 = \lim_{z \to 1} \frac{2z+1}{z-1} = \infty$$

$$z_2 = \mathrm{i} \Rightarrow w_2 = \frac{2z_2+1}{z_2-1} = 0.5 - 1.5\mathrm{i}$$

$$z_3 = -1 \Rightarrow w_3 = \frac{2z_3+1}{z_3-1} = 0.5$$

由于 $w_1 = \infty$，可知象曲线是条直线，经过 $w_2$ 与 $w_3$ 的直线方程为 $\mathrm{Re}\,w = 0.5$，方向由下向上，因此可知象区域为 $\mathrm{Re}\,w < 0.5$。

（2）复平面上半平面，即 $\mathrm{Im}\,z > 0$，它的边界是实轴，画出示意图如图 6.17 所示。

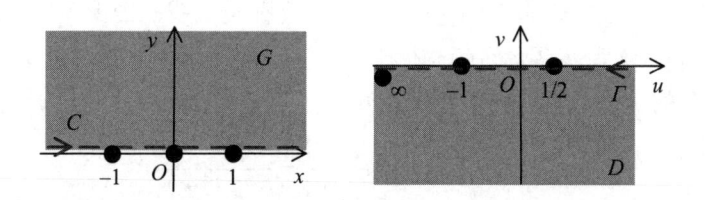

图 6.17　例 6.11 图示（2）

在实轴上选取 $z_1 = -1$、$z_2 = 0$、$z_3 = 1$，代入分式线性映射可得：

$$z_1 = -1 \Rightarrow w_1 = \frac{2z_1+1}{z_1-1} = 0.5$$

$$z_2 = 0 \Rightarrow w_2 = \frac{2z_2+1}{z_2-1} = -1$$

$$z_3 = 1 \Rightarrow w_3 = \lim_{z \to 1}\frac{2z+1}{z-1} = \infty$$

由于 $w_3 = \infty$，可知象曲线是条直线，经过 $w_2$ 与 $w_3$ 的直线方程为实轴，取实轴的相反方向，因此可知象区域为 $\text{Im}\,z < 0$。

**例 6.12**  对于圆心在 $z = 1$，半径为 $\sqrt{2}$ 的圆与虚轴围成的弓形区域，求该区域在分式线性映射 $w = \dfrac{z-i}{z+i}$ 下映射成的象区域。

**解**：画出原象区域的图形如图 6.18 所示。

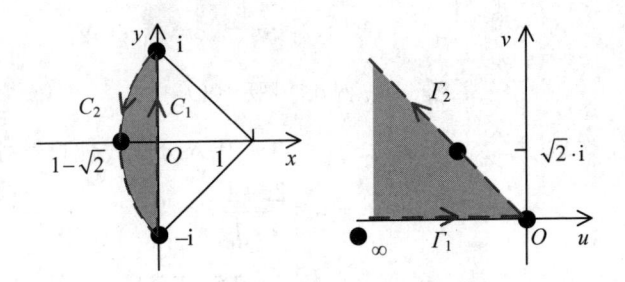

图 6.18  例 6.12 图示

区域的边界可分为两段：$C_1$ 与 $C_2$，根据前文内容可知，对于线段与弧，用它们的端点作为对应点，记 $z_1 = -i$、$z_2 = i$，代入分式线性映射可得：

$$z_1 = -i \Rightarrow w_1 = \frac{z_1-i}{z_1+i} = \infty$$

$$z_2 = i \Rightarrow w_2 = \frac{z_2-i}{z_2+i} = 0$$

由于 $w_1 = \infty$，可知 $C_1$ 与 $C_2$ 的象 $\varGamma_1$ 与 $\varGamma_2$ 都是直线；由于 $w_2 = 0$，可知它们都过原点。为了确定两条直线的具体指向，在 $C_1$ 上选择原点，可知原点的象是 $-1$，因此 $\varGamma_1$ 为负的实轴，且方向与实轴相同；在 $C_2$ 上选择 $z_3 = 1-\sqrt{2}$，可得：

$$z_3 = 1-\sqrt{2} \Rightarrow w_3 = \frac{z_3-i}{z_3+i} = -\frac{\sqrt{2}}{2} + \frac{\sqrt{2}}{2}i$$

画出 $\varGamma_2$ 如图 6.18 所示，由 $\varGamma_1$ 与 $\varGamma_2$ 的方向可知象区域为 $\dfrac{3\pi}{4} < \arg w < \pi$。

**例 6.13**  求分式线性映射，把上半平面 $\text{Im}\,z > 0$ 映射到单位圆内部 $|w| < 1$。

**解**：在上半平面任取一点 $z_1$，它的象为 $w$ 平面上的原点；根据保对称点原理可知，$z_1$ 关于实轴的对称点，即它的共轭 $\bar{z}_1$，它的象应是 $w$ 平面上的原点关于单位圆的对称点，即无穷远点 $\infty$，由式（6.24）可知分式线性映射满足：

$$w = k\frac{z-z_1}{z-z_2} = k\frac{z-z_1}{z-\bar{z}_1} \quad (k \text{ 为复常数})$$

当 $z_0$ 在边界，即实轴上取值时，它的象满足 $\left|\dfrac{z-z_0}{z-\bar{z}_0}\right| = 1$，注意到实轴的象曲线是 $w$ 平面上的单位圆，故 $z_0$ 的象 $w_0$ 的模等于 1，可知 $k = \mathrm{e}^{\mathrm{i}\theta_0}$，其中 $\theta_0$ 为任意的实常数，因此所求的分式线性映射为：

$$w = \mathrm{e}^{\mathrm{i}\theta_0} \cdot \frac{z-z_1}{z-\bar{z}_1} \tag{6.25}$$

举例来说，$\theta_0 = 0$、$z_1 = \mathrm{i}$，则可得分式线性映射 $w = \dfrac{z-\mathrm{i}}{z+\mathrm{i}}$。可见式（6.25）是这类题目的一般解。事实上，求解 $z$ 平面上圆（含直线）内区域或圆外区域到 $w$ 平面上圆（含直线）内区域或圆外区域的分式线性映射时，都可以这么做。

**例 6.14** 求分式线性映射 $w = f(z)$，把上半平面 $\mathrm{Im}\, z > 0$ 映射成 $|w - 2\mathrm{i}| < 2$，且满足 $f(2\mathrm{i}) = 2\mathrm{i}$，$\arg f'(2\mathrm{i}) = 0$。

**解**：映射可以分解为两步，第一步将上半平面映射到 $\zeta$ 平面的单位圆；第二步将单位圆映射为 $w$ 平面上的区域 $|w - 2\mathrm{i}| < 2$，如图 6.19 所示。

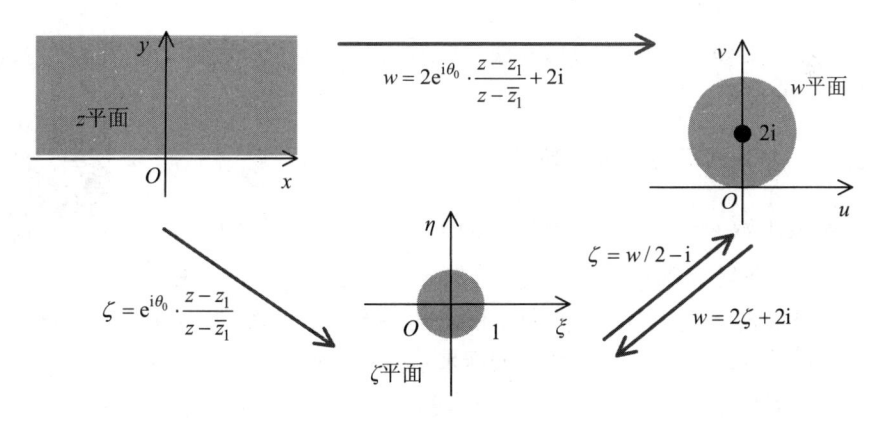

图 6.19 例 6.14 图示

其中第一步由式（6.25）可知：

$$\zeta = \mathrm{e}^{\mathrm{i}\theta_0} \cdot \frac{z-z_1}{z-\bar{z}_1} \tag{*}$$

式中，$\theta_0$ 为任意的实常数；$z_1$ 为 $z$ 平面上任意一点。如图 6.19 所示，将 $w$ 平面上的圆 $|w-2\mathrm{i}|<2$ 映射为单位圆的变换为 $\zeta=w/2-\mathrm{i}$，故可知逆映射为：
$$w=2\zeta+2\mathrm{i} \tag{**}$$

联立式（*）与式（**），可知把上半平面 $\operatorname{Im}z>0$ 映射成 $|w-2\mathrm{i}|<2$ 的分式线性映射满足：
$$w=f(z)=2\mathrm{e}^{\mathrm{i}\theta_0}\cdot\frac{z-z_1}{z-\overline{z_1}}+2\mathrm{i} \tag{6.26}$$

它的导函数为：
$$f'(z)=2\mathrm{e}^{\mathrm{i}\theta_0}\cdot\frac{z_1-\overline{z_1}}{(z-\overline{z_1})^2} \tag{6.27}$$

将 $f(2\mathrm{i})=2\mathrm{i}$ 代入式（6.26）可得 $z_1=2\mathrm{i}$，将 $z_1=2\mathrm{i}$ 代入式（6.27）可得：
$$f'(z)=8\mathrm{i}\mathrm{e}^{\mathrm{i}\theta_0}\cdot\frac{1}{(z+2\mathrm{i})^2}\Rightarrow f'(2\mathrm{i})=\frac{1}{2\mathrm{i}}\mathrm{e}^{\mathrm{i}\theta_0}\Rightarrow \arg f'(2\mathrm{i})=\theta_0-\frac{\pi}{2}$$

将 $\arg f'(2\mathrm{i})=0$ 代入上式可得 $\theta_0=\dfrac{\pi}{2}$，因此：
$$w=f(z)=2\mathrm{i}\cdot\frac{z-2\mathrm{i}}{z+2\mathrm{i}}+2\mathrm{i}=4\mathrm{i}\cdot\frac{z}{z+2\mathrm{i}}$$

## 6.3 初等函数的映射

这里仅介绍复指数函数与幂函数构成的映射，其中幂函数仅分析指数为大于 1 的正整数的情形。

### 6.3.1 复指数函数构成的映射

复指数函数 $w=f(z)=\mathrm{e}^z$ 在复平面上处处解析，且 $f'(z)=\mathrm{e}^z\neq 0$，因此在复平面上形成的映射是第一类保角映射。由于复指数函数是周期函数，因此不是复平面上的保形映射。如果只考虑一个周期，例如带状区域 $G=\{z\,|\,0<\operatorname{Im}z<2\pi\}$ 内的映射，则在该区域内是保形映射。当然，任意选取一个周期都是可以的，这里以 $G$ 或 $G$ 的子集为例加以说明。

令 $z=x+\mathrm{i}y$、$w=\rho\mathrm{e}^{\mathrm{i}\varphi}$，则可知 $w=\mathrm{e}^x\cdot\mathrm{e}^{\mathrm{i}y}$，即 $\rho=\mathrm{e}^x$、$\varphi=y$。可知，复指数函数将带状区域 $0<\operatorname{Im}z<y_0$（$y_0\leqslant 2\pi$）保形地映射为 $0<\arg w<y_0$，也就是说，指数函数是将 $z$ 平面上平行于 $x$ 轴的带状区域映射为 $w$ 平面上的角形区域，如图 6.20 所示。

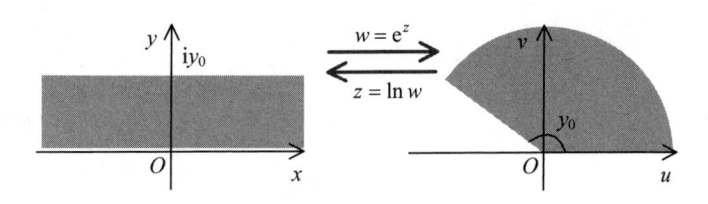

图 6.20 复指数函数构成的映射

图 6.20 中 $z$ 平面上的带是无限长的,如果带内的点的实部在一定范围内取值的话,则经复指数函数映射后 $w$ 平面上呈现扇环状。例如带状区域仅有左半平面,即 $G = \{z \,|\, \mathrm{Re}\, z < 0, 0 < \mathrm{Im}\, z < y_0\}$,那么它的象区域为:$D = \{w \,|\, 0 < |w| < 1, 0 < \arg w < y_0\}$,其中 $y_0 \leqslant 2\pi$。

**例 6.15** 求保形映射,把带状区域 $0 < \mathrm{Im}\, z < \pi$ 映射到单位圆内部 $|w| < 1$。

**解:** 可以将映射分为两步:第一步将带状区域映射为上半平面;第二步利用分式线性映射将上半平面映射到单位圆内,如图 6.21 所示。

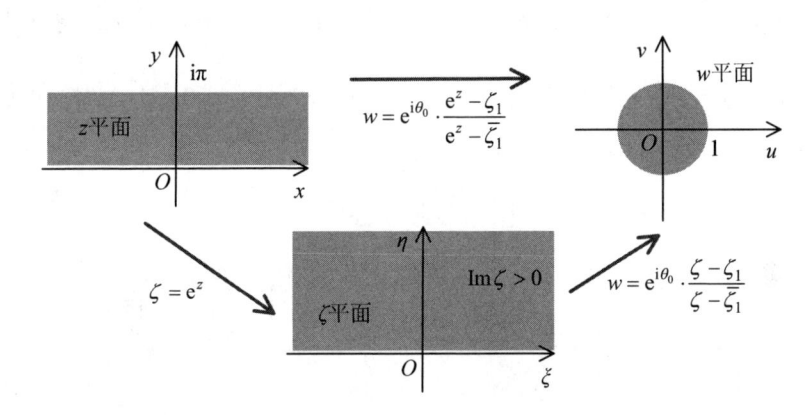

图 6.21 例 6.15 图示

复指数函数可以将 $z$ 平面上的带状区域 $0 < \mathrm{Im}\, z < \pi$ 映射为 $\zeta$ 平面的上半平面:
$$\zeta = \mathrm{e}^z \tag{*}$$

$\zeta$ 平面的上半平面可以通过式(6.25)映射为 $w$ 平面的单位圆内部:
$$w = \mathrm{e}^{\mathrm{i}\theta_0} \cdot \frac{\zeta - \zeta_1}{\zeta - \overline{\zeta_1}} \tag{**}$$

式中,$\theta_0$ 为任意实数;$\zeta_1$ 为任意虚部大于 0 的复数。综合式(*)与式(**)可知:

$$w = \mathrm{e}^{\mathrm{i}\theta_0} \cdot \frac{\mathrm{e}^z - \zeta_1}{\mathrm{e}^z - \overline{\zeta_1}}$$

这就是将 $z$ 平面上带状区域 $0 < \mathrm{Im}\, z < \pi$ 映射到 $w$ 平面单位圆内部 $|w| < 1$ 的保形映射。

### 6.3.2 幂函数构成的映射

幂函数 $w = z^n$（$n \geqslant 2$）在复平面上解析，且当 $z \neq 0$ 时导数不为 0，因此在复平面上除原点外构成第一类保角映射。但它不一定构成保形映射，例如 $w = z^2$，取 $z_1 = \mathrm{i}$、$z_2 = -\mathrm{i}$，有 $z_1^2 = z_2^2$，即幂函数不是单叶的。

下面简单分析一下幂函数构成保形映射的条件。记 $z = r\mathrm{e}^{\mathrm{i}\theta}$，$w = \rho\mathrm{e}^{\mathrm{i}\varphi}$，则 $w = z^n = r^n \mathrm{e}^{\mathrm{i}n\theta}$，也就是 $\rho = r^n$、$\varphi = n\theta$。为简便起见，仅考虑角形区域，设 $z$ 平面上角形区域 $0 < \theta < \theta_0$，则经 $w = z^n$ 映射后象的辐角满足 $0 < \varphi < n\theta_0$，因此如果要求映射是一一对应的，则 $\theta_0 \leqslant \dfrac{2\pi}{n}$。由此可知，幂函数 $w = z^n$ 将角形区域 $0 < \theta < \theta_0$（$\theta_0 \leqslant \dfrac{2\pi}{n}$）保形地映射为 $w$ 平面上的角形区域 $0 < \varphi < n\theta_0$，如图 6.22 所示，简单地说，幂函数的作用是放大角形区域。

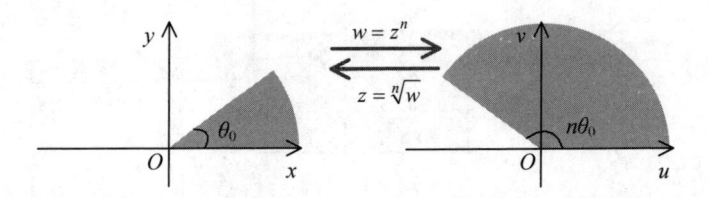

图 6.22 幂函数构成的映射

相应地，根式函数 $z = \sqrt[n]{w}$ 作为幂函数的逆映射，它的作用就是缩小角形区域。当区域是扇形区域，即模是有限的情况下，幂函数或根式函数会放大或缩小象的模。

**例 6.16** 求保形映射，把圆心在 $z = 1$，半径为 $\sqrt{2}$ 的圆与虚轴围成的弓形区域，映射到上半平面。

**解** 可以将映射分为三步：第一步利用例 6.12 的结论，将弓形区域映射为角形区域；第二步，将角形区域旋转到实轴正向；第三步，利用幂函数放大角形区域的性质放大到上半平面，如图 6.23 所示。

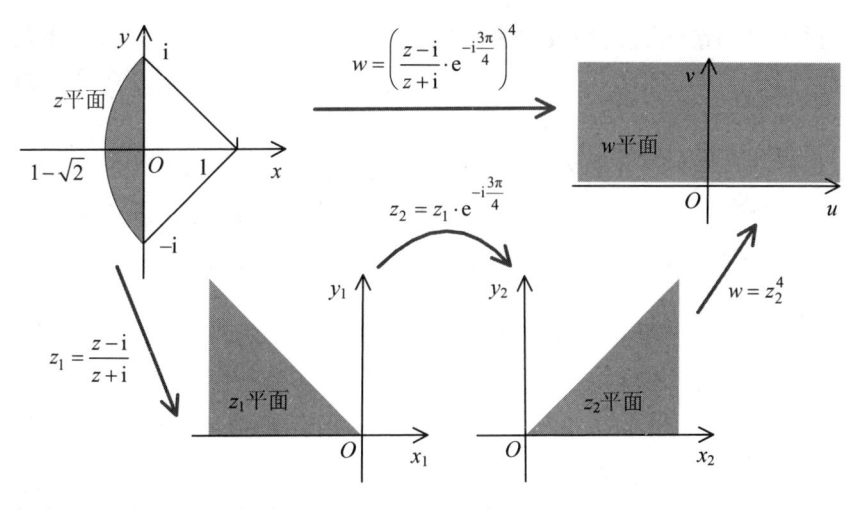

图 6.23 例 6.16 图示

根据例 6.12 的结论，将弓形区域映射成角形区域：

$$z_1 = \frac{z-i}{z+i} \tag{*}$$

将 $z_1$ 平面的角形区域旋转得到 $z_2$ 平面的角形区域：

$$z_2 = z_1 \cdot e^{-i\frac{3\pi}{4}} \tag{**}$$

利用幂函数的性质，将 $z_2$ 平面的角形区域放大到整个上半平面：

$$w = z_2^4 \tag{***}$$

综合式（*）、式（**）与式（***）可知：

$$w = \left(\frac{z-i}{z+i} \cdot e^{-i\frac{3\pi}{4}}\right)^4 = -\left(\frac{z-i}{z+i}\right)^4$$

这就是将 $z$ 平面上弓形区域映射到 $w$ 平面上半平面的保形映射。

## 本 章 小 结

本章通过对复变函数的导数的几何意义的分析，引入保形映射的概念。由此引入两个问题：其一，给定区域上的解析函数，计算在该函数的映射下区域的象；其二，给定原象区域与象区域，寻找建立它们之间映射的复变函数。

为了分析这两个问题，本章介绍了分式线性函数与两个初等函数：复指数函数与幂函数形成的映射的性质与特点。重点介绍了分式线性函数形成的映射具有的特点，分式线性映射不仅具有保形性，还具有保圆性、保对称性，利用这些性质可以构造区域到区域的保形映射。需要注意的是，分式线性函数只能实现圆（含广义的圆，即直线）内或外的区域之间的映射，以及多个圆组成的区域之间的映射。

复指数函数在一个周期内具有保形性，可以实现复平面上带状区域到角形区域的映射；指数为大于 1 的整数的幂函数，在一定的角度范围内是保形映射，可以实现角形区域到角形区域的映射。

## 练 习

### 一、证明题

1. 证明线性映射 $w = iz + i$ 将 $z$ 平面 $x > 0$ 的区域映射为 $w$ 平面 $v > 1$ 的区域。
2. 证明在映射 $w = e^{iz}$，将互相正交的直线族 $\operatorname{Re} z = c_1$ 与 $\operatorname{Im} z = c_2$ 映射成 $w$ 平面上的互相正交的直线族 $v = u \tan c_1$ 与圆族 $u^2 + v^2 = e^{-2c_2}$。

### 二、计算题

1. 试求映射 $w = z^3$ 在点 $z_0$ 处的伸缩率与旋转角：
   （1）$z_0 = 1$；                （2）$z_0 = -2i$；
   （3）$z_0 = 1 + i$；              （4）$z_0 = -2 - 3i$。
2. 求映射 $w = f(z) = (z - 1)^3$ 的等伸缩率与等旋转角的轨迹方程。
3. 映射 $w = iz$ 把下列图形映射成什么图形？
   （1）以 $z_1 = 1$、$z_2 = i$、$z_3 = -1$ 为顶点的三角形；
   （2）圆 $|z - i| = 2$。
4. 映射 $w = 2z + 3$ 把下列图形映射成什么图形？
   （1）圆 $|z| = 2$；              （2）直线 $y = x$；
   （3）圆 $|z - i| = 1$；           （4）直线 $x = a_0$。
5. 求下列映射将下列区域映射后的象区域：
   （1）映射 $w = \dfrac{z-1}{z+1}$，区域 $0 < \arg z < \dfrac{\pi}{2}$；
   （2）映射 $w = \dfrac{2z - i}{2 + iz}$，区域 $|z| < 1$、$\operatorname{Im} z > 0$；
   （3）映射 $w = \dfrac{z - i}{z + i}$，区域 $x > 0$、$y > 0$；

(4) 映射 $w = \dfrac{i}{z}$，区域 $\mathrm{Re}\, z > 0$、$0 < \mathrm{Im}\, z < 1$.

6. 求分式线性映射 $w = f(z)$，将上半平面映射为单位圆内，且满足以下条件：

(1) $f(\mathrm{i}) = 0$、$f(-1) = 1$；　　　　(2) $f(2\mathrm{i}) = 0$、$f(2\sqrt{3}) = 1$；

(3) $f(\mathrm{i}) = 0$、$\arg f'(\mathrm{i}) = 0$；　　(4) $f(\mathrm{i}) = 0$、$\arg f'(\mathrm{i}) = \pi/2$.

7. 求分式线性映射 $w = f(z)$，将单位圆内映射为单位圆内，且满足以下条件：

(1) $f\left(\dfrac{1}{2}\right) = 0$、$f(-1) = 1$；　　(2) $f\left(\dfrac{1}{2}\right) = 0$、$\arg f'\left(\dfrac{1}{2}\right) = 0$；

(3) $f\left(\dfrac{1}{2}\right) = 0$、$\arg f'\left(\dfrac{1}{2}\right) = \pi/2$；　(4) $f(a) = a$、$\arg f'(a) = \varphi$.

8. 求将圆形区域 $|z| < R$，$R > 0$ 映射到单位圆内的分式线性映射。

9. 求将圆形区域 $|z - 1| < 1$ 映射到单位圆内的分式线性映射。

10. 求将下列区域映射到上半平面的保形映射。

(1) 带状区域 $0 < \mathrm{Im}\, z < \pi/2$；

(2) 带状区域 $\pi/2 < \mathrm{Re}\, z < \pi$；

(3) 角形区域 $0 < \arg z < \dfrac{\pi}{2}$，$|z| < \sqrt{2}$；

(4) 角形区域 $-\dfrac{\pi}{4} < \arg z < 0$，$|z| > 1$.

# 第 7 章 傅里叶变换

## 本章导读

之前学习实变函数与复变函数时，一般要求函数是连续的，或者是可导的。在工程实践中常遇到不连续变化的物理量，需要理论建模并加以研究，为此本章介绍了单位阶跃函数与单位脉冲函数。工程实践中遇到的系统可以用常微分方程或偏微分方程来建模，直接解微分方程是困难的，本章介绍的积分变换就是为了解决这个问题引入的。

作为积分变换的一种，本章介绍的傅里叶变换在工程领域，如电学、光学中应用广泛。一方面，傅里叶变换可以对分段连续、可积的函数进行变换；通过引入单位脉冲函数，还可以对如复指数函数、三角函数等不是绝对可积的函数进行变换，通过傅里叶变换给出函数的另外一种表示方法。另一方面，傅里叶变换还可以用来解微分方程，本章通过例子对此进行了说明。

## 本章要点

- 单位脉冲函数的概念与性质
- 卷积的概念与性质
- 傅里叶变换的概念
- 傅里叶变换的性质

## 7.1 预备知识

在学习傅里叶变换之前，先介绍一些预备知识。

### 7.1.1 单位脉冲函数

在工程应用中，常遇到不连续变化的物理现象，例如电路系统中的开关，开关闭合时，电路导通；开关打开时，电路断开。开与关的瞬间对电路来说非常重要，因此需要对不连续变化的物理现象进行建模。为此定义：

$$u(t)=\begin{cases}0, & t\leqslant 0\\ 1, & t>0\end{cases} \tag{7.1}$$

称 $u(t)$ 为**单位阶跃函数**，其中 $t$ 为实的自变量，可以用来表示时间或者空间的变化，对于开关来说，$t$ 表示时间。利用单位阶跃函数可以表示不连续的物理现象，例如分段函数

$$f(t)=\begin{cases}0, & t\leqslant 0\\ \mathrm{e}^{-at}, & t>0\end{cases}$$

即可表示为 $f(t)=\mathrm{e}^{-at}u(t)$，在此基础上可以研究函数在不连续的点的性质。为此，将单位阶跃函数 $u(t)$ 视作 $u_\varepsilon(t)$ 的极限，其中 $u_\varepsilon(t)$ 满足：

$$u_\varepsilon(t)=\begin{cases}0, & t<-\varepsilon\\ \dfrac{1}{2\varepsilon}(t+\varepsilon), & -\varepsilon\leqslant t<\varepsilon\\ 1, & t\geqslant\varepsilon\end{cases} \tag{7.2}$$

当 $\varepsilon\to 0$ 时，$u_\varepsilon(t)\to u(t)$，$u_\varepsilon(t)$ 与 $u(t)$ 如图 7.1 所示。

求 $u_\varepsilon(t)$ 的导数可得：

$$\delta_\varepsilon(t)=u'_\varepsilon(t)=\begin{cases}0, & t<-\varepsilon\\ \dfrac{1}{2\varepsilon}, & -\varepsilon\leqslant t<\varepsilon\\ 0, & t\geqslant\varepsilon\end{cases} \tag{7.3}$$

绘出 $\delta_\varepsilon(t)$ 的图形如图 7.2 所示。

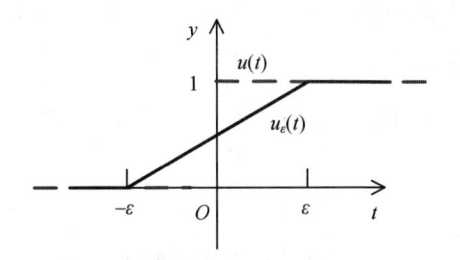

图 7.1　单位阶跃函数

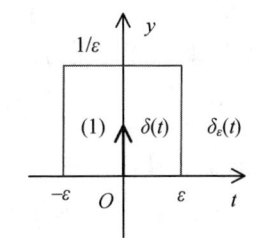

图 7.2　单位脉冲函数

当 $\varepsilon\to 0$ 时，考察 $\delta_\varepsilon(t)$ 的极限，为此引入单位脉冲函数的定义：对于任何一个无穷次可微的函数 $f(t)$，如果满足：

$$\int_{-\infty}^{+\infty}\delta(t)f(t)\mathrm{d}t=\lim_{\varepsilon\to 0}\int_{-\infty}^{+\infty}\delta_\varepsilon(t)f(t)\mathrm{d}t \tag{7.4}$$

则称 $\delta_\varepsilon(t)$ 的弱极限为**单位脉冲函数**，记为 $\delta(t)$：

$$\lim_{\varepsilon\to 0}\delta_\varepsilon(t)=\delta(t) \tag{7.5}$$

弱极限的定义可参见相关参考文献。由于 $\int_{-\infty}^{+\infty}\delta_{\varepsilon}(t)\mathrm{d}t=1$，将 $f(t)=1$ 代入式（7.4）可得：

$$\int_{-\infty}^{+\infty}\delta(t)\mathrm{d}t=1 \tag{7.6}$$

可知，单位脉冲函数区别于一般的实变函数，它满足：

$$\delta(t)=\begin{cases}0, & t\neq 0 \\ +\infty, & t=0\end{cases} \tag{7.7}$$

因此在工程上用长度为 1 的有向线段来表示单位脉冲函数，如图 7.2 所示。单位脉冲函数有如下性质。

（1）单位脉冲函数是偶函数：$\delta(-t)=\delta(t)$。

（2）单位阶跃函数是单位脉冲函数的原函数；单位脉冲函数是单位阶跃函数的导函数：

$$u'(t)=\delta(t),\quad \int_{-\infty}^{t}\delta(\tau)\mathrm{d}\tau=u(t) \tag{7.8}$$

（3）若 $a$ 是非零实数，则有：

$$\delta(at)=\frac{1}{|a|}\delta(t) \tag{7.9}$$

（4）记 $t_0$ 为常数，对于任意函数 $f(t)$，有：

$$\delta(t-t_0)f(t)=\delta(t-t_0)f(t_0) \tag{7.10}$$

（5）记 $t_0$ 为常数，对于任意函数 $f(t)$，有：

$$\int_{-\infty}^{+\infty}\delta(t-t_0)f(t)\mathrm{d}t=f(t_0) \tag{7.11}$$

（6）如果 $f(t)$ 为无穷次可微的函数，则有：

$$\int_{-\infty}^{+\infty}\delta^{(n)}(t)f(t)\mathrm{d}t=(-1)^n f^{(n)}(0) \tag{7.12}$$

以上性质，请读者自行证明。

**例 7.1** 计算 $f(t)=\mathrm{e}^{-t}u(t)$ 的导数。

**解**：根据单位脉冲函数的性质可知，$u(t)$ 是可导的，利用求导的法则可知：

$$f'(t)=[\mathrm{e}^{-t}u(t)]'=-\mathrm{e}^{-t}u(t)+\mathrm{e}^{-t}\delta(t)=-\mathrm{e}^{-t}u(t)+\delta(t)$$

可以发现，对不连续的函数求导，在不连续的位置，导函数是存在的，且为单位脉冲函数的形式。

### 7.1.2 卷积

若已知函数 $f_1(t)$ 与 $f_2(t)$，称积分 $\int_{-\infty}^{+\infty}f_1(\tau)f_2(t-\tau)\mathrm{d}\tau$ 为函数

卷积

$f_1(t)$ 与 $f_2(t)$ 的卷积，记为：

$$f_1(t) * f_2(t) = \int_{-\infty}^{+\infty} f_1(\tau) f_2(t-\tau) \mathrm{d}\tau \tag{7.13}$$

可以证明卷积运算满足以下性质：
（1）交换律：$f_1(t) * f_2(t) = f_2(t) * f_1(t)$；
（2）结合律：$f_1(t) * [f_2(t) * f_3(t)] = [f_1(t) * f_2(t)] * f_3(t)$；
（3）对加法的分配律：$f_1(t) * [f_2(t) + f_3(t)] = f_1(t) * f_2(t) + f_1(t) * f_3(t)$。

卷积还具有以下基本性质。
（1）卷积的数乘性质，若记 $a$ 为常数，则有：

$$a[f_1(t) * f_2(t)] = [af_1(t)] * f_2(t) = f_1(t) * [af_2(t)]$$

（2）卷积的微分性质：

$$\frac{\mathrm{d}}{\mathrm{d}t}[f_1(t) * f_2(t)] = \frac{\mathrm{d}}{\mathrm{d}t} f_1(t) * f_2(t) = f_1(t) * \frac{\mathrm{d}}{\mathrm{d}t} f_2(t)$$

（3）卷积的积分性质：

$$\int_{-\infty}^{t} f_1(\tau) * f_2(\tau) \mathrm{d}\tau = \int_{-\infty}^{t} f_1(\tau) \mathrm{d}\tau * f_2(t) = f_1(t) * \int_{-\infty}^{t} f_2(\tau) \mathrm{d}\tau$$

（4）卷积绝对值不等式：

$$|f_1(t) * f_2(t)| \leqslant |f_1(t)| * |f_2(t)|$$

以上性质，请读者自行证明。

**例 7.2** 对于任意函数 $f(t)$，证明下列三个表达式成立：

$$f(t) * u(t) = \int_{-\infty}^{t} f(\tau) \mathrm{d}\tau \tag{7.14}$$

$$f(t) * \delta(t) = f(t) \tag{7.15}$$

$$f(t) * \delta'(t) = f'(t) \tag{7.16}$$

**证明**：根据卷积的定义，可得：

$$f(t) * u(t) = \int_{-\infty}^{+\infty} f(\tau) u(t-\tau) \mathrm{d}\tau$$

由单位阶跃函数的定义可知 $u(t-\tau) = \begin{cases} 0, & t \leqslant \tau \\ 1, & t > \tau \end{cases}$，代入上式可得：

$$f(t) * u(t) = \int_{-\infty}^{+\infty} f(\tau) u(t-\tau) \mathrm{d}\tau = \int_{-\infty}^{t} f(\tau) \mathrm{d}\tau，式（7.14）得证。$$

类似地，$f(t) * \delta(t) = \int_{-\infty}^{+\infty} f(\tau) \delta(t-\tau) \mathrm{d}\tau$，利用单位脉冲函数的性质式（7.11）可知：$f(t) * \delta(t) = f(t)$，式（7.15）得证。

$f(t) * \delta'(t) = \int_{-\infty}^{+\infty} \delta'(\tau) f(t-\tau) \mathrm{d}\tau$，利用单位脉冲函数的性质式（7.12）可知：

$f(t) * \delta'(t) = f'(t)$，式（7.16）得证。

通过式（7.14）～式（7.16）可以发现，求函数 $f(t)$ 的原函数和导函数，可以通过与单位阶跃函数，以及单位脉冲函数的导函数的卷积来实现。

**例 7.3** 计算 $f_1(t) = e^{-at}u(t)$ 与 $f_2(t) = e^{-bt}u(t)$ 的卷积，其中 $a \neq b$ 是正的常数。

**解**：根据卷积的定义可得：

$$f_1(t) * f_2(t) = \int_{-\infty}^{+\infty} e^{-a\tau}u(\tau)e^{-b(t-\tau)}u(t-\tau)d\tau$$

$$= e^{-bt}\int_0^{+\infty} e^{-(a-b)\tau}u(t-\tau)d\tau$$

上式中，如果 $t < 0$，被积函数的因子 $u(t-\tau)$ 只有在 $t > \tau$ 时等于 1，此时 $0 > t > \tau$，因此积分区间为空集，积分为 0；如果 $t > 0$，$u(t-\tau)$ 只有在 $t > \tau$ 时等于 1，只有当 $t > \tau > 0$ 时，积分区间才不会是空集，此时：

$$f_1(t) * f_2(t) = e^{-bt}\int_0^t e^{-(a-b)\tau}d\tau = -\frac{e^{-at} - e^{-bt}}{a-b}$$

综合可得：

$$f_1(t) * f_2(t) = \begin{cases} 0, & t \leq 0 \\ -\dfrac{e^{-at} - e^{-bt}}{a-b}, & t > 0 \end{cases}$$

故：$f_1(t) * f_2(t) = -\dfrac{e^{-at} - e^{-bt}}{a-b}u(t)$。

### 7.1.3 积分变换

在工程应用中常遇到常微分方程与偏微分方程的求解问题，直接求解比较困难，如图 7.3 所示。采用积分变换的方法，将微分方程转化为代数方程，求解代数方程的根之后再进行逆变换，即可获得原微分方程的解，这是积分变换的一个典型应用。可见，积分变换非常重要。

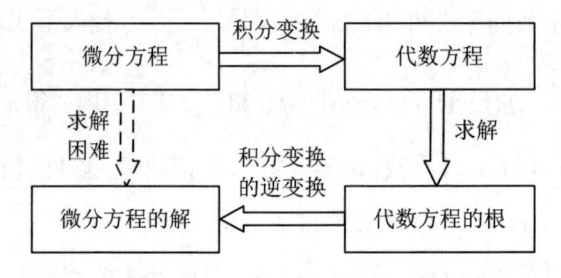

图 7.3 积分变换在微分方程求解中的应用示意图

已知函数 $f(t)$，若积分

$$F(s) = \int_a^b f(t) \cdot K(t,s) \mathrm{d}t \tag{7.17}$$

存在，其中积分限 $a$ 与 $b$ 可以取$-\infty$与$+\infty$，则称函数 $F(s)$ 为 $f(t)$ 的**积分变换**，含参变量的函数 $K(t,s)$ 称为**核函数**。积分变换可以看作函数到函数的映射，如图 7.4 所示，称 $f(t)$ 为**原象函数**，$F(s)$ 为**象函数**。

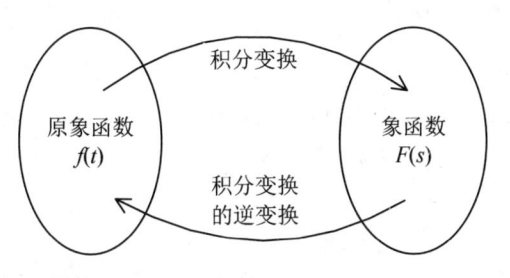

图 7.4 积分变换形成的映射

下面介绍典型的积分变换。当核函数取指数函数 $\mathrm{e}^{-\mathrm{i}\omega t}$，$\omega$ 是实的参变量，且积分限 $a = -\infty$、$b = +\infty$ 时，得到**傅里叶（Fourier）变换**：

$$F(\omega) = \int_{-\infty}^{+\infty} f(t) \mathrm{e}^{-\mathrm{i}\omega t} \mathrm{d}t \tag{7.18}$$

当核函数取指数函数 $\mathrm{e}^{-st}$，$s$ 是复的参变量，且积分限 $a = 0$、$b = +\infty$ 时，得到**拉普拉斯（Laplace）变换**：

$$F(s) = \int_0^{+\infty} f(t) \mathrm{e}^{-st} \mathrm{d}t \tag{7.19}$$

当核函数取幂函数 $t^{s-1}$，$s$ 是复的参变量，且积分限 $a = 0$、$b = +\infty$ 时，得到**梅林（Mellin）变换**：

$$F(s) = \int_0^{+\infty} f(t) t^{s-1} \mathrm{d}t \tag{7.20}$$

当核函数取 $n$ 阶贝塞尔(Bessel)函数 $\mathrm{J}_n(st)$，$s$ 是实的参变量，且积分限 $a = 0$、$b = +\infty$ 时，得到**汉克尔（Hankel）变换**：

$$F_v(s) = \int_0^{+\infty} f(t) \cdot t \mathrm{J}_n(st) \mathrm{d}t \tag{7.21}$$

其中贝塞尔函数的定义可参见相关参考文献。除了这里列出的积分变换，还有正弦变换、余弦变换等。在这其中，傅里叶变换和拉普拉斯变换应用的非常广泛，下面首先介绍傅里叶变换的概念与性质。

## 7.2 傅里叶变换的概念与性质

高等数学课程中学习了傅里叶级数的概念,下面在学习傅里叶变换的时候,注意它与傅里叶级数的区别与联系。

### 7.2.1 傅里叶变换的定义

首先不加证明地引入以下引理。

**引理 7.1**:若 $b>0$,函数 $f(t)$ 在区间 $[0,b]$ 上分段光滑,则:

$$\lim_{\omega \to +\infty} \int_0^b f(t) \frac{\sin \omega t}{t} \mathrm{d}t = \frac{\pi}{2} f(0+) \tag{7.22}$$

利用以上引理,可以得到下面命题。

如果函数 $f(t)$ 在 $(-\infty,+\infty)$ 的任意有限区间上分段光滑,在 $(-\infty,+\infty)$ 上绝对可积,则:

$$\frac{1}{2}[f(t+)+f(t-)] = \frac{1}{\pi}\int_0^{+\infty}\left[\int_{-\infty}^{+\infty} f(\tau)\cos\omega(\tau-t)\mathrm{d}\tau\right]\mathrm{d}\omega \tag{7.23}$$

**证明**:由于 $|\cos\omega(\tau-t)|<1$,且 $f(t)$ 在 $(-\infty,+\infty)$ 上绝对可积,因此不论 $\omega$ 和 $t$ 的取值如何,积分 $\int_{-\infty}^{+\infty} f(\tau)\cos\omega(\tau-t)\mathrm{d}\tau$ 在 $(-\infty,+\infty)$ 上都一致收敛,且二重积分 $I(\lambda)$ 可交换积分次序,其中 $I(\lambda)$ 为:

$$I(\lambda) \triangleq \int_0^\lambda \int_{-\infty}^{+\infty} f(\tau)\cos\omega(\tau-t)\mathrm{d}\tau\mathrm{d}\omega$$

对 $I(\lambda)$ 交换积分次序可得:

$$I(\lambda) = \int_{-\infty}^{+\infty} f(\tau)\mathrm{d}\tau \int_0^\lambda \cos\omega(\tau-t)\mathrm{d}\omega = \int_{-\infty}^{+\infty} f(\tau)\frac{\sin\lambda(\tau-t)}{\tau-t}\mathrm{d}\tau$$

将积分变量 $\tau$ 的积分区间 $(-\infty,+\infty)$ 划分为四个区间,可得:

$$I(\lambda) = \left[\int_{-\infty}^{-M}+\int_{-M}^{t}+\int_{t}^{M}+\int_{M}^{+\infty}\right]f(\tau)\frac{\sin\lambda(\tau-t)}{\tau-t}\mathrm{d}\tau \tag{*}$$

由于函数 $f(t)$ 绝对可积,因此:

$$\lim_{M\to+\infty}\int_{-\infty}^{-M} f(\tau)\frac{\sin\lambda(\tau-t)}{\tau-t}\mathrm{d}\tau = 0, \quad \lim_{M\to+\infty}\int_{M}^{+\infty} f(\tau)\frac{\sin\lambda(\tau-t)}{\tau-t}\mathrm{d}\tau = 0$$

现计算式(*)中第三个积分,作变量代换 $u=\tau-t$,可得:

$$\int_t^M f(\tau)\frac{\sin\lambda(\tau-t)}{\tau-t}\mathrm{d}\tau = \int_0^{M-t} f(u+t)\frac{\sin\lambda u}{u}\mathrm{d}u$$

根据引理 7.1 可知,上式在 $\lambda\to+\infty$ 时有:

$$\lim_{\lambda \to +\infty} \int_0^{M-t} f(u+t) \frac{\sin \lambda u}{u} \mathrm{d}u = \frac{\pi}{2} f(t+) \qquad (**)$$

通过类似的方法计算式（*）中第二个积分，可得：

$$\lim_{\lambda \to +\infty} \int_{-M}^{t} f(\tau) \frac{\sin \lambda(\tau-t)}{\tau-t} \mathrm{d}\tau = \frac{\pi}{2} f(t-) \qquad (***)$$

综合式（**）与式（***），原命题得证，该命题也称为**傅里叶积分定理**。

如果 $f(t)$ 在点 $t$ 处连续，即：$f(t) = f(t+) = f(t-)$，式（7.23）改变为：

$$f(t) = \frac{1}{\pi} \int_0^{+\infty} \left[ \int_{-\infty}^{+\infty} f(\tau) \cos \omega(\tau-t) \mathrm{d}\tau \right] \mathrm{d}\omega \qquad (7.24)$$

利用欧拉公式可知：$\cos \omega(\tau-t) = \frac{1}{2}[\mathrm{e}^{\mathrm{i}\omega(\tau-t)} + \mathrm{e}^{-\mathrm{i}\omega(\tau-t)}]$，代入上式可得：

$$f(t) = \frac{1}{2\pi} \int_0^{+\infty} \int_{-\infty}^{+\infty} f(\tau) \mathrm{e}^{\mathrm{i}\omega(\tau-t)} \mathrm{d}\tau \mathrm{d}\omega + \frac{1}{2\pi} \int_0^{+\infty} \int_{-\infty}^{+\infty} f(\tau) \mathrm{e}^{-\mathrm{i}\omega(\tau-t)} \mathrm{d}\tau \mathrm{d}\omega$$

上式中第一个积分的积分变量由 $\omega$ 改变为 $-\omega$，就可以把式中两个积分合并成一个式子：

$$\begin{aligned} f(t) &= \frac{1}{2\pi} \int_{-\infty}^{+\infty} \int_{-\infty}^{+\infty} f(\tau) \mathrm{e}^{-\mathrm{i}\omega(\tau-t)} \mathrm{d}\tau \mathrm{d}\omega \\ &= \frac{1}{2\pi} \int_{-\infty}^{+\infty} \left[ \int_{-\infty}^{+\infty} f(\tau) \mathrm{e}^{-\mathrm{i}\omega\tau} \mathrm{d}\tau \right] \mathrm{e}^{\mathrm{i}\omega t} \mathrm{d}\omega \end{aligned} \qquad (7.25)$$

因此可以得到以下命题。

**傅里叶积分定理的推论**：如果函数 $f(t)$ 在 $(-\infty, +\infty)$ 上连续、分段光滑且绝对可积，记：

$$F(\omega) = \int_{-\infty}^{+\infty} f(t) \mathrm{e}^{-\mathrm{i}\omega t} \mathrm{d}t \qquad (7.26)$$

则 $\forall t \in (-\infty, +\infty)$，都有：

$$f(t) = \frac{1}{2\pi} \int_{-\infty}^{+\infty} F(\omega) \mathrm{e}^{\mathrm{i}\omega t} \mathrm{d}\omega \qquad (7.27)$$

称函数 $F(\omega)$ 为 $f(t)$ 的**傅里叶变换**，记为 $f(t) \xrightarrow{\mathscr{F}} F(\omega)$，或 $F(\omega) = \mathscr{F}[f(t)]$；称 $f(t)$ 为 $F(\omega)$ 的**傅里叶逆变换**，记为 $F(\omega) \xrightarrow{\mathscr{F}^{-1}} f(t)$，或 $f(t) = \mathscr{F}^{-1}[F(\omega)]$。通过傅里叶积分定理可知，傅里叶变换的原象函数与象函数是一一对应的，换言之，任意函数 $f(t)$ 的傅里叶变换若存在，则必是**唯一的**。

**例 7.4** 计算函数 $f(t) = \mathrm{e}^{-at} u(t)$ 的傅里叶变换，其中 $a$ 为正的常数。

**解**：将 $f(t) = \mathrm{e}^{-at} u(t)$ 代入傅里叶变换的定义式（7.26）可得：

$$F(\omega) = \int_{-\infty}^{+\infty} \mathrm{e}^{-at} u(t) \mathrm{e}^{-\mathrm{i}\omega t} \mathrm{d}t = \int_0^{+\infty} \mathrm{e}^{-at} \mathrm{e}^{-\mathrm{i}\omega t} \mathrm{d}t = \left. \frac{\mathrm{e}^{-(a+\mathrm{i}\omega)t}}{-a-\mathrm{i}\omega} \right|_0^{+\infty} = \frac{1}{a+\mathrm{i}\omega} \qquad (7.28)$$

故 $\mathscr{F}[e^{-at}u(t)] = \dfrac{1}{a+i\omega}$。

**例 7.5** 计算函数 $f(t) = \begin{cases} e^{-at}, & t > 0 \\ -e^{at}, & t < 0 \end{cases}$ 的傅里叶变换，其中 $a$ 为正的常数。

**解**：$f(t)$ 的图形如图 7.5 所示。

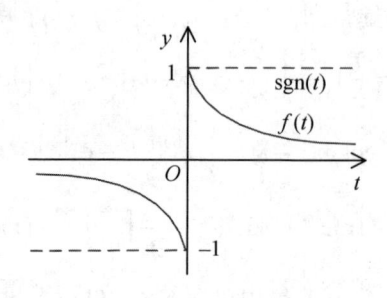

图 7.5　例 7.4 图示

函数 $f(t)$ 用单位阶跃函数可以表示为：$f(t) = e^{-at}u(t) - e^{at}u(-t)$，将该表达式代入傅里叶变换的定义式（7.26）可得：

$$F(\omega) = \int_{-\infty}^{+\infty}[e^{-at}u(t) - e^{at}u(-t)]e^{-i\omega t}dt = \int_{0}^{+\infty} e^{-at}e^{-i\omega t}dt - \int_{-\infty}^{0} e^{at}e^{-i\omega t}dt$$

$$= \left.\dfrac{e^{-(a+i\omega)t}}{-a-i\omega}\right|_0^{+\infty} - \left.\dfrac{e^{(a-i\omega)t}}{a-i\omega}\right|_{-\infty}^{0} = \dfrac{-2i\omega}{a^2+\omega^2} \qquad (*)$$

符号函数的定义为：

$$\operatorname{sgn}(t) = \begin{cases} -1, & t < 0 \\ 1, & t > 0 \end{cases} \qquad (7.29)$$

从图 7.5 中可以看出，$\lim\limits_{a \to 0} f(t) = \operatorname{sgn}(t)$，在式（*）中令 $a \to 0$ 可得符号函数的傅里叶变换为 $2/i\omega$，即：

$$\operatorname{sgn}(t) \xrightarrow{\mathscr{F}} \dfrac{2}{i\omega} \qquad (7.30)$$

**例 7.6** 计算 $\delta(t-t_0)$、$\delta(t)$、$\delta'(t)$、$\delta''(t)$ 的傅里叶变换。

**解**：将 $f(t) = \delta(t-t_0)$ 代入傅里叶变换的定义式（7.26）可得：

$$F(\omega) = \int_{-\infty}^{+\infty} \delta(t-t_0)e^{-i\omega t}dt = e^{-i\omega t_0}$$

当 $t_0 = 0$ 时，可得：

$$\delta(t) \xrightarrow{\mathscr{F}} 1 \qquad (7.31)$$

将 $f(t)=\delta'(t)$ 代入傅里叶变换的定义式可得 $F(\omega)=\int_{-\infty}^{+\infty}\delta'(t)\mathrm{e}^{-\mathrm{i}\omega t}\mathrm{d}t$，根据式（7.12）可得：

$$\delta'(t)\xrightarrow{\mathscr{F}}\mathrm{i}\omega \tag{7.32}$$

类似地，可以得到：

$$\delta''(t)\xrightarrow{\mathscr{F}}(\mathrm{i}\omega)^2 \tag{7.33}$$

实际上不难推导得出，在 $n>0$ 的情况下有下式成立：

$$\delta^{(n)}(t)\xrightarrow{\mathscr{F}}(\mathrm{i}\omega)^n \tag{7.34}$$

通过式（7.31）～式（7.34）可以发现，单位脉冲函数的 $n$（$n>0$）阶导数，对应的傅里叶变换就是 $\mathrm{i}\omega$ 的 $n$ 次方。

### 7.2.2 傅里叶变换的性质

在介绍傅里叶变换性质的时候，假定涉及的函数的傅里叶变换都存在，且求导、积分等运算均可交换次序，下面不再另作说明。

**1. 线性性质**

设 $F_1(\omega)=\mathscr{F}[f_1(t)]$，$F_2(\omega)=\mathscr{F}[f_2(t)]$，$\alpha$ 与 $\beta$ 为常数，则：

$$\mathscr{F}[\alpha f_1(t)+\beta f_2(t)]=\alpha F_1(\omega)+\beta F_2(\omega) \tag{7.35}$$

$$\mathscr{F}^{-1}[\alpha F_1(\omega)+\beta F_2(\omega)]=\alpha f_1(t)+\beta f_2(t) \tag{7.36}$$

本性质可基于傅里叶变换的定义式，利用积分的线性性质直接推导得出。

**例 7.7** 计算 $f(t)=-\mathrm{e}^{-t}u(t)+\delta(t)$ 的傅里叶变换。

**解**：将 $-\mathrm{e}^{-t}u(t)$ 代入傅里叶变换的定义式（7.26）可得：

$$\mathscr{F}[-\mathrm{e}^{-t}u(t)]=\int_{-\infty}^{+\infty}-\mathrm{e}^{-t}u(t)\mathrm{e}^{-\mathrm{i}\omega t}\mathrm{d}t=-\int_{0}^{+\infty}\mathrm{e}^{-t}\mathrm{e}^{-\mathrm{i}\omega t}\mathrm{d}t=\frac{-1}{1+\mathrm{i}\omega}$$

另一方面，通过例 7.6 可知 $\mathscr{F}[\delta(t)]=1$，故：

$$\mathscr{F}[-\mathrm{e}^{-t}u(t)+\delta(t)]=\frac{\mathrm{i}\omega}{1+\mathrm{i}\omega}$$

**2. 位移性质**

设 $F(\omega)=\mathscr{F}[f(t)]$，$t_0$ 与 $\omega_0$ 为实常数，则：

$$\mathscr{F}[f(t-t_0)]=\mathrm{e}^{-\mathrm{i}\omega t_0}F(\omega) \tag{7.37}$$

$$\mathscr{F}^{-1}[F(\omega-\omega_0)]=\mathrm{e}^{\mathrm{i}\omega_0 t}f(t) \tag{7.38}$$

**证明**：将 $f(t-t_0)$ 代入傅里叶变换的定义式（7.26）可得：

$$\mathscr{F}[f(t-t_0)]=\int_{-\infty}^{+\infty}f(t-t_0)\mathrm{e}^{-\mathrm{i}\omega t}\mathrm{d}t$$

作变量代换 $\tau = t - t_0$，可得：

$$\mathscr{F}[f(t-t_0)] = \int_{-\infty}^{+\infty} f(\tau)\mathrm{e}^{-\mathrm{i}\omega(\tau+t_0)}\mathrm{d}\tau = \mathrm{e}^{-\mathrm{i}\omega t_0}\int_{-\infty}^{+\infty} f(\tau)\mathrm{e}^{-\mathrm{i}\omega\tau}\mathrm{d}\tau$$

$$= \mathrm{e}^{-\mathrm{i}\omega t_0}\mathscr{F}[f(t)] = \mathrm{e}^{-\mathrm{i}\omega t_0}F(\omega)$$

式（7.37）得证；利用相同的方法可以证明式（7.38）。

**例 7.8** 记 $F(\omega) = \mathscr{F}[f(t)]$，试证明：

$$\mathscr{F}[f(t)\cos\omega_0 t] = \frac{1}{2}[F(\omega-\omega_0) + F(\omega+\omega_0)]$$

**证明**：由欧拉公式 $\cos\omega_0 t = \frac{1}{2}[\mathrm{e}^{\mathrm{i}\omega_0 t} + \mathrm{e}^{-\mathrm{i}\omega_0 t}]$ 可知：

$$f(t)\cos\omega_0 t = \frac{1}{2}[f(t)\mathrm{e}^{\mathrm{i}\omega_0 t} + f(t)\mathrm{e}^{-\mathrm{i}\omega_0 t}]$$

将上式代入式（7.38），可知原命题得证。

3. 相似性质

设 $F(\omega) = \mathscr{F}[f(t)]$，$a$ 为非零常数，则：

$$\mathscr{F}[f(at)] = \frac{1}{|a|}F\left(\frac{\omega}{a}\right) \qquad (7.39)$$

**证明**：$\mathscr{F}[f(at)] = \int_{-\infty}^{+\infty} f(at)\mathrm{e}^{-\mathrm{i}\omega t}\mathrm{d}t$，令 $x = at$，如果 $a > 0$，则有：

$$\mathscr{F}[f(at)] = \frac{1}{a}\int_{-\infty}^{+\infty} f(x)\mathrm{e}^{-\mathrm{i}\omega\frac{x}{a}}\mathrm{d}x = \frac{1}{a}F\left(\frac{\omega}{a}\right) \qquad (*)$$

如果 $a < 0$，则有：

$$\mathscr{F}[f(at)] = \frac{1}{a}\int_{-\infty}^{+\infty} f(x)\mathrm{e}^{-\mathrm{i}\omega\frac{x}{a}}\mathrm{d}x = -\frac{1}{a}F\left(\frac{\omega}{a}\right) \qquad (**)$$

综合式（*）与式（**），式（7.39）得证。

**例 7.9** 例 7.4 求出了指数衰减函数 $f(t) = \mathrm{e}^{-at}u(t)$ 的傅里叶变换，在例 7.4 的基础上计算 $f(bt)$ 的傅里叶变换，其中 $b > 0$。

**解**：例 7.4 计算得到 $\mathscr{F}[\mathrm{e}^{-at}u(t)] = \dfrac{1}{a+\mathrm{i}\omega}$，利用相似性质可得：

$$\mathscr{F}[f(bt)] = \frac{1}{b}F\left(\frac{\omega}{b}\right) = \frac{1}{b}\frac{1}{a+\mathrm{i}\omega/b} = \frac{1}{ab+\mathrm{i}\omega}$$

注意到 $f(bt) = \mathrm{e}^{-abt}u(bt) = \mathrm{e}^{-abt}u(t)$，直接利用傅里叶变换的定义也可以得到相同的结果。

4. 微分性质

如果 $\lim\limits_{|t|\to+\infty} f(t) = 0$，则：

$$\mathscr{F}[f'(t)] = i\omega \mathscr{F}[f(t)] \tag{7.40}$$

一般地，如果 $\lim\limits_{|t|\to+\infty} f^{(k)}(t) = 0$，$k = 0, 1, \cdots, n-1$，则有：

$$\mathscr{F}[f^{(n)}(t)] = (i\omega)^n \mathscr{F}[f(t)] \tag{7.41}$$

如果 $\int_{-\infty}^{+\infty} |t^n f(t)| dt$ 收敛，则：

$$\mathscr{F}^{-1}[F^{(n)}(\omega)] = (-it)^n \mathscr{F}^{-1}[F(\omega)] \tag{7.42}$$

**证明**：$|t| \to +\infty$ 时，$|f(t)e^{-i\omega t}| = |f(t)| \to 0$，因此有 $f(t)e^{-i\omega t} \to 0$，故：

$$\mathscr{F}[f'(t)] = \int_{-\infty}^{+\infty} f'(t)e^{-i\omega t} dt = \int_{-\infty}^{+\infty} e^{-i\omega t} df(t)$$

$$= f(t)e^{-i\omega t}\Big|_{-\infty}^{+\infty} - \int_{-\infty}^{+\infty} f(t)d(e^{-i\omega t}) = i\omega \int_{-\infty}^{+\infty} f(t)e^{-i\omega t} dt$$

$$= i\omega \mathscr{F}[f(t)]$$

因此式（7.40）得证；在此基础上用数学归纳法可以证明式（7.41）成立；用相同的方法可以证明式（7.42）成立。

**例 7.10** 计算 $f(t) = t^n e^{-at} u(t)$ 的傅里叶变换。

**解**：由式（7.28）可知 $e^{-at} u(t) \xrightarrow{\mathscr{F}} \dfrac{1}{a+i\omega}$，另一方面，可以将式（7.42）改写为：$\mathscr{F}[t^n f(t)] = i^n F^{(n)}(\omega)$，因此可知：

$$\mathscr{F}[t^n e^{-at} u(t)] = i^n \frac{d^n}{d\omega^n} \frac{1}{a+i\omega} = \frac{n!}{(a+i\omega)^{n+1}}$$

**5. 积分性质**

如果函数 $f(t)$ 满足 $\lim\limits_{t\to+\infty} \int_{-\infty}^{t} f(\tau) d\tau = 0$，则：

$$\mathscr{F}\left[\int_{-\infty}^{t} f(\tau) d\tau\right] = \frac{\mathscr{F}[f(t)]}{i\omega} \tag{7.43}$$

**证明**：根据已知条件可知，$\lim\limits_{|t|\to+\infty} \int_{-\infty}^{t} f(\tau) d\tau = 0$，因此满足式（7.40）的条件，与此同时：$\left[\int_{-\infty}^{t} f(\tau) d\tau\right]' = f(t)$，利用式（7.40）立即可得：

$$\mathscr{F}[f(t)] = i\omega \mathscr{F}\left[\int_{-\infty}^{t} f(\tau) d\tau\right]$$

所以原式得证。

**例 7.11** 求微分积分方程 $f'(t) + 3f(t) + 2\int_{-\infty}^{t} f(\tau) d\tau = \delta(t)$ 的解，约定方程的解满足 $\lim\limits_{|t|\to+\infty} f(t) = 0$、$\lim\limits_{t\to+\infty} \int_{-\infty}^{t} f(\tau) d\tau = 0$ 两个条件。

**解**：由于约定了方程的解满足两个条件，对微分积分方程两边同时进行傅里叶变换，应用式（7.40）与式（7.43）可得：

$$\mathrm{i}\omega\mathscr{F}[f(t)] + 3\mathscr{F}[f(t)] + 2\frac{\mathscr{F}[f(t)]}{\mathrm{i}\omega} = 1$$

因此可得：$\mathscr{F}[f(t)] = \dfrac{\mathrm{i}\omega}{(\mathrm{i}\omega)^2 + 3\mathrm{i}\omega + 2}$，注意到：

$$\frac{\mathrm{i}\omega}{(\mathrm{i}\omega)^2 + 3\mathrm{i}\omega + 2} = \frac{2}{\mathrm{i}\omega + 2} - \frac{1}{\mathrm{i}\omega + 1}$$

利用式（7.28）可得：$f(t) = 2\mathrm{e}^{-2t}u(t) - \mathrm{e}^{-t}u(t)$。

**6. 对称性质**

设 $F(\omega) = \mathscr{F}[f(t)]$，则：

$$\mathscr{F}[F(t)] = 2\pi f(-\omega) \tag{7.44}$$

**证明**：根据傅里叶逆变换的定义 $f(t) = \dfrac{1}{2\pi}\displaystyle\int_{-\infty}^{+\infty} F(\omega)\mathrm{e}^{\mathrm{i}\omega t}\mathrm{d}\omega$ 可知：

$$f(-t) = \frac{1}{2\pi}\int_{-\infty}^{+\infty} F(\omega)\mathrm{e}^{-\mathrm{i}\omega t}\mathrm{d}\omega$$

上式中积分变量 $\omega$ 改为 $t$，自变量 $t$ 改为 $\omega$，可得：

$$2\pi f(-\omega) = \int_{-\infty}^{+\infty} F(t)\mathrm{e}^{-\mathrm{i}\omega t}\mathrm{d}t$$

原式得证。

**例 7.12** 求 $f(t) = \mathrm{e}^{\mathrm{i}\omega_0 t}$、$f(t) = \cos\omega_0 t$、$f(t) = \sin\omega_0 t$ 与 $f(t) = u(t)$ 的傅里叶变换。

**解**：注意到 $\delta(t) \xrightarrow{\mathscr{F}} 1$，根据对称性质可知：

$$1 \xrightarrow{\mathscr{F}} 2\pi\delta(\omega) \tag{7.45}$$

将上式用傅里叶变换的定义来表示，可得：

$$\int_{-\infty}^{+\infty} \mathrm{e}^{-\mathrm{i}\omega t}\mathrm{d}t = 2\pi\delta(\omega) \tag{7.46}$$

式（7.46）十分重要，在工程领域有广泛应用。利用傅里叶变换的位移性质，在式（7.38）中令 $f(t) = 1$，可得：

$$\mathscr{F}[\mathrm{e}^{\mathrm{i}\omega_0 t}] = 2\pi\delta(\omega - \omega_0) \tag{7.47}$$

因此有 $\mathrm{e}^{-\mathrm{i}\omega_0 t} \xrightarrow{\mathscr{F}} 2\pi\delta(\omega + \omega_0)$，利用欧拉公式可得：

$$\mathscr{F}[\cos\omega_0 t] = \pi[\delta(\omega - \omega_0) + \delta(\omega + \omega_0)] \tag{7.48}$$

$$\mathscr{F}[\sin\omega_0 t] = \pi\mathrm{i}[\delta(\omega + \omega_0) - \delta(\omega - \omega_0)] \tag{7.49}$$

单位阶跃函数可表示为 $u(t) = \dfrac{1 + \mathrm{sgn}\,t}{2}$，基于式（7.30）与式（7.45）可得：

$$\mathscr{F}[u(t)] = \pi\delta(\omega) + \frac{1}{\mathrm{i}\omega} \tag{7.50}$$

可以发现，复指数函数、余弦函数、正弦函数与单位阶跃函数都不是绝对可积的，在引入单位脉冲函数之后，它们也存在傅里叶变换。

7. 卷积性质

设 $F_1(\omega) = \mathscr{F}[f_1(t)]$，$F_2(\omega) = \mathscr{F}[f_2(t)]$，则：

$$\mathscr{F}[f_1(t) * f_2(t)] = F_1(\omega) \cdot F_2(\omega) \tag{7.51}$$

$$\mathscr{F}[f_1(t) \cdot f_2(t)] = \frac{1}{2\pi} F_1(\omega) * F_2(\omega) \tag{7.52}$$

这里给出式（7.51）的证明过程，用相同的方法可证明式（7.52）。

**证明：**

$$\mathscr{F}[f_1(t) * f_2(t)] = \int_{-\infty}^{+\infty} [f_1(t) * f_2(t)] \mathrm{e}^{-\mathrm{i}\omega t} \mathrm{d}t$$

$$= \int_{-\infty}^{+\infty} \int_{-\infty}^{+\infty} f_1(\tau) f_2(t-\tau) \mathrm{d}\tau \mathrm{e}^{-\mathrm{i}\omega t} \mathrm{d}t$$

$$= \int_{-\infty}^{+\infty} f_1(\tau) \mathrm{d}\tau \int_{-\infty}^{+\infty} f_2(t-\tau) \mathrm{e}^{-\mathrm{i}\omega t} \mathrm{d}t$$

第二重积分中应用位移性质，可得：

$$\mathscr{F}[f_1(t) * f_2(t)] = \int_{-\infty}^{+\infty} f_1(\tau) \mathrm{d}\tau \mathrm{e}^{-\mathrm{i}\omega\tau} F_2(\omega) = F_2(\omega) \int_{-\infty}^{+\infty} f_1(\tau) \mathrm{e}^{-\mathrm{i}\omega\tau} \mathrm{d}\tau$$

$$= F_2(\omega) \cdot F_1(\omega) = F_1(\omega) \cdot F_2(\omega)$$

原式得证。

**例 7.13** 计算函数 $f_1(t) = \dfrac{\sin at}{\pi t}$（$a>0$）、$f_2(t) = \dfrac{\sin bt}{\pi t}$（$b>0$）的卷积。

**解：** 显然，直接按照卷积的定义求解非常繁琐。为此引入门函数：

$$g_a(t) = \begin{cases} 1, & |t| \leqslant a \\ 0, & |t| > a \end{cases} \tag{7.53}$$

计算可得门函数的傅里叶变换为：

$$g_a(t) \xrightarrow{\mathscr{F}} \frac{2\sin\omega a}{\omega} \tag{7.54}$$

利用对称性质，可得：

$$\frac{\sin at}{\pi t} \xrightarrow{\mathscr{F}} g_a(\omega) \tag{7.55}$$

故 $\mathscr{F}[f_1(t)] = g_a(\omega)$、$\mathscr{F}[f_2(t)] = g_b(\omega)$，同时可以注意到：

$$g_a(\omega) \cdot g_b(\omega) = g_c(\omega)$$

式中 $c = \min\{a, b\}$。利用式（7.51）可知 $\mathscr{F}[f_1(t) * f_2(t)] = g_c(\omega)$，再利用式（7.55）

可得 $f_1(t) * f_2(t) = \dfrac{\sin ct}{\pi t}$。

**8. 帕塞瓦尔等式**

设 $F(\omega) = \mathscr{F}[f(t)]$，则有：

$$\int_{-\infty}^{+\infty} f^2(t)\mathrm{d}t = \dfrac{1}{2\pi}\int_{-\infty}^{+\infty}|F(\omega)|^2\,\mathrm{d}\omega \tag{7.56}$$

式（7.56）称为**帕塞瓦尔（Parserval）等式**，也称为**功率定理**，这是因为若函数 $f(t)$ 表示电压或者电流，则功率与它的平方成正比，式（7.56）左边可以看作求系统的总功率。

**证明**：将傅里叶逆变换的定义式代入，并交换积分次序可得：

$$\int_{-\infty}^{+\infty} f^2(t)\mathrm{d}t = \int_{-\infty}^{+\infty} f(t)\dfrac{1}{2\pi}\int_{-\infty}^{+\infty} F(\omega)\mathrm{e}^{\mathrm{i}\omega t}\mathrm{d}\omega \mathrm{d}t = \dfrac{1}{2\pi}\int_{-\infty}^{+\infty}F(\omega)\mathrm{d}\omega\int_{-\infty}^{+\infty} f(t)\mathrm{e}^{\mathrm{i}\omega t}\mathrm{d}t$$

$$= \dfrac{1}{2\pi}\int_{-\infty}^{+\infty}F(\omega)\left[\int_{-\infty}^{+\infty} f(t)\mathrm{e}^{-\mathrm{i}\omega t}\mathrm{d}t\right]^{*}\mathrm{d}\omega = \dfrac{1}{2\pi}\int_{-\infty}^{+\infty}F(\omega)\left[F(\omega)\right]^{*}\mathrm{d}\omega$$

$$= \dfrac{1}{2\pi}\int_{-\infty}^{+\infty}|F(\omega)|^2\,\mathrm{d}\omega$$

原式得证。

**例 7.14** 计算积分 $\displaystyle\int_{-\infty}^{+\infty}\dfrac{\sin^2\omega}{\omega^2}\mathrm{d}\omega$。

**解**：根据式（7.54）可知 $\dfrac{g_1(t)}{2}\xrightarrow{\mathscr{F}}\dfrac{\sin\omega}{\omega}$，代入式（7.56）可得：

$$\int_{-\infty}^{+\infty}\dfrac{\sin^2\omega}{\omega^2}\mathrm{d}\omega = 2\pi\int_{-\infty}^{+\infty}f^2(t)\mathrm{d}t = 2\pi\int_{-\infty}^{+\infty}\left[\dfrac{g_1(t)}{2}\right]^2\mathrm{d}t = \dfrac{\pi}{2}\int_{-1}^{+1}\mathrm{d}t = \pi$$

### 7.2.3 傅里叶变换的应用

傅里叶变换在工程应用，如电子学、光学等领域应用广泛，在学习具体专业课程的时候还会深入探讨。这里介绍傅里叶变换在求解微分方程中的应用，如图 7.3 所示，直接求解微分方程十分困难，应用积分变换，如傅里叶变换可以将微分方程转化为代数方程，求解后再进行逆变换得到原方程的解，例 7.11 给出了求解微分积分方程的例子，下面结合两个例子说明傅里叶变换在解积分方程以及微分方程中的应用。傅里叶变换还可以应用在求解偏微分方程的过程中，这里不予讨论，感兴趣的可以参考相关文献。

**例 7.15** 求解积分方程：

$$y(t) = f_1(t) + \int_{-\infty}^{+\infty} y(\tau)f_2(t-\tau)\mathrm{d}\tau \tag{7.57}$$

其中 $f_1(t)$、$f_2(t)$ 与 $y(t)$ 的傅里叶变换存在，$f_1(t)$、$f_2(t)$ 已知，求 $y(t)$。

**解**：注意到，式中的积分实际上是 $f_2(t)$ 与 $y(t)$ 的卷积，将方程两边进行傅里叶变换，记 $F_1(\omega) = \mathscr{F}[f_1(t)]$、$F_2(\omega) = \mathscr{F}[f_2(t)]$、$Y(\omega) = \mathscr{F}[y(t)]$，并应用卷积性质可得：

$$Y(\omega) = F_1(\omega) + F_2(\omega)Y(\omega) \Rightarrow Y(\omega) = \frac{F_1(\omega)}{1 - F_2(\omega)}$$

因此原方程的解为：

$$y(t) = \frac{1}{2\pi} \int_{-\infty}^{+\infty} \frac{F_1(\omega)}{1 - F_2(\omega)} e^{i\omega t} d\omega$$

举例来说，$f_1(t) = e^{-3t}u(t)$、$f_2(t) = e^{-2t}u(t)$，可知：

$$F_1(\omega) = \frac{1}{i\omega + 3}, \quad F_2(\omega) = \frac{1}{i\omega + 2}$$

因此：

$$\frac{F_1(\omega)}{1 - F_2(\omega)} = \frac{i\omega + 2}{(i\omega + 1)(i\omega + 3)} = \frac{1/2}{i\omega + 1} + \frac{1/2}{i\omega + 3}$$

故 $y(t) = \frac{1}{2}[e^{-t} + e^{-3t}]u(t)$。

**例 7.16** 求常系数常微分方程

$$\begin{aligned} & y^{(n)}(t) + a_{n-1}y^{(n-1)}(t) + \cdots + a_1 y'(t) + a_0 y(t) \\ & = b_m f^{(m)}(t) + b_{m-1} y^{(m-1)}(t) + \cdots + b_1 f'(t) + b_0 f(t) \end{aligned} \quad (7.58)$$

的解，其中 $f(t)$ 与 $y(t)$ 的傅里叶变换存在，$f(t)$ 已知，求 $y(t)$。

**解**：记 $F(\omega) = \mathscr{F}[f(t)]$、$Y(\omega) = \mathscr{F}[y(t)]$，对方程两边同时进行傅里叶变换，并应用微分性质可得：

$$[(i\omega)^n + \cdots + a_1 i\omega + a_0]Y(\omega) = [b_m(i\omega)^m + \cdots + b_1 i\omega + b_0]F(\omega)$$

$$\Rightarrow Y(\omega) = \frac{b_m(i\omega)^m + \cdots + b_1 i\omega + b_0}{(i\omega)^n + \cdots + a_1 i\omega + a_0} F(\omega) \quad (*)$$

因此原方程的解为：

$$y(t) = \frac{1}{2\pi} \int_{-\infty}^{+\infty} \frac{b_m(i\omega)^m + \cdots + b_1 i\omega + b_0}{(i\omega)^n + \cdots + a_1 i\omega + a_0} F(\omega) e^{i\omega t} d\omega$$

举例来说：$y'(t) + 3y(t) = 2f(t)$，其中 $f(t) = e^{-t}u(t)$，注意到 $F(\omega) = \frac{1}{i\omega + 1}$，代入式（*）可得：

$$Y(\omega) = \frac{2}{i\omega + 3} \cdot \frac{1}{i\omega + 1} = \frac{-1}{i\omega + 3} + \frac{1}{i\omega + 1}$$

故 $y(t) = [e^{-t} - e^{-3t}]u(t)$。

## 本 章 小 结

工程实践中常遇到不连续的物理过程，不连续变化的瞬间往往不能忽略，需要建立理论模型并加以研究，本章介绍了单位阶跃函数和它的导函数：单位脉冲函数，旨在解决这个问题。本章还介绍了函数之间的卷积的概念，可以发现卷积满足交换律、结合律与对加法的分配律。卷积相对于函数，如同乘法相对于数，具有同等的重要性。从单位脉冲函数在卷积过程中具有的性质可以发现，如同 1 是数的乘法单位元，单位脉冲函数可以称作函数的卷积单位元。

对于变化，不论是空间变化还是时间变化，抑或物理量随着其他要素变化的物理过程，可以用微分方程（或积分方程、微分积分方程）来建立模型，求解微分方程是掌握物理量变化规律的关键，积分变换就是求解微分方程的主要手段之一。本章介绍了积分变换的概念，重点介绍了傅里叶变换：它是积分变换中应用最为广泛，也极为重要的一种。介绍了傅里叶变换的定义与性质。掌握傅里叶变换的性质，对于利用它灵活解决问题至关重要。

## 练 习

**一、证明题**

1. 证明单位脉冲函数的性质。

（1）尺度变换性质。即对于非零实数 $a$，单位脉冲函数满足：
$$\delta(at) = \frac{1}{|a|}\delta(t)$$

（2）抽样性质。记 $t_0$ 为常数，对于任意函数 $f(t)$，有：
$$\delta(t-t_0)f(t) = \delta(t-t_0)f(t_0)$$

（3）积分性质。记 $t_0$ 为常数，对于任意函数 $f(t)$，有：
$$\int_{-\infty}^{+\infty}\delta(t-t_0)f(t)\mathrm{d}t = f(t_0)$$

（4）单位脉冲函数导数的积分性质。如果 $f(t)$ 为无穷次可微的函数，则有：
$$\int_{-\infty}^{+\infty}\delta^{(n)}(t)f(t)\mathrm{d}t = (-1)^n f^{(n)}(0)$$

2. 已知函数 $f_1(t)$ 与 $f_2(t)$，证明卷积的性质：

（1）交换律：$f_1(t) * f_2(t) = f_2(t) * f_1(t)$；

（2）结合律：$f_1(t) * [f_2(t) * f_3(t)] = [f_1(t) * f_2(t)] * f_3(t)$；

（3）对加法的分配律：$f_1(t) * [f_2(t) + f_3(t)] = f_1(t) * f_2(t) + f_1(t) * f_3(t)$；

（4）卷积的微分性质：

$$\frac{\mathrm{d}}{\mathrm{d}t}[f_1(t) * f_2(t)] = \frac{\mathrm{d}}{\mathrm{d}t}f_1(t) * f_2(t) = f_1(t) * \frac{\mathrm{d}}{\mathrm{d}t}f_2(t)$$

（5）卷积的积分性质：

$$\int_{-\infty}^{t} f_1(\tau) * f_2(\tau)\mathrm{d}\tau = \int_{-\infty}^{t} f_1(\tau)\mathrm{d}\tau * f_2(t) = f_1(t) * \int_{-\infty}^{t} f_2(\tau)\mathrm{d}\tau$$

（6）绝对值不等式：

$$|f_1(t) * f_2(t)| \leqslant |f_1(t)| * |f_2(t)|$$

3．参数 $\beta > 0$，证明下式成立：

$$\int_0^{+\infty} \frac{\cos \omega t}{\beta^2 + \omega^2} \mathrm{d}\omega = \frac{\pi}{2\beta} \mathrm{e}^{-\beta|t|}$$

提示：计算 $f(t) = \mathrm{e}^{-\beta|t|}$ 的傅里叶变换。

4．证明下式成立：

$$\int_0^{+\infty} \frac{\omega^2 + 2}{\omega^2 + 4} \cos \omega t \mathrm{d}\omega = \frac{\pi}{2} \mathrm{e}^{-|t|} \cos t$$

提示：计算 $f(t) = \mathrm{e}^{-|t|}\cos t$ 的傅里叶变换。

5．证明下式成立：

$$\int_0^{+\infty} \frac{\sin \omega \pi \sin \omega t}{1 - \omega^2} \mathrm{d}\omega = \frac{\pi}{2} \sin t \cdot [u(t + \pi) - u(t - \pi)]$$

提示：计算 $f(t) = \sin t \cdot [u(t+\pi) - u(t-\pi)]$ 的傅里叶变换。

6．证明：若 $\mathscr{F}[f(t)] = F(\omega)$，则 $f(t)$ 与 $F(\omega)$ 具有相同的奇偶性。

7．证明：若 $\mathscr{F}[\mathrm{e}^{\mathrm{i}\varphi(t)}] = F(\omega)$，其中 $\varphi(t)$ 为一实变函数，则：

$$\mathscr{F}[\cos\varphi(t)] = \frac{1}{2}[F(\omega) + \overline{F(-\omega)}]$$

$$\mathscr{F}[\sin\varphi(t)] = \frac{1}{2\mathrm{i}}[F(\omega) - \overline{F(-\omega)}]$$

8．证明傅里叶变换中象函数的微分性质，记 $F(\omega) = \mathscr{F}[f(t)]$，$\int_{-\infty}^{+\infty} |tf(t)|\mathrm{d}t$ 收敛，证明下式成立：

$$\frac{\mathrm{d}}{\mathrm{d}\omega}F(\omega) = \mathscr{F}[-\mathrm{i}t \cdot f(t)]$$

9．证明傅里叶变换的翻转性质，记 $F(\omega) = \mathscr{F}[f(t)]$，证明下式成立：

$$F(-\omega) = \mathscr{F}[f(-t)]$$

10. 记 $F(\omega) = \mathscr{F}[f(t)]$，证明：

    （1） $f(t)$ 是实值函数的充要条件是 $F(-\omega) = \overline{F(\omega)}$；

    （2） $f(t)$ 是纯虚值函数的充要条件是 $F(-\omega) = -\overline{F(\omega)}$；

其中，$\overline{F(\omega)}$ 是 $F(\omega)$ 的共轭函数。

11. 记 $F(\omega) = \mathscr{F}[f(t)]$，$a$ 是非零常数，证明下列两式成立：

$$\mathscr{F}[f(at - t_0)] = \frac{1}{|a|} F\left(\frac{\omega}{a}\right) e^{-i\frac{\omega t_0}{a}}$$

$$\mathscr{F}[f(t_0 - at)] = \frac{1}{|a|} F\left(-\frac{\omega}{a}\right) e^{-i\frac{\omega t_0}{a}}$$

## 二、计算题

1. 计算函数 $f_1(t)$ 与 $f_2(t)$ 的卷积：

    （1） $f_1(t) = \delta(t+1) + 2\delta(t-1)$，$f_2(t) = 2\delta(t+1) + \delta(t-1)$；

    （2） $f_1(t) = u(t) - u(t-1)$，$f_2(t) = u(t-1) - u(t-2)$；

    （3） $f_1(t) = u(t) - u(t-1)$，$f_2(t) = e^{-2t}u(t)$；

    （4） $f_1(t) = e^{-(t-1)}u(t-1)$，$f_2(t) = e^{-t}u(t)$。

2. 计算下列函数的傅里叶变换：

    （1） $f(t) = \begin{cases} 1-t^2, & t^2 \leq 1 \\ 0, & t^2 > 1 \end{cases}$； 　（2） $f(t) = e^{-t}\sin 2t \cdot u(t)$；

    （3） $f(t) = e^t \cdot u(-t)$； 　（4） $f(t) = e^{-|t-2|}$；

    （5） $f(t) = \cos t \cdot \sin t$； 　（6） $f(t) = \sin^3 t$；

    （7） $f(t) = u(t) - u(t-1)$； 　（8） $f(t) = \sin(2t) \cdot [u(t) - u(t-1)]$。

3. 记 $F(\omega) = \mathscr{F}[f(t)]$，利用傅里叶变换的性质计算下列函数 $g(t)$ 的傅里叶变换：

    （1） $g(t) = t \cdot f(2t)$； 　（2） $g(t) = (t-2) \cdot f(t)$；

    （3） $g(t) = (t-2) \cdot f(-2t)$； 　（4） $g(t) = f(2-3t)$；

    （5） $g(t) = t \cdot f'(t)$； 　（6） $g(t) = (1-t) \cdot f(1-t)$；

    （7） $g(t) = e^{i\omega_0 t} f(bt)$； 　（8） $g(t) = f(t) * \delta\left(\dfrac{t}{a} - b\right)$。

其中 $a \neq 0$、$b \neq 0$、$\omega_0 \neq 0$ 是实常数。

4. 求下列积分方程的解：

（1）$\int_0^{+\infty} y(\tau)\cos\omega\tau\,\mathrm{d}\tau = \begin{cases} 1-\omega, & 0 \leqslant \omega \leqslant 1 \\ 0, & \omega > 1 \end{cases}$；

（2）$\int_{-\infty}^{+\infty} \dfrac{y(\tau)}{(t-\tau)^2 + a^2}\,\mathrm{d}\tau = \dfrac{1}{t^2 + b^2}$（$0 < a < b$）。

5. 求下列微分积分方程的解：

（1）$y'(t) - 4\int_{-\infty}^{t} y(\tau)\,\mathrm{d}\tau = \mathrm{e}^{-|t|}$（$-\infty < t < +\infty$）；

（2）$ay'(t) + b\int_{-\infty}^{+\infty} y(\tau)f(t-\tau)\,\mathrm{d}\tau = c\cdot h(t)$，其中 $a$、$b$、$c$ 为常数，$f(t)$、$h(t)$ 为已知函数。

6. 求下列微分方程的解：

（1）$y'(t) + 3y(t) = 2\mathrm{e}^{-2t}u(t)$；  （2）$y''(t) + 5y'(t) + 6y(t) = 3\delta(t)$。

# 第 8 章　拉普拉斯变换

### 本章导读

前面学习了傅里叶变换，特别是在引入单位脉冲函数之后，自然世界中存在的物理过程，如果用函数表示，则都存在傅里叶变换。但人们不仅要认识世界，还要改造世界，在创造工具改造世界的时候，该工具是否具有物理可实现性？需要理论手段进行分析。拉普拉斯变换区别傅里叶变换的地方在于，它能够分析物理不可实现的函数，因此在设计与研发系统的过程中是个非常重要的工具。

本章通过分析傅里叶变换的不足引入拉普拉斯变换，在学习的过程中注意比较两者的异同。

### 本章要点

- 拉普拉斯变换的定义
- 拉普拉斯变换的收敛域
- 拉普拉斯逆变换的定义
- 拉普拉斯变换的性质

## 8.1　拉普拉斯变换的概念

傅里叶变换具有广泛的应用，根据傅里叶积分定理可知，函数 $f(t)$ 具有傅里叶变换的条件是它在 $(-\infty,+\infty)$ 上绝对可积，这个条件要求非常严格；在第 7 章的学习中了解到，一些不满足在 $(-\infty,+\infty)$ 上绝对可积的函数，如复指数函数 $e^{i\omega_0 t}$、余弦函数 $\cos\omega_0 t$、正弦函数 $\sin\omega_0 t$ 与单位阶跃函数 $u(t)$ 等函数，在引入单位脉冲函数之后，它们也存在傅里叶变换。图 8.1 给出了三个例子，函数 $f_1(t) = e^{-at}u(t)$，$a>0$ 满足绝对可积的条件，它具有傅里叶变换；单位阶跃函数 $u(t)$ 虽然不满足绝对可积条件，但在引入单位脉冲函数之后也存在傅里叶变换；函数 $f_2(t) = e^{bt}u(t)$，$b>0$ 则不存在傅里叶变换。

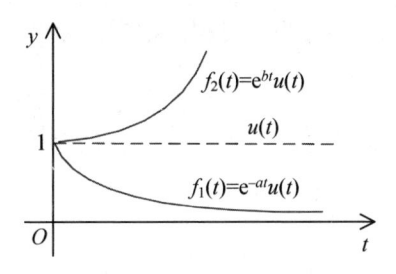

图 8.1　三个函数图形

在工程应用过程中，需要研究形如 $f_2(t)$ 这样不断增长的函数。与此同时，工程应用中更关注具有"因果性质"的函数，所谓函数 $f(t)$ 具有因果性，是指 $t<0$ 时 $f(t)=0$，换言之，只有 $t\geq 0$ 时函数 $f(t)$ 才有非零值。举例来说，余弦函数 $\cos\omega_0 t$ 不是因果的，而 $\cos\omega_0 t \cdot u(t)$ 是因果的。显然，在工程应用过程中，物理量总是有起始时刻或起始位置的，这也是工程应用中重视具有因果性质的函数的原因。下面针对这两种情况，研究实现积分变换的方法。

### 8.1.1　从傅里叶变换到拉普拉斯变换

如图 8.2 所示，函数 $f(t)$ 由于不是绝对可积的，因而不存在傅里叶变换；与此同时，它也不是因果的。

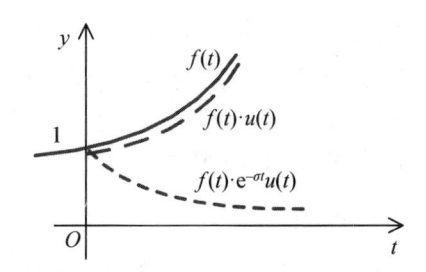

图 8.2　函数的因果化与绝对可积化过程示意图

可以通过与单位阶跃函数相乘的方法将函数 $f(t)$ 变成因果的，但 $f(t)\cdot u(t)$ 不满足绝对可积的条件，它的傅里叶变换依然不存在。为了使它绝对可积，可以令其乘以指数衰减函数 $e^{-\sigma t}u(t)$，对于增长很快的函数 $f(t)$，只要指数衰减函数的指数 $\sigma$ 足够大，就可以保证相乘之后的函数 $f(t)\cdot e^{-\sigma t}u(t)$ 是绝对可积的。当然，也存在增长很快的函数，不论指数衰减函数的指数 $\sigma$ 有多大，相乘之后的函数 $f(t)\cdot e^{-\sigma t}u(t)$ 也还不是绝对可积的，例如 $f(t)=t^t$、$f(t)=e^{x^2}$ 等，暂不考虑这样的函数，则可知如果 $f(t) \cdot \mathrm{e}^{-\sigma t} u(t)$ 绝对可积，根据傅里叶积分定理可知，存在傅里叶变换：

$$F_\sigma(\omega) = \int_{-\infty}^{+\infty} f(t) \mathrm{e}^{-\sigma t} u(t) \mathrm{e}^{-\mathrm{i}\omega t} \mathrm{d}t = \int_0^{+\infty} f(t) \mathrm{e}^{-(\sigma + \mathrm{i}\omega)t} \mathrm{d}t$$
$$= \int_0^{+\infty} f(t) \mathrm{e}^{-st} \mathrm{d}t \tag{8.1}$$

式中，$s = \sigma + \mathrm{i}\omega$。如果记 $F(s) = F_\sigma\left(\dfrac{s-\sigma}{\mathrm{i}}\right)$，可得：

$$F(s) = \int_0^{+\infty} f(t) \mathrm{e}^{-st} \mathrm{d}t \tag{8.2}$$

可以看出，式（8.2）实际上定义了一种新的积分变换：如果函数 $f(t)$ 在 $t \geqslant 0$ 时有定义，并且积分 $\int_0^{+\infty} f(t) \mathrm{e}^{-st} \mathrm{d}t$ 在复的 $s$ 平面上的一个区域内收敛，则称式（8.2）定义的 $F(s)$ 为函数 $f(t)$ 的单边拉普拉斯变换，在本书中如果未作特别说明，简称为**拉普拉斯（Laplace）变换**，记作 $F(s) = \mathscr{L}[f(t)]$ 或 $f(t) \xrightarrow{\mathscr{L}} F(s)$。傅里叶变换存在逆变换，根据式（8.1）可知：

$$f(t)\mathrm{e}^{-\sigma t} u(t) = \frac{1}{2\pi} \int_{-\infty}^{+\infty} F_\sigma(\omega) \mathrm{e}^{\mathrm{i}\omega t} \mathrm{d}\omega$$

上式两边同时乘以 $\mathrm{e}^{\sigma t}$，并令 $s = \sigma + \mathrm{i}\omega$，可得：

$$f(t)u(t) = \frac{1}{2\pi \mathrm{i}} \int_{\sigma - \mathrm{i}\infty}^{\sigma + \mathrm{i}\infty} F(s) \mathrm{e}^{st} \mathrm{d}s \tag{8.3}$$

式（8.3）是**拉普拉斯逆变换**，可记为 $f(t) = \mathscr{L}^{-1}[F(s)]$ 或 $F(s) \xrightarrow{\mathscr{L}^{-1}} f(t)$。

**例 8.1** 按定义式（8.2）求下列函数的拉普拉斯变换。

（1）$f(t) = \delta(t)$；（2）$f(t) = u(t)$。

**解**：（1）将 $f(t) = \delta(t)$ 代入式（8.2）中可得：

$$\mathscr{L}[\delta(t)] = \int_0^{+\infty} \delta(t) \mathrm{e}^{-st} \mathrm{d}t = 1 \tag{8.4}$$

注意，上式对于 $s$ 平面上所有的复变量 $s$ 都是成立的。

（2）将 $f(t) = u(t)$ 代入式（8.2）中可得：

$$\mathscr{L}[u(t)] = \int_0^{+\infty} u(t) \mathrm{e}^{-st} \mathrm{d}t = \int_0^{+\infty} \mathrm{e}^{-st} \mathrm{d}t$$

上式右边的积分在 $\mathrm{Re}(s) > 0$ 时是收敛的，此时有：

$$\mathscr{L}[u(t)] = \int_0^{+\infty} \mathrm{e}^{-st} \mathrm{d}t = \frac{1}{s} \tag{8.5}$$

可见，拉普拉斯变换存在是有条件的，上式收敛的条件 $\mathrm{Re}\, s > 0$ 也称作拉普拉斯变换的**收敛域**。

**例 8.2** 按定义式（8.2）求下列函数的拉普拉斯变换，式中 $\sigma_0$ 与 $\omega_0$ 为实常数。

（1）$f(t) = e^{-\sigma_0 t}u(t)$；（2）$f(t) = e^{i\omega_0 t}u(t)$。

**解**：（1）将 $f(t) = e^{-\sigma_0 t}u(t)$ 代入式（8.2）中可得：

$$\mathscr{L}[e^{-\sigma_0 t}u(t)] = \int_0^{+\infty} e^{-\sigma_0 t}u(t)e^{-st}dt = \int_0^{+\infty} e^{-(\sigma_0+s)t}dt$$

上式右边的积分在 $\mathrm{Re}(\sigma_0 + s) > 0$ 时是收敛的，即 $\mathrm{Re}(s) > -\sigma_0$，此时有：

$$\mathscr{L}[e^{-\sigma_0 t}u(t)] = \int_0^{+\infty} e^{-(\sigma_0+s)t}dt = \frac{1}{\sigma_0 + s} \tag{8.6}$$

（2）将 $f(t) = e^{i\omega_0 t}u(t)$ 代入式（8.2）中可得：

$$\mathscr{L}[e^{i\omega_0 t}u(t)] = \int_0^{+\infty} e^{i\omega_0 t}u(t)e^{-st}dt = \int_0^{+\infty} e^{-(s-i\omega_0)t}dt$$

上式右边的积分在 $\mathrm{Re}(s - i\omega_0) > 0$ 时是收敛的，即 $\mathrm{Re}\,s > 0$，此时有：

$$\mathscr{L}[e^{i\omega_0 t}u(t)] = \int_0^{+\infty} e^{-(s-i\omega_0)t}dt = \frac{1}{s - i\omega_0} \tag{8.7}$$

可以发现，拉普拉斯变换的收敛域总是 $s$ 平面的右边。

### 8.1.2 拉普拉斯变换存在定理

由例 8.1 与例 8.2 可以看出，拉普拉斯变换存在是需要一定条件的，那么在什么情况下函数 $f(t)$ 的拉普拉斯变换存在呢？有如下定理。

如果函数 $f(t)$ 满足以下两个条件：

（1）在 $t \geqslant 0$ 的任一有限区间上连续或分段连续；

（2）当 $t \to +\infty$ 时，$f(t)$ 的增长速度不超过某个指数函数，即存在常数 $M > 0$，以及 $c \geqslant 0$，使得：

$$|f(t)| \leqslant M e^{ct}, \quad 0 \leqslant t < +\infty$$

则 $f(t)$ 的拉普拉斯变换 $F(s) = \int_0^{+\infty} f(t)e^{-st}dt$ 在 $\mathrm{Re}\,s > c$ 上一定存在，且积分在 $\mathrm{Re}(s) \geqslant c_1 > c$ 上绝对收敛且一致收敛，并且在区域 $\mathrm{Re}\,s > c$ 内，$F(s)$ 为解析函数。这个命题也称为**拉普拉斯变换的存在定理**。

**证明**：由条件（2）可知，如果记 $s = \sigma + i\omega$，则 $\forall t \in [0, +\infty)$，有：

$$|f(t)e^{-st}| = |f(t)|e^{-\sigma t} \leqslant M \cdot e^{-(\sigma-c)t}$$

如果令 $\sigma - c \geqslant \varepsilon > 0$，即 $\mathrm{Re}(s) = \sigma \geqslant c + \varepsilon \triangleq c_1 > c$，则：

$$|f(t)e^{-st}| \leqslant M \cdot e^{-\varepsilon t}$$

因此有：
$$\int_0^{+\infty} |f(t)\mathrm{e}^{-st}|\,\mathrm{d}t \leqslant \int_0^{+\infty} M \cdot \mathrm{e}^{-\varepsilon t}\,\mathrm{d}t = \frac{M}{\varepsilon}$$

根据含参量反常积分的性质可知：在 $\mathrm{Re}\,s \geqslant c_1 > c$ 上，积分 $\int_0^{+\infty} f(t)\mathrm{e}^{-st}\,\mathrm{d}t$ 不仅绝对收敛而且一致收敛，关于反常积分与一致收敛的概念可参见相关参考文献。现考察拉普拉斯变换的解析性，积分号内的被积函数对 $s$ 求导可得：

$$\int_0^{+\infty} \frac{\mathrm{d}}{\mathrm{d}s}[f(t)\mathrm{e}^{-st}]\,\mathrm{d}t = \int_0^{+\infty} -tf(t)\mathrm{e}^{-st}\,\mathrm{d}t$$

注意到：
$$|-tf(t)\mathrm{e}^{-st}| \leqslant Mt\mathrm{e}^{-(\sigma-c)t} \leqslant Mt\mathrm{e}^{-\varepsilon t}$$

因此：
$$\int_0^{+\infty} \left|\frac{\mathrm{d}}{\mathrm{d}s}[f(t)\mathrm{e}^{-st}]\right|\,\mathrm{d}t \leqslant \int_0^{+\infty} M \cdot t\mathrm{e}^{-\varepsilon t}\,\mathrm{d}t = \frac{M}{\varepsilon^2}$$

可见，积分 $\int_0^{+\infty} \frac{\mathrm{d}}{\mathrm{d}s}[f(t)\mathrm{e}^{-st}]\,\mathrm{d}t$ 在 $\mathrm{Re}\,s \geqslant c_1 > c$ 上也是绝对收敛而且一致收敛的，因此积分与求导可以交换次序，故：

$$\frac{\mathrm{d}}{\mathrm{d}s} F(s) = \frac{\mathrm{d}}{\mathrm{d}s} \int_0^{+\infty} f(t)\mathrm{e}^{-st}\,\mathrm{d}t = \int_0^{+\infty} \frac{\mathrm{d}}{\mathrm{d}s}[f(t)\mathrm{e}^{-st}]\,\mathrm{d}t$$

$$= \int_0^{+\infty} -tf(t)\mathrm{e}^{-st}\,\mathrm{d}t = \mathscr{L}[-tf(t)]$$

可见 $F(s)$ 在区域 $\mathrm{Re}\,s > c$ 内是可微的，因此在该区域内 $F(s)$ 是解析函数。原命题得证。实际上拉普拉斯变换的存在定理的条件是充分条件，而不是必要条件，有的函数不满足条件（1）也存在拉普拉斯变换，这里就不赘述了。

**例 8.3** 求函数 $f(t) = \cos(\omega_0 t)$ 的拉普拉斯变换。

**解**：应用欧拉公式可知 $f(t) = \cos(\omega_0 t) = \dfrac{\mathrm{e}^{\mathrm{i}\omega_0 t} + \mathrm{e}^{-\mathrm{i}\omega_0 t}}{2}$，式（8.7）已经计算得到 $\mathrm{e}^{\mathrm{i}\omega_0 t}$ 的拉普拉斯变换，故有：

$$\mathscr{L}[\mathrm{e}^{\mathrm{i}\omega_0 t}] = \mathscr{L}[\mathrm{e}^{\mathrm{i}\omega_0 t} u(t)] = \frac{1}{s - \mathrm{i}\omega_0}, \quad \mathrm{Re}\,s > 0$$

$$\mathscr{L}[\mathrm{e}^{-\mathrm{i}\omega_0 t}] = \mathscr{L}[\mathrm{e}^{-\mathrm{i}\omega_0 t} u(t)] = \frac{1}{s + \mathrm{i}\omega_0}, \quad \mathrm{Re}\,s > 0$$

因此：
$$\mathscr{L}[\cos(\omega_0 t)] = \frac{1}{2}\left(\frac{1}{s + \mathrm{i}\omega_0} + \frac{1}{s - \mathrm{i}\omega_0}\right) = \frac{s}{s^2 + \omega_0^2}, \quad \mathrm{Re}\,s > 0 \tag{8.8}$$

类似可得：

$$\mathscr{L}[\sin(\omega_0 t)] = \frac{\omega_0}{s^2 + \omega_0^2}, \quad \text{Re}\, s > 0 \qquad (8.9)$$

须注意，拉普拉斯变换的定义式（8.2）中，积分的下限从 0 开始，因此，余弦函数 $\cos(\omega_0 t)$ 与 $\cos(\omega_0 t)u(t)$ 的拉普拉斯变换的结果是一样的。

**例 8.4** 计算周期为 $T$、幅度为 1 的方波的拉普拉斯变换。

**解**：画出方波的图形，如图 8.3 所示。

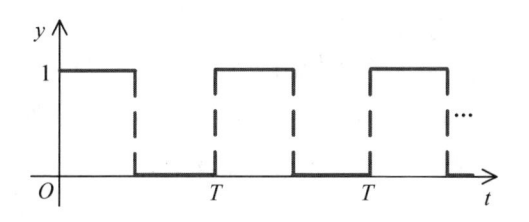

图 8.3 方波示意图

由图 8.3 可知，方波可以用以下函数表示：

$$f(t) = \sum_{k=0}^{+\infty} u(t - kT) - \sum_{k=0}^{+\infty} u\left(t - kT - \frac{T}{2}\right)$$

代入拉普拉斯变换的定义式（8.2），可得方波的拉普拉斯变换 $F(s)$：

$$F(s) = \int_0^{+\infty} f(t)\mathrm{e}^{-st}\mathrm{d}t = \int_0^{+\infty} \left[\sum_{k=0}^{+\infty} u(t-kT) - \sum_{k=0}^{+\infty} u\left(t-kT-\frac{T}{2}\right)\right]\mathrm{e}^{-st}\mathrm{d}t$$

$$= \frac{1}{s}\left[\sum_{k=0}^{+\infty} \mathrm{e}^{-skT} - \mathrm{e}^{-sT/2} \cdot \sum_{k=0}^{+\infty} \mathrm{e}^{-skT}\right]$$

$$= \frac{1}{s(1+\mathrm{e}^{-sT/2})}, \ \text{Re}(s) > 0$$

周期、幅度不同的方波，它的拉普拉斯变换可通过相同的方法得出。其他具有类似周期性的函数也可通过相同的方法计算拉普拉斯变换。

### 8.1.3 拉普拉斯逆变换

如果函数 $f(t)$ 是因果的，则拉普拉斯逆变换的表达式（8.3）可写成：

$$f(t) = \frac{1}{2\pi\mathrm{i}} \int_{\sigma - \mathrm{i}\infty}^{\sigma + \mathrm{i}\infty} F(s)\mathrm{e}^{st}\mathrm{d}s \qquad (8.10)$$

计算复变函数的积分，采用留数的方法是方便的，因此有以下命题：

若 $s_1$, $s_2$, $\cdots$, $s_n$ 是复变函数 $F(s)$ 的所有奇点, 选择 $\sigma$, 使得这些奇点全都在 $\text{Re}\, s < \sigma$ 的区域内。如果有 $\lim\limits_{s \to \infty} F(s) = 0$ 成立, 则：

$$\frac{1}{2\pi i} \int_{\sigma - i\infty}^{\sigma + i\infty} F(s) e^{st} ds = \sum_{k=1}^{n} \text{Res}[F(s) e^{st}, s_k] \tag{8.11}$$

即：

$$f(t) = \sum_{k=1}^{n} \text{Res}[F(s) e^{st}, s_k] \tag{8.12}$$

这就是**拉普拉斯逆变换的留数计算法**。

**证明**：画出 $s$ 平面的示意图, 如图 8.4 所示, 图中绘出了复变函数 $F(s)$ 的 $n$ 个奇点 $s_1$, $s_2$, $\cdots$, $s_n$ 的位置, 注意到复指数函数 $e^{st}$ 在复平面上处处解析, 且处处不等于 0, 因此 $F(s)$ 的奇点就是 $F(s) e^{st}$ 的奇点。

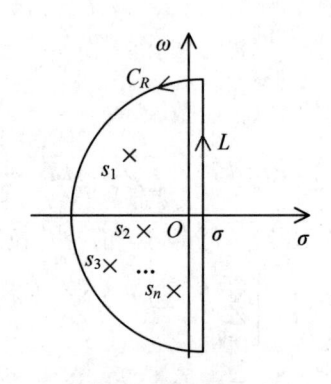

图 8.4 拉普拉斯逆变换的留数计算法

图 8.4 上的积分路径 $L: \sigma - iR \to \sigma + iR$, 为了便于应用留数定理, 作辅助的半径为 $R$ 的半圆 $C_R$, $R$ 大到足以把所有的奇点包围在内, 可知 $C = C_R + L$ 构成了分段简单闭曲线, 因此：

$$\oint_C F(s) e^{st} ds = 2\pi i \sum_{k=1}^{n} \text{Res}[F(s) e^{st}, s_k]$$

式中, $\oint_C F(s) e^{st} ds = \int_{\sigma - iR}^{\sigma + iR} F(s) e^{st} ds + \int_{C_R} F(s) e^{st} ds$, 根据约当引理, 当 $t > 0$ 时, 有：

$$\lim_{R \to +\infty} \int_{C_R} F(s) e^{st} ds = 0$$

因此有：$\int_{\sigma - i\infty}^{\sigma + i\infty} F(s) e^{st} ds = 2\pi i \sum_{k=1}^{n} \text{Res}[F(s) e^{st}, s_k]$, 原命题得证。

**例 8.5**　计算函数 $F(s) = \dfrac{s}{s^2 + \omega_0^2}$ 的拉普拉斯逆变换，其中 $\omega_0 > 0$ 是常数。

**解**：解析函数 $F(s)$ 在复平面上有两个孤立奇点 $\pm i\omega_0$，它们也是 $F(s)e^{st}$ 的孤立奇点，且均为一阶极点，采用留数计算的规则 2 计算这两个奇点处的留数可得：

$$\text{Res}[F(s)e^{st}, i\omega_0] = \left.\dfrac{se^{st}}{(s^2+\omega_0^2)'}\right|_{s=i\omega_0} = \dfrac{e^{i\omega_0 t}}{2}$$

$$\text{Res}[F(s)e^{st}, -i\omega_0] = \left.\dfrac{se^{st}}{(s^2+\omega_0^2)'}\right|_{s=-i\omega_0} = \dfrac{e^{-i\omega_0 t}}{2}$$

故拉普拉斯逆变换 $f(t) = \dfrac{e^{i\omega_0 t}}{2} + \dfrac{e^{-i\omega_0 t}}{2} = \cos\omega_0 t$，$t > 0$。

**例 8.6**　计算函数 $F(s) = \dfrac{1}{s(s-1)^2}$ 的拉普拉斯逆变换。

**解**：解析函数 $F(s)$ 在复平面上有两个孤立奇点，其中原点是一阶极点；$s=1$ 是二阶极点，它们也是 $F(s)e^{st}$ 的孤立奇点，采用规则 1 计算原点处的留数；采用规则 3 计算 $s=1$ 处的留数：

$$\text{Res}[F(s)e^{st}, 0] = \lim_{s\to 0} s\dfrac{e^{st}}{s(s-1)^2} = 1$$

$$\text{Res}[F(s)e^{st}, 1] = \lim_{s\to 1}\dfrac{d}{ds}\left[(s-1)^2 \dfrac{e^{st}}{s(s-1)^2}\right] = te^t - e^t$$

故拉普拉斯逆变换 $f(t) = 1 + te^t - e^t$，$t > 0$。

**例 8.7**　计算函数 $F(s) = \dfrac{1}{(s+1)(s+2)(s+3)}$ 的拉普拉斯逆变换。

**解**：这里采用两种方法，第一种方法，解析函数 $F(s)$ 在复平面上有三个孤立奇点：$-1$、$-2$、$-3$，且均为一阶极点，它们也是 $F(s)e^{st}$ 的孤立奇点，采用规则 1 计算三个极点处的留数：

$$\text{Res}[F(s)e^{st}, -1] = \lim_{s\to -1}(s+1)\dfrac{e^{st}}{(s+1)(s+2)(s+3)} = \dfrac{e^{-t}}{2}$$

$$\text{Res}[F(s)e^{st}, -2] = \lim_{s\to -2}(s+2)\dfrac{e^{st}}{(s+1)(s+2)(s+3)} = -e^{-2t}$$

$$\text{Res}[F(s)e^{st}, -3] = \lim_{s\to -3}(s+3)\dfrac{e^{st}}{(s+1)(s+2)(s+3)} = \dfrac{e^{-3t}}{2}$$

故拉普拉斯逆变换 $f(t) = \dfrac{1}{2}(e^{-t} + e^{-3t}) - e^{-2t}$，$t > 0$。

第二种方法，部分分式法，将 $F(s)$ 用部分分式法展开可得：

$$F(s) = \frac{1}{(s+1)(s+2)(s+3)} = \frac{1/2}{s+1} + \frac{-1}{s+2} + \frac{1/2}{s+3}$$

根据式（8.6）可知 $\mathrm{e}^{-\sigma_0 t} u(t) \xrightarrow{\mathscr{L}} \dfrac{1}{s+\sigma_0}$，因此可得：

$$f(t) = \frac{1}{2}(\mathrm{e}^{-t} + \mathrm{e}^{-3t})u(t) - \mathrm{e}^{-2t}u(t)$$

可见两种方法计算得到的结果是一样的。

## 8.2 拉普拉斯变换的性质

在介绍拉普拉斯变换性质的时候，假定涉及的函数的拉普拉斯变换都存在，且求导、积分等运算均可交换次序，下面不再另作说明。

**1. 线性性质**

设 $F_1(s) = \mathscr{L}[f_1(t)]$，收敛域为 $\mathrm{Re}\, s > \sigma_1$；$F_2(s) = \mathscr{L}[f_2(t)]$，收敛域为 $\mathrm{Re}\, s > \sigma_2$，$\alpha$ 与 $\beta$ 为常数，则：

$$\mathscr{L}[\alpha f_1(t) + \beta f_2(t)] = \alpha F_1(s) + \beta F_2(s) \tag{8.13}$$

$$\mathscr{L}^{-1}[\alpha F_1(s) + \beta F_2(s)] = \alpha f_1(t) + \beta f_2(t) \tag{8.14}$$

**注意**：$\alpha F_1(s) + \beta F_2(s)$ 的收敛域为 $\mathrm{Re}\, s > \max\{\sigma_1, \sigma_2\}$，本性质可基于拉普拉斯变换的定义式，利用积分的线性性质可直接推导得出。

**例 8.8** 计算 $f(t) = -\mathrm{e}^{-t}u(t) + \delta(t)$ 的拉普拉斯变换。

**解**：根据式（8.6）可知 $\mathrm{e}^{-\sigma_0 t}u(t) \xrightarrow{\mathscr{L}} \dfrac{1}{s+\sigma_0}$，因此：

$$\mathrm{e}^{-t}u(t) \xrightarrow{\mathscr{L}} \frac{1}{s+1}, \quad \mathrm{Re}\, s > -1;$$

另一方面：$\delta(t) \xrightarrow{\mathscr{L}} 1$，在复平面上处处收敛。

因此，$-\mathrm{e}^{-t}u(t) + \delta(t) \xrightarrow{\mathscr{L}} \dfrac{s}{s+1}, \quad \mathrm{Re}\, s > -1$。

**2. 位移性质**

设 $F(s) = \mathscr{L}[f(t)]$，收敛域为 $\mathrm{Re}\, s > \sigma_0$，$t_0$ 与 $a$ 为实的常数，则：

$$\mathscr{L}[f(t-t_0)u(t-t_0)] = \mathrm{e}^{-st_0} F(s), \quad \mathrm{Re}\, s > \sigma_0 \tag{8.15}$$

$$\mathscr{L}^{-1}[F(s-a)] = \mathrm{e}^{at} f(t), \quad \mathrm{Re}\, s > \sigma_0 + a \tag{8.16}$$

**证明**：将 $f(t-t_0)u(t-t_0)$ 代入拉普拉斯变换的定义式（8.2）可得：

$$\mathscr{L}[f(t-t_0)u(t-t_0)] = \int_0^{+\infty} f(t-t_0)u(t-t_0)\mathrm{e}^{-st}\mathrm{d}t$$

作变量代换 $\tau = t - t_0$ 可得：

$$\mathscr{L}[f(t-t_0)u(t-t_0)] = \int_{-t_0}^{+\infty} f(\tau)u(\tau)\mathrm{e}^{-s(\tau+t_0)}\mathrm{d}\tau = \mathrm{e}^{-st_0}\int_0^{+\infty} f(\tau)\mathrm{e}^{-s\tau}\mathrm{d}\tau$$

$$= \mathrm{e}^{-st_0}\mathscr{L}[f(t)] = \mathrm{e}^{-st_0}F(s)$$

在求积分的过程中，积分收敛的条件没有变，因此收敛域没有改变，故式（8.15）得证；利用相同的方法可以证明式（8.16）。

**例 8.9** 计算 $f(t) = \mathrm{e}^{-at}\sin\omega_0 t$，$a > 0$ 的拉普拉斯变换。

**解**：例 8.3 计算了正弦函数的拉普拉斯变换 $\mathscr{L}[\sin(\omega_0 t)] = \dfrac{\omega_0}{s^2 + \omega_0^2}$，$\mathrm{Re}\,s > 0$，利用位移性质，可知：

$$\mathscr{L}[f(t)] = \mathscr{L}[\mathrm{e}^{-at}\sin\omega_0 t] = \frac{\omega_0}{(s+a)^2 + \omega_0^2}, \quad \mathrm{Re}\,s > -a\,。$$

**3. 相似性质**

设 $F(s) = \mathscr{L}[f(t)]$，收敛域为 $\mathrm{Re}(s) > \sigma_0$，$a > 0$ 为常数，则：

$$\mathscr{L}[f(at)] = \frac{1}{a}F\left(\frac{s}{a}\right), \quad \mathrm{Re}(s) > a\sigma_0 \tag{8.17}$$

**证明**：$\mathscr{L}[f(at)] = \int_0^{+\infty} f(at)\mathrm{e}^{-st}\mathrm{d}t$，令 $x = at$，则有：

$$\mathscr{L}[f(at)] = \frac{1}{a}\int_0^{+\infty} f(x)\mathrm{e}^{-s\frac{x}{a}}\mathrm{d}x = \frac{1}{a}F\left(\frac{s}{a}\right)$$

要使得上式中积分存在，要求 $\mathrm{Re}\left(\dfrac{s}{a}\right) > \sigma_0$，即 $\mathrm{Re}(s) > a\sigma_0$，因此原命题得证。

**4. 微分性质**

设 $F(s) = \mathscr{L}[f(t)]$，收敛域为 $\mathrm{Re}(s) > \sigma_0$，则：

$$\mathscr{L}[f'(t)] = sF(s) - f(0) \tag{8.18}$$

一般地，

$$\mathscr{L}[f^{(n)}(t)] = s^n F(s) - s^{n-1}f(0) - s^{n-2}f'(0) - \cdots - f^{(n-1)}(0) \tag{8.19}$$

式中，$f^{(k)}(0)$，$k = 0, 1, \cdots, n$，应理解为 $\lim\limits_{t\to 0+} f^{(k)}(t)$，为统一符号起见，$f(0) = f^{(0)}(0)$。注意，$f(t)$ 导函数的拉普拉斯变换的收敛域不变，依然是 $\mathrm{Re}\,s > \sigma_0$。

设 $F(s) = \mathscr{L}[f(t)]$，收敛域为 $\mathrm{Re}\,s > \sigma_0$，则：

$$F'(s) = -\mathscr{L}[tf(t)] \tag{8.20}$$

一般地，

$$F^{(n)}(s) = (-1)^n \mathscr{L}[t^n f(t)] \tag{8.21}$$

收敛域也保持不变。

**证明**：这里仅给出式（8.18）的证明，根据拉普拉斯变换的定义可知：

$$\begin{aligned}
\mathscr{L}[f'(t)] &= \int_0^{+\infty} f'(t)\mathrm{e}^{-st}\mathrm{d}t = \int_0^{+\infty} \mathrm{e}^{-st}\mathrm{d}f(t) \\
&= \mathrm{e}^{-st} f(t)\Big|_0^{+\infty} - \int_0^{+\infty} f(t)\mathrm{d}(\mathrm{e}^{-st}) \\
&= -f(0) + s\int_0^{+\infty} f(t)\mathrm{e}^{-st}\mathrm{d}t \\
&= -f(0) + sF(s)
\end{aligned}$$

式（8.18）得证，在式（8.18）的基础上用数学归纳法即可证明式（8.19）。式（8.20）留给读者自行证明。

**例 8.10** 利用微分性质计算 $f(t) = \sin \omega_0 t$ 的拉普拉斯变换。

**解**：由于 $f(0) = 0$，$f'(0) = \omega_0$，$f''(t) = -\omega_0^2 \sin \omega_0 t$，应用式（8.19）可得：

$$\mathscr{L}[f''(t)] = s^2 \mathscr{L}[f(t)] - sf(0) - f'(0)$$

$$\Rightarrow -\omega_0^2 \mathscr{L}[\sin \omega_0 t] = s^2 \mathscr{L}[\sin \omega_0 t] - \omega_0$$

$$\Rightarrow F(s) = \mathscr{L}[\sin \omega_0 t] = \frac{\omega_0}{\omega_0^2 + s^2}$$

注意到复变函数 $F(s)$ 的孤立奇点为 $\pm \mathrm{i}\omega_0$，因此收敛域为 $\mathrm{Re}(s) > 0$。可见，与例 8.3 的计算结果是一样的。

**例 8.11** 利用微分性质计算 $f(t) = t^m$ 的拉普拉斯变换，其中 $m \geqslant 1$ 为正整数。

**解**：由于 $f(0) = f'(0) = \cdots = f^{(m-1)}(0) = 0$，$f^{(m)}(t) = m!$ 是个常数。先计算 $m!$ 的拉普拉斯变换，

$$\mathscr{L}[m!] = m!\int_0^{+\infty} \mathrm{e}^{-st}\mathrm{d}t = \frac{m!}{s}$$

记 $F(s) = \mathscr{L}[t^m]$，应用式（8.19）可得：

$$\mathscr{L}[f^{(m)}(t)] = s^m F(s) - s^{m-1}f(0) - s^{m-2}f'(0) - \cdots - f^{(m)}(0)$$

$$\Rightarrow \mathscr{L}[m!] = s^m F(s) - s^{m-1}f(0) - s^{m-2}f'(0) - \cdots - f^{(m)}(0)$$

$$\Rightarrow \mathscr{L}[m!] = s^m F(s)$$

$$\Rightarrow F(s) = \frac{\mathscr{L}[m!]}{s^m} = \frac{m!}{s^{m+1}}$$

由于 $F(s)$ 的孤立奇点为原点，因此收敛域为 $\mathrm{Re}(s) > 0$。

**5. 积分性质**

设 $F(s) = \mathscr{L}[f(t)]$，收敛域为 $\mathrm{Re}(s) > \sigma_0$，则：

$$\mathscr{L}[\int_0^t f(t)\mathrm{d}t] = \frac{F(s)}{s} \tag{8.22}$$

一般地，

$$\mathscr{L}[\underbrace{\int_0^t \mathrm{d}t \int_0^t \mathrm{d}t \cdots \int_0^t}_{n} f(t)\mathrm{d}t] = \frac{F(s)}{s^n} \tag{8.23}$$

须注意，两者的收敛域为 $\mathrm{Re}(s) > \max\{\sigma_0, 0\}$。拉普拉斯变换的象函数也存在积分性质，即：

$$\int_s^\infty F(s)\mathrm{d}s = \mathscr{L}\left[\frac{f(t)}{t}\right] \tag{8.24}$$

一般地，

$$\underbrace{\int_s^\infty \mathrm{d}s \int_s^\infty \mathrm{d}s \cdots \int_s^\infty}_{n} F(s)\mathrm{d}s = \mathscr{L}\left[\frac{f(t)}{t^n}\right] \tag{8.25}$$

**证明**：这里仅给出式(8.22)的证明，记 $g(t) = \int_0^t f(\tau)\mathrm{d}\tau$，则 $g(0) = 0$，且 $g'(t) = f(t)$，应用拉普拉斯变换的微分性质可知：

$$\mathscr{L}[g'(t)] = s\mathscr{L}[g(t)] - g(0)$$

因此，式(8.22)得证。在式(8.22)的基础上用数学归纳法即可证明式(8.23)。式(8.24)留给读者自行证明。

**例 8.12** 利用积分性质计算 $f(t) = \dfrac{\sin t}{t}$ 的拉普拉斯变换。

**解**：例 8.3 计算了正弦函数的拉普拉斯变换 $\mathscr{L}[\sin(\omega_0 t)] = \dfrac{\omega_0}{s^2 + \omega_0^2}$，$\mathrm{Re}\, s > 0$，故 $\mathscr{L}[\sin t] = \dfrac{1}{s^2 + 1}$，代入式(8.24)可得：

$$\mathscr{L}\left[\frac{\sin t}{t}\right] = \int_s^\infty \frac{1}{s^2 + 1}\mathrm{d}s = \mathrm{arccot}\, s$$

即：

$$\int_0^{+\infty} \frac{\sin t}{t} e^{-st}\mathrm{d}t = \mathrm{arccot}\, s$$

在上式中令 $s = 0$ 可得：

$$\int_0^{+\infty} \frac{\sin t}{t}\mathrm{d}t = \frac{\pi}{2}$$

可以发现，利用拉普拉斯变换的微分性质与积分性质可以计算一些特定的积分。

（1）在拉普拉斯变换的定义式中，令 $s = 0$ 可得：

$$\int_0^{+\infty} f(t)\mathrm{d}t = F(0) \tag{8.26}$$

（2）在微分性质式（8.21）中，令 $s=0$ 可得：

$$\int_0^{+\infty} t^n f(t)\mathrm{d}t = (-1)^n F^{(n)}(0) \tag{8.27}$$

（3）在积分性质式（8.25）中，令 $s=0$ 可得：

$$\int_0^{+\infty} \frac{f(t)}{t^n}\mathrm{d}t = \underbrace{\int_0^{\infty} \mathrm{d}s \int_s^{\infty} \mathrm{d}s \cdots \int_s^{\infty}}_{n} F(s)\mathrm{d}s \tag{8.28}$$

应该说明的是，在应用这些公式的时候要先确保积分是存在的。

**例 8.13** 计算以下积分。

（1）$\int_0^{+\infty} \cos\omega_0 t \cdot \mathrm{e}^{-2t}\mathrm{d}t$；（2）$\int_0^{+\infty} \frac{1-\cos t}{t} \cdot \mathrm{e}^{-2t}\mathrm{d}t$。

**解**：（1）原积分可以看作余弦函数的拉普拉斯变换在 $s=2$ 处的取值，例 8.3 计算了余弦函数的拉普拉斯变换 $F(s) = \dfrac{s}{s^2+\omega_0^2}$，故原积分为：

$$\int_0^{+\infty} \cos\omega_0 t \cdot \mathrm{e}^{-2t}\mathrm{d}t = \left.\frac{s}{s^2+\omega_0^2}\right|_{s=2} = \frac{2}{\omega_0^2+4}$$

（2）记 $f(t)=1-\cos t$，可知 $\mathscr{L}[f(t)] = \dfrac{1}{s} - \dfrac{s}{s^2+1} = \dfrac{1}{s(s^2+1)}$，应用式（8.24）可得：

$$\mathscr{L}\left[\frac{f(t)}{t}\right] = \int_0^{+\infty} \frac{1-\cos t}{t} \cdot \mathrm{e}^{-st}\mathrm{d}t$$

$$= \int_s^{\infty} F(s)\mathrm{d}s = \int_s^{\infty} \frac{1}{s(s^2+1)}\mathrm{d}s = \frac{1}{2}\ln\left(1+\frac{1}{s^2}\right)$$

在上式中令 $s=2$ 可得：

$$\int_0^{+\infty} \frac{1-\cos t}{t} \cdot \mathrm{e}^{-2t}\mathrm{d}t = \left.\frac{1}{2}\ln\left(1+\frac{1}{s^2}\right)\right|_{s=2} = \frac{1}{2}\ln\frac{5}{4}$$

**6. 卷积性质**

设 $F_1(s) = \mathscr{L}[f_1(t)]$，收敛域为 $\mathrm{Re}(s) > \sigma_1$；$F_2(s) = \mathscr{L}[f_2(t)]$，收敛域为 $\mathrm{Re}\,s > \sigma_2$，则有：

$$\mathscr{L}[f_1(t) * f_2(t)] = F_1(s) \cdot F_2(s) \tag{8.29}$$

收敛域为 $\mathrm{Re}\,s > \max\{\sigma_1, \sigma_2\}$。

对于象函数，也有卷积性质存在，即：

$$\mathscr{L}[f_1(t)\cdot f_2(t)] = \frac{1}{2\pi i}F_1(s)*F_2(s) \qquad (8.30)$$

收敛域为 $\mathrm{Re}\, s > \sigma_1 + \sigma_2$。

**证明：** 这里仅给出式（8.29）的证明。可以验证，如果 $f_1(t)$、$f_2(t)$ 满足拉普拉斯变换的存在条件，则 $f_1(t)*f_2(t)$ 也满足该条件，即拉普拉斯变换是存在的：

$$\begin{aligned}\mathscr{L}[f_1(t)*f_2(t)] &= \int_0^{+\infty}[f_1(t)*f_2(t)]e^{-st}dt \\ &= \int_0^{+\infty}\left[\int_0^t f_1(\tau)f_2(t-\tau)d\tau\right]e^{-st}dt \\ &= \int_0^{+\infty}\left[\int_0^{+\infty} f_1(\tau)f_2(t-\tau)d\tau\right]e^{-st}dt\end{aligned}$$

卷积积分的积分区间为 $(-\infty,+\infty)$，由于在 $\tau<0$ 时 $f_1(\tau)=0$，因此积分下限由 $-\infty$ 改为 0；又由于 $t-\tau<0$ 时 $f_2(t-\tau)=0$，故积分上限由 $+\infty$ 改为 $t$；注意到 $t-\tau<0$ 时 $f_2(t-\tau)\equiv 0$，因此积分上限也可写为 $+\infty$。由于拉普拉斯变换是存在的，因此可以交换积分次序：

$$\mathscr{L}[f_1(t)*f_2(t)] = \int_0^{+\infty} f_1(\tau)d\tau\left[\int_0^{+\infty} f_2(t-\tau)e^{-st}dt\right] \qquad (*)$$

对式（*）中方括号里的积分应用位移性质，可得：

$$\begin{aligned}\mathscr{L}[f_1(t)*f_2(t)] &= \int_0^{+\infty} f_1(\tau)d\tau\cdot e^{-s\tau}F_2(s) \\ &= \int_0^{+\infty} f_1(\tau)e^{-s\tau}d\tau\cdot F_2(s) \\ &= F_1(s)\cdot F_2(s)\end{aligned}$$

原式得证。由于卷积的拉普拉斯变换是两个解析函数 $F_1(s)$ 与 $F_2(s)$ 相乘的结果，在不考虑零点的情况下，$F_1(s)$ 与 $F_2(s)$ 的孤立奇点都是 $F_1(s)\cdot F_2(s)$ 的奇点，故收敛域为 $\mathrm{Re}(s)>\max\{\sigma_1,\sigma_2\}$。

**例 8.14** 计算 $F(s)=\dfrac{1}{s^2(1+s^2)}$ 的拉普拉斯逆变换 $f(t)$。

**解：** $F(s)=\dfrac{1}{s^2(1+s^2)}=\dfrac{1}{s^2}\cdot\dfrac{1}{1+s^2}$，因此可以应用卷积性质求逆变换，注意到 $\dfrac{1}{1+s^2}\xrightarrow{\mathscr{L}^{-1}}\sin t$，现求 $\dfrac{1}{s^2}$ 的逆变换，注意到 $\delta(t)\xrightarrow{\mathscr{L}}1$，应用式（8.23）可知：

$$\mathscr{L}^{-1}\left[\frac{1}{s^2}\right]=\int_0^t\int_0^t\delta(t)dt = t\cdot u(t)$$

根据卷积性质可知：$f(t)=tu(t)*\sin t=(t-\sin t)u(t)$。

**例 8.15** 计算 $F(s) = \dfrac{e^{-st_0}}{(1+s^2)^2}$ （$t_0 > 0$）的拉普拉斯逆变换 $f(t)$。

**解**：$F(s) = \dfrac{e^{-st_0}}{(1+s^2)^2} = \dfrac{1}{1+s^2} \cdot \dfrac{1}{1+s^2} \cdot e^{-st_0}$，由于 $\dfrac{1}{1+s^2} \xrightarrow{\mathscr{L}^{-1}} \sin t$，故：

$$\mathscr{L}^{-1}\left[\dfrac{1}{1+s^2} \cdot \dfrac{1}{1+s^2}\right] = \sin t * \sin t = \int_0^t \sin\tau \sin(t-\tau)d\tau$$

$$= \dfrac{1}{2}(\sin t - t\cos t)$$

$$= \dfrac{1}{2}(\sin t - t\cos t)u(t), \quad t > 0$$

利用位移性质可得：

$$\mathscr{L}^{-1}\left(\dfrac{1}{1+s^2} \cdot \dfrac{1}{1+s^2} \cdot e^{-st_0}\right) = \dfrac{1}{2}[\sin(t-t_0) - (t-t_0)\cos(t-t_0)]u(t-t_0)$$

**7. 初值定理与终值定理**

**初值定理**：设 $F(s) = \mathscr{L}[f(t)]$，收敛域为 $\operatorname{Re}(s) > \sigma_0$，如果 $\lim\limits_{s \to \infty} sF(s)$，则：

$$f(0) = \lim_{t \to 0} f(t) = \lim_{s \to \infty} sF(s) \tag{8.31}$$

**证明**：根据拉普拉斯变换的微分性质可知：

$$\mathscr{L}[f'(t)] = sF(s) - f(0) \qquad (*)$$

由于 $\lim\limits_{s \to \infty} sF(s)$ 存在，则 $s$ 沿着实轴的正向趋于 $\infty$ 也必存在，且：

$$\lim_{s \to \infty} sF(s) = \lim_{\operatorname{Re}(s) \to +\infty} sF(s)$$

对式（*）两边同时取极限可得：

$$\lim_{\operatorname{Re}(s) \to +\infty} \mathscr{L}[f'(t)] = \lim_{\operatorname{Re}(s) \to +\infty} sF(s) - f(0) = \lim_{s \to \infty} sF(s) - f(0)$$

注意到：

$$\lim_{\operatorname{Re}(s) \to +\infty} \mathscr{L}[f'(t)] = \lim_{\operatorname{Re}(s) \to +\infty} \int_0^{+\infty} f'(t) e^{-st} dt$$

$$= \int_0^{+\infty} f'(t) \cdot \lim_{\operatorname{Re}(s) \to +\infty} e^{-st} dt = 0$$

因此有：

$$\lim_{s \to \infty} sF(s) - f(0) = 0 \Rightarrow f(0) = \lim_{s \to \infty} sF(s)$$

原命题得证。

**终值定理**：设 $F(s) = \mathscr{L}[f(t)]$，收敛域为 $\operatorname{Re}(s) > \sigma_0$，如果 $sF(s)$ 的奇点全部都在 $s$ 平面的左半平面，则：

$$f(+\infty) = \lim_{t \to +\infty} f(t) = \lim_{s \to 0} sF(s) \quad (8.32)$$

**证明**：根据拉普拉斯变换的微分性质可知：
$$\mathscr{L}[f'(t)] = sF(s) - f(0)$$

对上式两边同时取极限可得：
$$\lim_{s \to 0} \mathscr{L}[f'(t)] = \lim_{s \to 0} sF(s) - f(0) \quad (*)$$

注意到：
$$\lim_{s \to 0} \mathscr{L}[f'(t)] = \lim_{s \to 0} \int_0^{+\infty} f'(t)\mathrm{e}^{-st}\mathrm{d}t = \int_0^{+\infty} f'(t)\mathrm{d}t$$
$$= \lim_{t \to +\infty} f(t) - f(0) \quad (**)$$

综合式（*）与式（**）可得：
$$\lim_{t \to +\infty} f(t) - f(0) = \lim_{s \to 0} sF(s) - f(0) \Rightarrow$$
$$f(+\infty) = \lim_{t \to +\infty} f(t) = \lim_{s \to 0} sF(s)$$

原命题得证。

**例 8.16** 若 $\mathscr{L}[f'(t)] = \dfrac{s+a}{(s+a)^2 + \omega_0^2}$（$a > 0$、$\omega_0 > 0$），计算 $f(0)$ 与 $f(+\infty)$。

**解**：利用初值定理可知：
$$f(0) = \lim_{s \to \infty} sF(s) = \lim_{s \to \infty} \frac{s(s+a)}{(s+a)^2 + \omega_0^2} = 1$$

利用终值定理可知：
$$f(+\infty) = \lim_{s \to 0} sF(s) = \lim_{s \to 0} \frac{s(s+a)}{(s+a)^2 + \omega_0^2} = 0$$

## 8.3 拉普拉斯变换的应用

与傅里叶变换一样，拉普拉斯变换在工程领域应用广泛，这里仅介绍拉普拉斯变换在求解微分方程中的应用，下面结合两个例子进行说明，注意它与傅里叶变换的区别与联系。

**例 8.17** 求解积分方程：
$$y(t) = f_1(t) + \int_0^t y(\tau) f_2(t-\tau)\mathrm{d}\tau \quad (*)$$

其中 $f_1(t)$、$f_2(t)$ 与 $y(t)$ 的拉普拉斯变换存在，$f_1(t)$、$f_2(t)$ 是定义在 $[0, +\infty)$ 上的实变函数，求 $y(t)$。

**解**：注意到式中的积分是 $f_2(t)$ 与 $y(t)$ 的卷积，将方程两边进行拉普拉斯变换，

记 $F_1(s) = \mathscr{L}[f_1(t)]$，$F_2(s) = \mathscr{L}[f_2(t)]$，$Y(s) = \mathscr{L}[y(t)]$，由卷积性质可知：

$$Y(s) = F_1(s) + Y(s)F_2(s) \Rightarrow Y(s) = \frac{F_1(s)}{1 - F_2(s)}$$

则原方程的解为 $y(t) = \mathscr{L}^{-1}[Y(s)]$。

举例来说，$f_1(t) = e^{-3t}u(t)$、$f_2(t) = e^{-2t}u(t)$，可知：

$$F_1(s) = \frac{1}{s+3}、\quad F_2(s) = \frac{1}{s+2}$$

因此：

$$\frac{F_1(s)}{1 - F_2(s)} = \frac{s+2}{(s+1)(s+3)} = \frac{1/2}{s+1} + \frac{1/2}{s+3}$$

故 $y(t) = \frac{1}{2}(e^{-t} + e^{-3t})u(t)$。可以发现，求解式（*）所表示的积分方程，采用拉普拉斯变换与傅里叶变换的过程是类似的。

**例 8.18** 求常系数常微分方程：

$$y^{(n)}(t) + a_{n-1}y^{(n-1)}(t) + \cdots + a_1 y'(t) + a_0 y(t)$$
$$= b_m f^{(m)}(t) + b_{m-1} y^{(m-1)}(t) + \cdots + b_1 f'(t) + b_0 f(t)$$

的解，其中 $f(t)$ 与 $y(t)$ 的拉普拉斯变换存在，$f(t)$ 已知，$y(t)$ 的初始条件 $y(0)$，$y'(0)$，$\cdots$，$y^{(n-1)}(0)$ 均已知，求 $y(t)$。

**解**：记 $F(s) = \mathscr{L}[f(t)]$，$Y(s) = \mathscr{L}[y(t)]$，对方程两边同时进行拉普拉斯变换，并应用微分性质可得：

$$\begin{aligned}
&s^n Y(s) - s^{n-1} y(0) - s^{n-2} y'(0) - \cdots - y^{(n-1)}(0) \\
&+ a_{n-1}[s^{n-1} Y(s) - s^{n-2} y(0) - \cdots - y^{(n-2)}(0)] \\
&+ \cdots \\
&+ a_1[sY(s) - y(0)] \\
&+ a_0 Y(s)
\end{aligned} = \begin{aligned}
&b_m s^m F(s) \\
&+ b_{m-1} s^{m-1} F(s) \\
&+ \cdots \\
&+ b_1 s F(s) \\
&+ b_0 F(s)
\end{aligned}$$

化简可得：

$$[s^n + \cdots + a_1 s + a_0]Y(s)$$
$$= [b_m s^m + \cdots + b_1 s + b_0]F(s)$$
$$+ y(0)s^{n-1}$$
$$+ [y'(0) + a_{n-1} y(0)]s^{n-2}$$
$$+ \cdots$$
$$+ [y^{(n-1)}(0) + a_{n-1} y^{(n-2)}(0) + \cdots + a_1 y(0)]$$

因此有：

$$Y(s) = \frac{b_m s^m + \cdots + b_1 s + b_0}{s^n + \cdots + a_1 s + a_0} F(s)$$

$$+ \frac{y(0)s^{n-1} + [y'(0) + a_{n-1}y(0)]s^{n-2} + \cdots + [y^{(n-1)}(0) + \cdots + a_1 y(0)]}{s^n + \cdots + a_1 s + a_0} \quad (*)$$

因此原方程的解为 $y(t) = \mathscr{L}^{-1}[Y(s)]$。

举例来说：$y'(t) + 3y(t) = 2f(t)$，其中 $f(t) = \mathrm{e}^{-t}u(t)$，$y(0) = 2$，对 $f(t)$ 求拉普拉斯变换可得 $F(s) = \dfrac{1}{s+1}$，代入式（*）可得：

$$Y(s) = \frac{2}{s+3} \cdot \frac{1}{s+1} + \frac{2}{s+3} = \frac{1}{s+3} + \frac{1}{s+1}$$

故 $y(t) = [\mathrm{e}^{-t} + \mathrm{e}^{-3t}]u(t)$。对比拉普拉斯变换与傅里叶变换求解常微分方程可以发现，拉普拉斯变换法在解微分方程的时候考虑了初值的影响。

**例8.19** 一个二阶机械减振系统如图8.5所示，其中，$M$ 为物体质量，$k$ 为弹簧的弹性系数，$C$ 为减振液体的阻尼系数，记 $x(t)$ 为 $t$ 时刻物体偏离其平衡位置的位移，$f(t)$ 为加在物体上的外力。

其运动方程可表示为：

$$Mx''(t) + Cx'(t) + kx(t) = f(t)$$

若 $M = 1$，$C = 3$，$k = 2$，$f(t) = \sin 2t \cdot u(t)$，初始时刻物体的位置 $x(0) = 2$，速度 $x'(0) = 0$，试计算物体的运动状态。

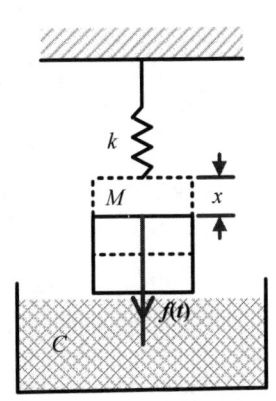

图8.5 二阶机械减振系统示意图

**解**：将 $M = 1$，$C = 3$，$k = 2$，$f(t) = \sin 2t \cdot u(t)$ 代入原方程可得：

$$x''(t) + 3x'(t) + 2x(t) = \sin 2t \cdot u(t)$$

记 $F(s) = \mathscr{L}[f(t)]$，$X(s) = \mathscr{L}[x(t)]$，对上式两边进行拉普拉斯变换可得：

$$X(s) = \frac{1}{s^2 + 3s + 2} \cdot \frac{2}{s^2 + 4} + \frac{2s + 6}{s^2 + 3s + 2}$$

其中：

$$\mathscr{L}^{-1}\left[\frac{1}{s^2 + 3s + 2} \cdot \frac{2}{s^2 + 4}\right] = (0.4\mathrm{e}^{-t} - 0.25\mathrm{e}^{-2t} - 0.15\cos 2t - 0.05\sin 2t)u(t)$$

$$\mathscr{L}^{-1}\left[\frac{2s + 6}{s^2 + 3s + 2}\right] = (4\mathrm{e}^{-t} - 2\mathrm{e}^{-2t})u(t), \quad t > 0$$

因此，物体的位置随时间的变化函数为：

$$x(t) = (4.4\mathrm{e}^{-t} - 2.25\mathrm{e}^{-2t} - 0.15\cos 2t - 0.05\sin 2t)u(t)$$

**例 8.20** 由电阻电容组成的电路如图 8.6 所示，在 $t=0$ 时刻关闭开关，电容的初始电压为 0，电压源输出直流电压：$u_s(t)=u(t)$，试分析 $t>0$ 时电阻 $R_2$ 的电压变化情况。

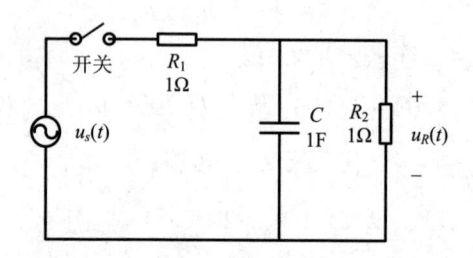

图 8.6 电阻电容组成的电路示意图

**解**：可知电阻 $R_2$ 与电容 $C$ 并联的电抗为：

$$\frac{R_2}{1+sR_2C}$$

根据基尔霍夫（Kirchhoff）定律，$R_2$ 上的分压与直流电压源之间的关系为：

$$U_R=\frac{\dfrac{R_2}{1+sR_2C}}{R_1+\dfrac{R_2}{1+sR_2C}}U_s=\frac{R_2}{R_1+R_2+sR_1R_2C}U_s$$

代入电路参数可得：

$$U_R=\frac{1}{2+s}U_s$$

由于电源是直流的，且 $u_s(t)=u(t)$，故可知 $U_s=\dfrac{1}{s}$，因此：

$$U_R=\frac{1}{2+s}\cdot\frac{1}{s}$$

用部分分式法可得：

$$U_R=\frac{1}{2+s}\cdot\frac{1}{s}=\frac{-1/2}{2+s}+\frac{1/2}{s}$$

因此可知电阻 $R_2$ 上的电压 $u_R(t)=\dfrac{1}{2}(1-\mathrm{e}^{-2t})u(t)$。

# 本 章 小 结

快速增长的函数不存在傅里叶变换，但在工程实践中却时常遇到，为此引入单边拉普拉斯变换的概念，注意，除单边拉普拉斯变换之外还有双边拉普拉斯变换的概念，在本章中仅介绍了单边拉普拉斯变换，并简称为拉普拉斯变换。

拉普拉斯变换与傅里叶变换的区别，除上述内容之外，还体现在拉普拉斯变换定义在复平面上的区域上，即拉普拉斯变换的收敛域，傅里叶变换则定义在虚轴上。此外，可以发现它们具有很多类似的性质，但在微分特性、积分特性等方面不同，这也决定了它们的应用场景。拉普拉斯变换变换还有初值定理、终值定理等傅里叶变换没有的性质。

在利用拉普拉斯变换解微分积分方程、积分方程与微分方程的过程中，可以计入初始条件，故可以求解得到方程的全解，这也是它与傅里叶变换不同的地方。

# 练　习

## 一、证明题

1. 证明拉普拉斯变换的位移性质：记 $F(s) = \mathscr{L}[f(t)]$，收敛域为 $\text{Re}(s) > \sigma_0$，$a$ 为实的常数，则：
$$\mathscr{L}^{-1}[F(s-a)] = e^{at} f(t), \quad \text{Re}(s) > \sigma_0 + a$$

2. 证明拉普拉斯变换的微分性质：记 $F(s) = \mathscr{L}[f(t)]$，收敛域为 $\text{Re}(s) > \sigma_0$，则：
$$F'(s) = -\mathscr{L}[tf(t)]$$

3. 证明拉普拉斯变换的积分性质：记 $F(s) = \mathscr{L}[f(t)]$，则：
$$\int_s^\infty F(s) \mathrm{d}s = \mathscr{L}\left[\frac{f(t)}{t}\right]$$

4. 记 $F(s) = \mathscr{L}[f(t)]$，利用卷积定理证明拉普拉斯变换的积分性质：
$$\mathscr{L}\left[\int_0^t f(\tau) \mathrm{d}\tau\right] = \frac{F(s)}{s}$$

5. 利用卷积定理，证明：
$$F(s) = \mathscr{L}^{-1}\left[\frac{a}{s(a^2 + s^2)}\right] = \frac{1}{a}(1 - \cos at) \quad (a > 0)$$

## 二、计算题

1. 利用定义计算下列函数的拉普拉斯变换，并给出收敛域：

（1）$f(t) = \sin\dfrac{t}{2}$；  　　　　　（2）$f(t) = e^{-t}$；

（3）$f(t) = \sin t \cos t$；  　　　　　（4）$f(t) = \sin^2 t$；

（5）$f(t) = \sinh at$（$a$ 为实数）；　（6）$f(t) = \cosh bt$（$b$ 为实数）；

（7）$f(t) = \delta(t) + \sin t \cdot u(t)$；　（8）$f(t) = e^t + 5\delta(t)$。

2. 计算下列函数的拉普拉斯变换，并给出收敛域：

（1）$f(t) = t \cdot e^t$；  　　　　　　（2）$f(t) = (t-1)^2 e^{-t}$；

（3）$f(t) = t \cdot \sin \omega_0 t$；　　　　（4）$f(t) = \sin 2t - 2\cos 3t$；

（5）$f(t) = t^n \cdot e^{at}$；　　　　　　（6）$f(t) = te^{-at}\sin bt$；

（7）$f(t) = u(t) - u(t-1)$；　　　（8）$f(t) = \sin t \cdot u(t-1)$；

（9）$f(t) = \sin(t-1)$；　　　　　（10）$f(t) = \sin(t-1) \cdot u(t-1)$；

（11）$f(t) = \dfrac{e^{-t}\sin 2t}{t}$；　　　（12）$f(t) = \dfrac{1-\cos t}{t^2}$。

其中 $n$ 为正整数，$\omega_0 > 0$、$a > 0$、$b > 0$，$a \neq b$ 为常数。

3. 计算图 8.7 所示函数的拉普拉斯变换，并给出收敛域。其中重复标注 $T$ 的表示周期函数，函数的周期是 $T$；非重复标注的表示非周期函数。

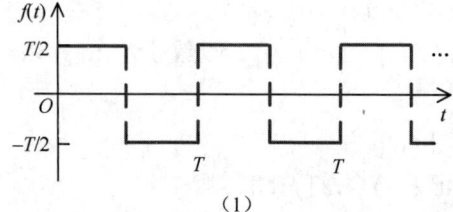

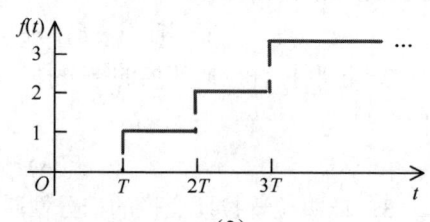

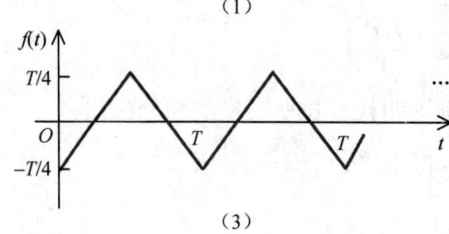

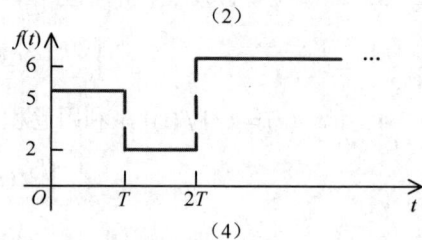

图 8.7　题 3 图

4. 利用留数法，计算下列函数的拉普拉斯逆变换：

（1）$F(s) = \dfrac{1}{s^2(s-a)}$；　　　　（2）$F(s) = \dfrac{s+c}{(s+a)(s+b)}$；

（3）$F(s) = \dfrac{s+2}{s(s-1)^2}$；　　　　（4）$F(s) = \dfrac{s+1}{s^2+4}$。

其中 $a \neq 0$、$b \neq 0$、$c \neq 0$、$a \neq b \neq c$ 为实常数。

5．计算下列函数的拉普拉斯逆变换：

（1） $F(s) = \dfrac{1}{s^4}$；

（2） $F(s) = \dfrac{1}{(s-1)^4}$；

（3） $F(s) = \dfrac{s+1}{s^2+s-6}$；

（4） $F(s) = \dfrac{2s+5}{s^2+4s+13}$；

（5） $F(s) = \dfrac{s+2}{(s^2+4s+5)^2}$；

（6） $F(s) = \dfrac{s(1-\mathrm{e}^{-s})}{s^2+4}$。

6．计算下列积分：

（1） $\int_0^{+\infty} t\mathrm{e}^{-t}\mathrm{d}t$；

（2） $\int_0^{+\infty} \mathrm{e}^{-2t}\sin 3t\,\mathrm{d}t$；

（3） $\int_0^{+\infty} t^2\mathrm{e}^{-t}\sin t\,\mathrm{d}t$；

（4） $\int_0^{+\infty} \dfrac{\mathrm{e}^{-t}\sin^2 t}{t}\mathrm{d}t$；

（5） $\int_0^{+\infty} \dfrac{\mathrm{e}^{-t}-\mathrm{e}^{-2t}}{t}\mathrm{d}t$；

（6） $\int_0^{+\infty} \dfrac{\sin^2 t}{t^2}\mathrm{d}t$。

7．计算下列积分方程的解：

（1） $y(t) = t + \int_0^t \sin(t-\tau)y(\tau)\mathrm{d}\tau$；

（2） $y(t) = \mathrm{e}^{-t} - \int_0^t y(\tau)\mathrm{d}\tau$；

（3） $y(t) + \int_0^t y(t-\tau)\mathrm{e}^\tau\mathrm{d}\tau = 2t - 3$；

（4） $y(t) + \int_0^t y(\tau)\mathrm{d}\tau = u(t)$。

8．计算下列微分积分方程的解：

（1） $y'(t) + \int_0^t y(\tau)\mathrm{d}\tau = \mathrm{e}^{-t}$；

（2） $y'(t) + \int_0^t y(\tau)\mathrm{d}\tau = 1$，$y(0) = 0$；

（3） $\int_0^t \cos(t-\tau)y(\tau)\mathrm{d}\tau = y'(t)$，$y(0) = 1$；

（4） $y'(t) + 2y(t) + 2\int_0^t y(\tau)\mathrm{d}\tau = u(t-2)$，$y(0) = -2$。

9．计算下列微分方程的解：

（1） $y'(t) - y(t) = \mathrm{e}^{-2t}$，$y(0) = 0$；

（2） $y''(t) + 5y'(t) + 6y(t) = \mathrm{e}^{-t}$，$y(0) = 0$，$y'(0) = 1$；

（3） $y''(t) + 4y'(t) + 3y(t) = u(t)$，$y(0) = 1$，$y'(0) = 1$；

（4） $y''(t) - 2y'(t) + 2y(t) = 2\mathrm{e}^t\cos t$，$y(0) = 0$，$y'(0) = 0$；

（5） $y''(t) - y(t) = 4\sin 2t$，$y(0) = -1$，$y'(0) = 0$；

（6） $y''(t) + 2y'(t) + y(t) = 2\sin 2t$，$y(0) = 1$，$y'(0) = 0$；

（7） $y''(t) + 4y(t) = u(t) + 2\delta(t)$， $y(0) = 0$， $y'(0) = 0$；

（8） $y''(t) + 4y'(t) + 3y(t) = \delta'(t)$， $y(0) = 0$， $y'(0) = 0$；

（9） $y''(t) - 4y(t) = 0$， $y(0) = 0$， $y'(0) = 1$；

（10） $y''(t) - 2y'(t) + y(t) = 0$， $y(0) = 0$， $y(1) = 2$。

10. 设在原点处有一个质量为 $m$ 的质点放在桌面上，记垂直向下为 $x$ 轴的正向，$t = 0$ 时刻撤掉桌面，在重力加速度（用 $10\text{m/s}^2$ 计算）的基础上叠加一个大小为 $2\delta(t)$ 的冲击力，求该质点的运动规律。

11. 如图 8.8 所示的 $RLC$ 电路，$u_s(t) = 2u(t)$ 是 2V 的直流电源，$t = 0$ 时刻开关闭合，试分析电容上的电压变化情况，其中电感与电容的初始状态为 0。

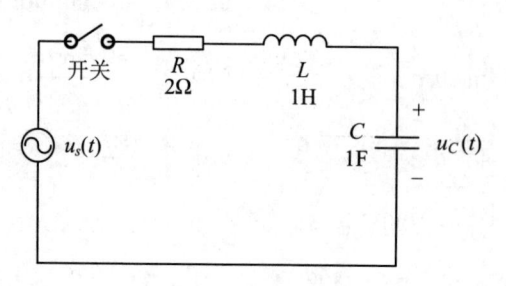

图 8.8  题 11 图

12. 某系统的传递函数 $H(s) = \dfrac{k}{1+Ts}$，其中 $k > 0$、$T > 0$ 为实常数，当输入 $f(t) = A\cos\omega_0 t$ （$A > 0$、$\omega_0 > 0$）时，计算它的输出 $y(t)$。

提示：系统输出的拉普拉斯变换是传递函数与系统输入的拉普拉斯变换的乘积。

# 附录1 傅里叶变换简表

| 序号 | 原象函数 $f(t)$ 函数名称 | 函数表达式 | 象函数 $F(\omega)$ |
|---|---|---|---|
| 1 | 单位脉冲函数 | $\delta(t)$ | 1 |
| 2 | | $\delta'(t)$ | $\mathrm{i}\omega$ |
| 3 | | $\delta^{(n)}(t)$ | $(\mathrm{i}\omega)^n$ |
| 4 | | 1 | $2\pi\delta(\omega)$ |
| 5 | 单位阶跃函数 | $u(t)$ | $\dfrac{1}{\mathrm{i}\omega}+\pi\delta(\omega)$ |
| 6 | 斜坡函数 | $t\cdot u(t)$ | $\dfrac{1}{(\mathrm{i}\omega)^2}+\mathrm{i}\pi\delta'(\omega)$ |
| 7 | | $t^n\cdot u(t)$ | $\dfrac{n!}{(\mathrm{i}\omega)^{n+1}}+\mathrm{i}^n\pi\delta^{(n)}(\omega)$ |
| 8 | | $t$ | $2\pi\mathrm{i}\delta'(\omega)$ |
| 9 | | $t^n$ | $2\pi\mathrm{i}^n\delta^{(n)}(\omega)$ |
| 10 | | $|t|$ | $-\dfrac{2}{\omega^2}$ |
| 11 | | $\dfrac{1}{|t|}$ | $\dfrac{\sqrt{2\pi}}{|\omega|}$ |
| 12 | | $\dfrac{1}{\sqrt{|t|}}$ | $\sqrt{\dfrac{2\pi}{|\omega|}}$ |
| 13 | 符号函数 | $\operatorname{sgn}t$ | $\dfrac{2}{\mathrm{i}\omega}$ |
| 14 | 指数衰减函数 | $\mathrm{e}^{-at}u(t),\ a>0$ | $\dfrac{1}{\mathrm{i}\omega+a}$ |
| 15 | 双边指数衰减函数 | $\mathrm{e}^{a|t|},\ \operatorname{Re}(a)<0$ | $\dfrac{-2a}{\omega^2+a^2}$ |
| 16 | | $\mathrm{e}^{\mathrm{i}\omega_0 t},\ \omega_0$ 为实数，下同 | $2\pi\delta(\omega-\omega_0)$ |

续表

| 序号 | 原象函数 $f(t)$ | | 象函数 $F(\omega)$ |
|---|---|---|---|
| | 函数名称 | 函数表达式 | |
| 17 | | $t^n e^{i\omega_0 t}$ | $2\pi i^n \delta^{(n)}(\omega - \omega_0)$ |
| 18 | | $e^{i\omega_0 t} u(t)$ | $\dfrac{1}{i(\omega - \omega_0)} + \pi\delta(\omega - \omega_0)$ |
| 19 | | $t^n e^{i\omega_0 t} u(t)$ | $\dfrac{n!}{(i\omega - i\omega_0)^{n+1}} + i^n \pi \delta^{(n)}(\omega - \omega_0)$ |
| 20 | 余弦函数 | $\cos \omega_0 t$ | $\pi[\delta(\omega + \omega_0) + \delta(\omega - \omega_0)]$ |
| 21 | 正弦函数 | $\sin \omega_0 t$ | $i\pi[\delta(\omega + \omega_0) - \delta(\omega - \omega_0)]$ |
| 22 | | $\cos \omega_0 t \cdot u(t)$ | $\dfrac{i\omega}{\omega_0^2 - \omega^2} + \dfrac{\pi}{2}[\delta(\omega + \omega_0) + \delta(\omega - \omega_0)]$ |
| 23 | | $\sin \omega_0 t \cdot u(t)$ | $\dfrac{\omega_0}{\omega_0^2 - \omega^2} + \dfrac{\pi i}{2}[\delta(\omega + \omega_0) - \delta(\omega - \omega_0)]$ |
| 24 | | $\cos \omega_0 t^2$ | $\sqrt{\dfrac{\pi}{\omega_0}} \cos\left(\dfrac{\omega^2}{4\omega_0} - \dfrac{\pi}{4}\right)$ |
| 25 | | $\sin \omega_0 t^2$ | $\sqrt{\dfrac{\pi}{\omega_0}} \cos\left(\dfrac{\omega^2}{4\omega_0} + \dfrac{\pi}{4}\right)$ |
| 26 | | $\dfrac{\cos \omega_0 t}{\sqrt{|t|}}$ | $\sqrt{\dfrac{\pi}{2}} \left(\dfrac{1}{\sqrt{|\omega + \omega_0|}} + \dfrac{1}{\sqrt{|\omega - \omega_0|}}\right)$ |
| 27 | | $\dfrac{\sin \omega_0 t}{\sqrt{|t|}}$ | $i\sqrt{\dfrac{\pi}{2}} \left(\dfrac{1}{\sqrt{|\omega + \omega_0|}} - \dfrac{1}{\sqrt{|\omega - \omega_0|}}\right)$ |
| 28 | sinc 函数 | $\dfrac{\sin \omega_0 t}{t}$ | $\pi[u(t + \omega_0) - u(t - \omega_0)]$ |
| 29 | 钟形曲线 | $e^{-at^2}, \quad a > 0$ | $\sqrt{\dfrac{\pi}{a}} e^{-\frac{\omega^2}{4a}}$ |
| 30 | 门函数 | $u\left(t + \dfrac{\tau}{2}\right) - u\left(t - \dfrac{\tau}{2}\right)$ | $\tau \dfrac{\sin \omega \tau / 2}{\omega \tau / 2}$ |
| 31 | | $\dfrac{1}{a^2 + t^2}, \quad \text{Re}(a) < 0$ | $-\dfrac{\pi}{a} e^{a|\omega|}$ |

续表

| 序号 | 原象函数 $f(t)$ | | 象函数 $F(\omega)$ |
|---|---|---|---|
| | 函数名称 | 函数表达式 | |
| 32 | | $\dfrac{t}{(a^2+t^2)^2}$, $\operatorname{Re}(a)<0$ | $\dfrac{\mathrm{i}\omega\pi}{2a}\mathrm{e}^{a|\omega|}$ |
| 33 | | $\dfrac{\sinh at}{\sinh \pi t}$, $-\pi<a<\pi$ | $\dfrac{\sin a}{\cosh\omega+\cos a}$ |
| 34 | | $\dfrac{\sinh at}{\cosh \pi t}$, $-\pi<a<\pi$ | $-2\mathrm{i}\dfrac{\sin\dfrac{a}{2}\sinh\dfrac{\omega}{2}}{\cosh\omega+\cos a}$ |
| 35 | | $\dfrac{\cosh at}{\cosh \pi t}$, $-\pi<a<\pi$ | $2\dfrac{\cos\dfrac{a}{2}\cosh\dfrac{\omega}{2}}{\cosh\omega+\cos a}$ |
| 36 | | $\dfrac{1}{\cosh at}$ | $\dfrac{\pi}{a}\dfrac{1}{\cosh(\pi\omega/2a)}$ |

# 附录2 拉普拉斯变换简表

| 序号 | 原象函数 $f(t)$ | 象函数 $F(s)$ |
| --- | --- | --- |
| 1 | $\delta(t)$ | $1$ |
| 2 | $\delta'(t)$ | $s$ |
| 3 | $\delta^{(n)}(t)$ | $s^n$ |
| 4 | $u(t)$ | $1/s$ |
| 5 | $t \cdot u(t)$ | $1/s^2$ |
| 6 | $t^n u(t)$ | $\dfrac{\Gamma(n+1)}{s^{n+1}}$ |
| 7 | $\mathrm{sgn}(t)$ | $1/s$ |
| 8 | $1$ | $1/s$ |
| 9 | $\mathrm{e}^{at}$ | $\dfrac{1}{s-a}$ |
| 10 | $t^n$ | $\dfrac{\Gamma(n+1)}{s^{n+1}}$ |
| 11 | $\cos at$ | $\dfrac{s}{s^2+a^2}$ |
| 12 | $\sin at$ | $\dfrac{a}{s^2+a^2}$ |
| 13 | $\cosh at$ | $\dfrac{s}{s^2-a^2}$ |
| 14 | $\sinh at$ | $\dfrac{a}{s^2-a^2}$ |
| 15 | $t \cdot \cos at$ | $\dfrac{s^2-a^2}{(s^2+a^2)^2}$ |
| 16 | $t \cdot \sin at$ | $\dfrac{2as}{(s^2+a^2)^2}$ |
| 17 | $t^n \cdot \cos at$ | $\dfrac{\Gamma(n+1)}{2(s^2+a^2)^{n+1}}[(s+\mathrm{i}a)^{n+1}+(s-\mathrm{i}a)^{n+1}]$ |

续表

| 序号 | 原象函数 $f(t)$ | 象函数 $F(s)$ |
|---|---|---|
| 18 | $t \cdot \sin at^n$ | $\dfrac{\Gamma(n+1)}{2\mathrm{i}(s^2+a^2)^{n+1}}[(s+\mathrm{i}a)^{n+1}-(s-\mathrm{i}a)^{n+1}]$ |
| 19 | $t \cdot \cosh at$ | $\dfrac{s^2+a^2}{(s^2-a^2)^2}$ |
| 20 | $t \cdot \sinh at$ | $\dfrac{2as}{(s^2-a^2)^2}$ |
| 21 | $\mathrm{e}^{-bt} \cdot \cos at$ | $\dfrac{s+b}{(s+b)^2+a^2}$ |
| 22 | $\mathrm{e}^{-bt} \cdot \sin at$ | $\dfrac{a}{(s+b)^2+a^2}$ |
| 23 | $\sin at \sin bt$ | $\dfrac{2abs}{[s^2+(a+b)^2] \cdot [s^2+(a-b)^2]}$ |
| 24 | $\mathrm{e}^{at}-\mathrm{e}^{bt}$ | $\dfrac{a-b}{(s-a)(s-b)}$ |
| 25 | $\cos at - \cos bt$ | $\dfrac{(b^2-a^2)s}{(s^2+a^2)(s^2+b^2)}$ |
| 26 | $\dfrac{1}{a^2}(1-\cos at)$ | $\dfrac{1}{s(s^2+a^2)}$ |
| 27 | $\dfrac{1}{a^3}(at-\sin at)$ | $\dfrac{1}{s^2(s^2+a^2)}$ |
| 28 | $\dfrac{1}{a^4}(\cos at - 1)+\dfrac{t^2}{2a^2}$ | $\dfrac{1}{s^3(s^2+a^2)}$ |
| 29 | $\dfrac{1}{2a^3}(\sin at - at\cos at)$ | $\dfrac{1}{(s^2+a^2)^2}$ |
| 30 | $\dfrac{1}{2a}(\sin at + at\cos at)$ | $\dfrac{s^2}{(s^2+a^2)^2}$ |
| 31 | $\dfrac{1}{a^4}(1-\cos at)-\dfrac{t}{2a^3}\sin at$ | $\dfrac{1}{s(s^2+a^2)^2}$ |
| 32 | $(1-at)\mathrm{e}^{-at}$ | $\dfrac{s}{(s+a)^2}$ |

续表

| 序号 | 原象函数 $f(t)$ | 象函数 $F(s)$ |
|---|---|---|
| 33 | $t\left(1-\dfrac{at}{2}\right)\mathrm{e}^{-at}$ | $\dfrac{s}{(s+a)^3}$ |
| 34 | $\dfrac{1}{a}(1-\mathrm{e}^{-at})$ | $\dfrac{1}{s(s+a)}$ |
| 35 | $\dfrac{1}{ab}+\dfrac{1}{b-a}\left(\dfrac{\mathrm{e}^{-bt}}{b}-\dfrac{\mathrm{e}^{-at}}{a}\right)$ | $\dfrac{1}{s(s+a)(s+b)}$ |
| 36 | $\dfrac{\mathrm{e}^{-at}}{(b-a)(c-a)}+\dfrac{\mathrm{e}^{-bt}}{(a-b)(c-b)}+\dfrac{\mathrm{e}^{-ct}}{(a-c)(b-c)}$ | $\dfrac{1}{(s+a)(s+b)(s+c)}$ |
| 37 | $\dfrac{-a\mathrm{e}^{-at}}{(b-a)(c-a)}+\dfrac{-b\mathrm{e}^{-bt}}{(a-b)(c-b)}+\dfrac{-c\mathrm{e}^{-ct}}{(a-c)(b-c)}$ | $\dfrac{s}{(s+a)(s+b)(s+c)}$ |
| 38 | $\dfrac{a^2\mathrm{e}^{-at}}{(b-a)(c-a)}+\dfrac{b^2\mathrm{e}^{-bt}}{(a-b)(c-b)}+\dfrac{c^2\mathrm{e}^{-ct}}{(a-c)(b-c)}$ | $\dfrac{s^2}{(s+a)(s+b)(s+c)}$ |
| 39 | $\dfrac{\mathrm{e}^{-at}-\mathrm{e}^{-bt}[1-(a-b)t]}{(a-b)^2}$ | $\dfrac{1}{(s+a)(s+b)^2}$ |
| 40 | $\dfrac{[a-b(a-b)t]\mathrm{e}^{-bt}-a\mathrm{e}^{-at}}{(a-b)^2}$ | $\dfrac{s}{(s+a)(s+b)^2}$ |
| 41 | $\mathrm{e}^{-at}-\mathrm{e}^{-\frac{at}{2}}\left(\cos\dfrac{\sqrt{3}}{3}at-\sqrt{3}\sin\dfrac{\sqrt{3}}{2}at\right)$ | $\dfrac{3a^2}{s^3+a^3}$ |
| 42 | $\sin at\cosh at-\cos at\sinh at$ | $\dfrac{4a^3}{s^4+4a^4}$ |
| 43 | $\dfrac{1}{2a^2}\sin at\sinh at$ | $\dfrac{s}{s^4+4a^4}$ |
| 44 | $\dfrac{1}{a^4}(\cosh at-1)+\dfrac{t^2}{2a^2}$ | $\dfrac{1}{s^3(s^2-a^2)}$ |
| 45 | $\dfrac{1}{2a^3}(\sinh at-\sin at)$ | $\dfrac{1}{s^4-a^4}$ |

续表

| 序号 | 原象函数 $f(t)$ | 象函数 $F(s)$ |
|---|---|---|
| 46 | $\dfrac{1}{2a^2}(\cosh at - \cos at)$ | $\dfrac{s}{s^4 - a^4}$ |
| 47 | $\dfrac{1}{\sqrt{\pi t}}$ | $\dfrac{1}{\sqrt{s}}$ |
| 48 | $2\sqrt{\dfrac{t}{\pi}}$ | $\dfrac{1}{s\sqrt{s}}$ |
| 49 | $\dfrac{1}{\sqrt{\pi t}}e^{at}(1+2at)$ | $\dfrac{s}{(s-a)\sqrt{s-a}}$ |
| 50 | $\dfrac{1}{2\sqrt{\pi t^3}}e^{at}$ | $-\sqrt{s-a}$ |
| 51 | $\dfrac{1}{\sqrt{\pi t}}\cos 2\sqrt{at}$ | $\dfrac{1}{\sqrt{s}}e^{-\frac{a}{s}}$ |
| 52 | $\dfrac{1}{\sqrt{\pi t}}\sin 2\sqrt{at}$ | $\dfrac{1}{s\sqrt{s}}e^{-\frac{a}{s}}$ |
| 53 | $\dfrac{1}{\sqrt{\pi t}}\cosh 2\sqrt{at}$ | $\dfrac{1}{\sqrt{s}}e^{\frac{a}{s}}$ |
| 54 | $\dfrac{1}{\sqrt{\pi t}}\sinh 2\sqrt{at}$ | $\dfrac{1}{s\sqrt{s}}e^{\frac{a}{s}}$ |
| 55 | $\dfrac{e^{bt}-e^{at}}{t}$ | $\ln\dfrac{s-a}{s-b}$ |
| 56 | $\dfrac{2}{t}\sinh at$ | $\ln\dfrac{s+a}{s-a}$ |
| 57 | $\dfrac{2}{t}(1-\cos at)$ | $\ln\dfrac{s^2+a^2}{s^2}$ |
| 58 | $\dfrac{2}{t}(1-\cosh at)$ | $\ln\dfrac{s^2-a^2}{s^2}$ |
| 59 | $\dfrac{1}{t}\sin at$ | $\arctan\dfrac{a}{s}$ |
| 60 | $\dfrac{1}{t}(\cosh at - \cos bt)$ | $\ln\sqrt{\dfrac{s^2+b^2}{s^2-a^2}}$ |

续表

| 序号 | 原象函数 $f(t)$ | 象函数 $F(s)$ |
| --- | --- | --- |
| 61 | $\dfrac{1}{\pi t}\sin(2a\sqrt{t})$ | $\operatorname{erf}\left(\dfrac{a}{\sqrt{s}}\right)$ |
| 62 | $\dfrac{1}{\sqrt{\pi t}}e^{-2a\sqrt{t}}$ | $\dfrac{1}{\sqrt{s}}e^{\frac{a^2}{s}}\operatorname{erfc}\left(\dfrac{a}{\sqrt{s}}\right)$ |
| 63 | $\operatorname{erfc}\left(\dfrac{a}{2\sqrt{t}}\right)$ | $\dfrac{1}{s}e^{-a\sqrt{s}}$ |
| 64 | $\operatorname{erf}\left(\dfrac{t}{2a}\right)$ | $\dfrac{e^{a^2s^2}}{s}\operatorname{erfc}(as)$ |
| 65 | $\dfrac{1}{\sqrt{\pi(t+a)}}$ | $\dfrac{1}{\sqrt{s}}e^{as}\operatorname{erfc}(\sqrt{as})$ |
| 66 | $\dfrac{1}{\sqrt{a}}\operatorname{erf}(\sqrt{at})$ | $\dfrac{1}{s\sqrt{s+a}}$ |
| 67 | $\dfrac{e^{at}}{\sqrt{a}}\operatorname{erf}(\sqrt{at})$ | $\dfrac{1}{\sqrt{s}(s-a)}$ |
| 68 | $J_0(at)$ | $\dfrac{1}{\sqrt{s^2+a^2}}$ |
| 69 | $I_0(at)$ | $\dfrac{1}{\sqrt{s^2-a^2}}$ |
| 70 | $J_0(2\sqrt{at})$ | $\dfrac{e^{-a/s}}{s}$ |
| 71 | $J_0(a\sqrt{t(t+2b)})$ | $\dfrac{1}{\sqrt{s^2+a^2}}\exp[b(s-\sqrt{s^2+a^2})]$ |

注：(1) 表格中 $n>-1$ 为整数，$a\neq b\neq c$ 为实数；

(2) $\operatorname{erf}(t)=\dfrac{2}{\sqrt{\pi}}\int_0^t e^{-\tau^2}d\tau$，称为误差函数；

(3) $\operatorname{erfc}(t)=1-\operatorname{erf}(t)=\dfrac{2}{\sqrt{\pi}}\int_t^{+\infty}e^{-\tau^2}d\tau$，称为余误差函数；

(4) $J_n(t)=\sum\limits_{k=0}^{+\infty}\dfrac{(-1)^k}{k!\,\Gamma(n+k+1)}\left(\dfrac{t}{2}\right)^{n+2k}$，称为第一类 $n$ 阶贝塞尔（Bessel）函数；

(5) $I_n(t)=i^{-n}J_n(it)$，称为第一类 $n$ 阶虚宗量的贝塞尔函数。

# 参 考 文 献

[1] 西安交通大学高等数学教研室. 复变函数[M]. 北京：高等教育出版社，2023.
[2] 苏变萍，陈东立. 复变函数与积分变换[M]. 北京：高等教育出版社，2022.
[3] 林益，金丽宏，朱祥和. 复变函数与积分变换[M]. 武汉：华中科技大学出版社，2014.
[4] 李红，谢松法. 复变函数与积分变换[M]. 北京：高等教育出版社，2018.
[5] 孙清华，夏敏学，吴菊珍，等. 复变函数[M]. 武汉：湖北科学技术出版社，1997.
[6] BROWN J W. Complex Variables and Applications[M]. New York: McGraw-Hill Education Press, 2013.
[7] 史济怀，刘太顺. 复变函数[M]. 合肥：中国科学技术大学出版社，2020.
[8] 钟玉泉. 复变函数论[M]. 北京：高等教育出版社，2021.
[9] 张元林. 积分变换[M]. 北京：高等教育出版社，2019.
[10] 陈才生. 数学物理方程[M]. 南京：东南大学出版社，2005.